高等学校规划教材
应用型本科电子信息系列

安徽省高等学校"十二五"规划教材
安徽省高等学校电子教育学会推荐用书

总主编 吴先良

信号与系统

XINHAO YU XITONG

主　编　林其斌　樊晓宇
副主编　彭靳　温艳
　　　　张玉山　冯浩

北京师范大学出版集团
BEIJING NORMAL UNIVERSITY PUBLISHING GROUP
安徽大学出版社

图书在版编目(CIP)数据

信号与系统/林其斌,樊晓宇主编.—合肥:安徽大学出版社,2015.2(2025.1重印)
高等学校规划教材.应用型本科电子信息系列/吴先良总主编
ISBN 978-7-5664-0885-3

Ⅰ.①信… Ⅱ.①林…②樊… Ⅲ.①信号系统－高等学校－教材 Ⅳ.①TN911.6

中国版本图书馆 CIP 数据核字(2015)第 038064 号

信号与系统

吴先良 总主编
林其斌 樊晓宇 主 编

出版发行	北京师范大学出版集团 安 徽 大 学 出 版 社 (安徽省合肥市肥西路 3 号 邮编 230039) www.bnupg.com www.ahupress.com.cn
印　　刷	江苏凤凰数码印务有限公司
经　　销	全国新华书店
开　　本	787 mm×1092 mm　1/16
印　　张	15
字　　数	358 千字
版　　次	2015 年 2 月第 1 版
印　　次	2025 年 1 月第 4 次印刷
定　　价	30.00 元

ISBN 978-7-5664-0885-3

策划编辑:李　梅　张明举		装帧设计:李　军	
责任编辑:张明举		美术编辑:李　军	
责任校对:程中业		责任印制:赵明炎	

版权所有　侵权必究

反盗版、侵权举报电话:0551—65106311
外埠邮购电话:0551—65107716
本书如有印装质量问题,请与印制管理部联系调换。
印制管理部电话:0551—65106311

编写说明 Introduction

当前我国高等教育正处于全面深化综合改革的关键时期，《国家中长期教育改革和发展规划纲要(2010—2020年)》的颁发再一次激发了我国高等教育改革与发展的热情。地方本科院校转型发展，培养创新型人才，为我国本世纪中叶以前完成优良人力资源积累并实现跨越式发展，是国家对高等教育做出的战略调整。教育部有关文件和国家职业教育工作会议等明确提出地方应用型本科高校要培养产业转型升级和公共服务发展需要的一线高层次技术技能人才。

电子信息产业作为一种技术含量高、附加值高、污染少的新兴产业，正成为很多地方经济发展的主要引擎。安徽省战略性新兴产业"十二五"发展规划明确将电子信息产业列为八大支柱产业之首。围绕主导产业发展需要，建立紧密对接产业链的专业体系，提高电子信息类专业高复合型、创新型技术人才的培养质量，已成为地方本科院校的重要任务。

在分析产业一线需要的技术技能型人才特点以及其知识、能力、素质结构的基础上，为适应新的人才培养目标，编写一套应用型电子信息类系列教材以改革课堂教学内容具有深远的意义。

自2013年起，依托安徽省高等学校电子教育学会，安徽大学出版社邀请了省内十多所应用型本科院校二十多位学术技术能力强、教学经验丰富的电子信息类专家、教授参与该系列教材的编写工作，成立了编写委员会，定期开展系列教材的编写研讨会，论证教材内容和框架，建立主编负责制，以确保系列教材的编写质量。

该系列教材有别于学术型本科和高职高专院校的教材，在保障学科知识体系完整的同时，强调理论知识的"适用、够用"，更加注重能力培养，通过大量的实践案例，实现能力训练贯穿教学全过程。

该教材从策划之初就一直得到安徽省十多所应用型本科院校的大力支持和重视。每所院校都派出专家、教授参与系列教材的编写研讨会，并共享其应用型学科平台的相关资源，为教材编写提供了第一手素材。该系列教材的显著特点有：

1. 教材的使用对象定位准确

明确教材的使用对象为应用型本科院校电子信息类专业在校学生和一线产业技术人员，所以教材的框架设计主次分明，内容详略得当，文字通俗易懂，语言自然流畅，案例丰富多彩，便于组织教学。

2.教材的体系结构搭建合理

一是系列教材的体系结构科学。本系列教材共有14本，包括专业基础课和专业课，层次分明，结构合理，避免前后内容的重复。二是单本教材的内容结构合理。教材内容按照先易后难、循序渐进的原则，根据课程的内在联系，使教材各部分之间前后呼应，配合紧密，同时注重质量，突出特色，强调实用性，贯彻科学的思维方法，以利于培养学生的实践和创新能力。

3.学生的实践能力训练充分

该系列教材通过简化理论描述、配套实训教材和每个章节的案例实景教学，做到基本知识到位而不深难，基本技能训练贯穿教学始终，遵循"理论－实践－理论"的原则，实现了"即学即用，用后反思，思后再学"的教学和学习过程。

4.教材的载体丰富多彩

随着信息技术的飞速发展，静态的文字教材将不再像过去那样在课堂中扮演不可替代的角色，取而代之的是符合现代学生特点的"富媒体教学"。本系列教材融入了音像、动画、网络和多媒体等不同教学载体，以立体呈现教学内容，提升教学效果。

本系列教材涉及内容全面系统，知识呈现丰富多样，能力训练贯穿全程，既可以作为电子信息类本科、专科学生的教学用书，亦可供从事相关工作的工程技术人员参考。

特此推荐！

吴先良

2015年2月1日

前言 Foreword

《信号与系统》是电子信息类专业的重要专业基础课,主要任务在于研究信号与系统理论的基本概念和基本分析方法,其基本概念和方法也广泛应用于其他相关领域。本课程以高等数学、线性代数、电路分析等课程为基础,同时又是数字信号处理、通信原理、自动控制原理等专业课的基础,在教学环节上起着承上启下的作用。

本教材是安徽省"十二五"规划教材。在内容取舍上,以国家高校教学改革,大力培养应用型人才为背景,在强调学科知识体系完整性的同时,重视基础,突出应用,以学生能理解与够应用为目标。

全书共分 7 章。第 1 章主要介绍信号与系统的基本概念,讨论常用的连续时间信号和离散时间信号、线性时不变系统的特性;第 2 章主要介绍连续时间系统的时域分析方法,详细分析冲激响应的计算和卷积积分的求解;第 3 章介绍傅里叶变换及其应用,重点讨论常用连续时间信号的傅里叶变换及傅里叶变换的特性与应用;第 4 章介绍拉普拉斯变换及其应用,主要讨论拉普拉斯正变换与反变换的定义、性质及应用;第 5 章介绍离散时间系统的时域分析方法;第 6 章介绍 Z 变换及其应用,重点讨论 Z 变换的性质及离散时间系统的 Z 域分析方法;第 7 章介绍系统的状态变量分析,重点讨论系统在状态空间的描述方法、连续与离散时间系统的状态方程分析等。

本书由林其斌、樊晓宇主编。第 1、3 章由滁州学院的林其斌、彭靳编写,第 2、4 章由宿州学院的温艳、冯浩编写,第 5、6、7 章由安徽科技学院的樊晓宇、张玉山编写。全书由林其斌、樊晓宇负责通稿。

本书的出版得到了安徽省应用型本科高校联盟、安徽大学出版社的大力支持,在此致以诚挚的谢意。

由于编者水平有限,书中难免有错误与不妥之处,恳请读者批评指正。

编　者

2015 年 2 月 1 日

编委会名单

主　任　吴先良　（合肥师范学院）
委　员　（以姓氏笔画为序）
　　　　　　王艳春　（蚌埠学院）
　　　　　　卢　胜　（安徽新华学院）
　　　　　　孙文斌　（安徽工业大学）
　　　　　　李　季　（阜阳师范学院）
　　　　　　吴　扬　（安徽农业大学）
　　　　　　吴观茂　（安徽理工大学）
　　　　　　汪贤才　（池州学院）
　　　　　　张明玉　（宿州学院）
　　　　　　张忠祥　（合肥师范学院）
　　　　　　张晓东　（皖西学院）
　　　　　　林其斌　（滁州学院）
　　　　　　陈　帅　（淮南师范学院）
　　　　　　陈　蕴　（安徽建工大学）
　　　　　　陈明生　（合肥师范学院）
　　　　　　姚成秀　（安徽化工学校）
　　　　　　曹成茂　（安徽农业大学）
　　　　　　鲁业频　（巢湖学院）
　　　　　　谭　敏　（合肥学院）
　　　　　　樊晓宇　（安徽科技学院）

目录 Contents

第 1 章　信号与系统的基本概念 ·· 1
   1.1　信号的概述 ··· 1
   1.2　典型信号 ··· 3
   1.3　信号的变换与运算 ··· 12
   1.4　系统的概述 ··· 14
   1.5　系统的分类 ··· 16
   习题 1 ·· 19

第 2 章　连续时间系统的时域分析 ·· 22
   2.1　LTI 连续时间系统的经典解 ··· 22
   2.2　零输入响应、零状态响应和全响应 ·· 25
   2.3　冲激响应与阶跃响应 ·· 29
   2.4　卷积积分 ··· 31
   习题 2 ·· 41

第 3 章　傅里叶变换及其应用 ··· 46
   3.1　周期信号的傅里叶级数 ··· 46
   3.2　非周期信号的频谱分析——傅里叶变换 ··· 54
   3.3　周期信号的傅里叶变换 ··· 68
   3.4　抽样定理——时域信号的抽样与恢复 ··· 70
   3.5　LTI 连续时间系统的频域分析 ··· 75
   习题 3 ·· 81

第 4 章　拉普拉斯变换及其应用 ·· 85
   4.1　拉普拉斯变换的定义及其收敛域 ··· 85
   4.2　拉普拉斯变换的性质 ·· 89
   4.3　拉普拉斯反变换 ··· 97
   4.4　电路的 s 域元件模型 ·· 102
   4.5　连续时间系统的 s 域分析 ·· 107
   4.6　系统的频率响应 ··· 114

4.7 连续时间系统的信号流图 ·············· 119
习题 4 ····································· 123

第 5 章 离散时间系统的时域分析 ············ 127

5.1 序列及其运算 ························ 127
5.2 离散系统数学模型的建立与求解 ········ 133
5.3 零输入响应与零状态响应 ·············· 139
5.4 单位序列响应 $h(n)$ 与单位阶跃响应 $g(n)$ ··· 142
5.5 卷积和 ······························ 144
5.6 离散系统的模拟 ······················ 149
5.7 解卷积 ······························ 151
习题 5 ····································· 152

第 6 章 Z 变换及其应用 ····················· 156

6.1 Z 变换的定义及收敛域 ················ 156
6.2 Z 变换的性质 ························ 167
6.3 反 Z 变换 ···························· 177
6.4 利用 Z 变换求解差分方程 ·············· 186
6.5 离散时间系统的系统函数 $H(z)$ ········· 188
6.6 离散时间系统的频率响应特性 ·········· 193
习题 6 ····································· 202

第 7 章 系统的状态变量分析 ················· 208

7.1 系统的状态方程 ······················ 208
7.2 连续时间系统状态方程分析 ············ 213
7.3 离散系统状态方程分析 ················ 223
习题 7 ····································· 228

参考文献 ·································· 231

信号与系统的基本概念

很多学科都需要信号与系统的概念和原理。本章介绍了信号的基本概念、分类及常用典型信号;讨论了系统的基本概念、分类、特性及描述方法。

1.1 信号的概述

1.1.1 信号的基本概念

人们通过各种各样的通信方式,进行信息交流,这种信息往往是通过各种各样的信号进行传输。因此我们首先要弄清楚 3 个概念:消息、信息、信号。

消息是来自外界的各种报道,例如:短信(又称作"短消息")。信息是消息中有意义的内容。信号是信息的载体,人们通过信号传递信息。信号的形式多种多样,有声音信号(如铃声)、光信号(如红绿灯)等。为了有效地传递和利用信息,常常需要将信息转换为便于传输和处理的信号。

在数学上,信号可以表示为一个或多个变量的函数。例如:语音信号是空气压力随时间 t 变化的一维函数 $f(t)$,而静止单色图像是亮度随空间位置变化的二维函数 $B(x,y)$。本教材主要讨论随时间 t 变化的一维信号,而且"信号"和"函数"两个名词可互相通用。

1.1.2 信号的分类

信号的分类方法很多,可以从不同的角度对信号进行分类。在信号与系统分析中,根据信号和自变量的特性,信号可以分为确定信号和随机信号、连续信号和离散信号、周期信号和非周期信号、能量信号和功率信号等。

一、确定信号与随机信号

按某一时间信号取值是否确定表示,信号可分为确定信号和随机信号。

确定信号是指能够以确定的时间函数表示的信号,不同的时刻其函数值是确定的,是可以事先预知的,如正弦信号、脉冲信号等。随机信号在不同时刻其函数值是未可预知的、不确定的、随机的,通常无法用确定的时间函数来表示,只能用概率统计的方法去研究,如噪声、打靶环数等。本教材主要研究确定信号。

二、周期信号与非周期信号

按周期性划分,信号可分为周期信号和非周期信号。周期信号是以一定的时间间隔周而复始、无始无终的信号,一般表示为

$$f(t) = f(t+nT) \quad n=0,\pm 1\cdots,-\infty<t<\infty \tag{1.1-1}$$

其中 T 为最小重复时间间隔,也称为"周期"。不满足式(1.1-1)的信号就为非周期信号。

如果若干周期信号的周期具有公倍数,则它们叠加后仍为周期信号,叠加信号的周期是所有周期的最小公倍数。因此我们得出比较实用的两个周期信号叠加后周期性的判断方法。

两个周期信号 $x(t),y(t)$ 的周期分别为 T_1 和 T_2,若 T_1/T_2 为有理数,则 $x(t)+y(t)$ 仍为周期信号,其周期是 T_1 和 T_2 的最小公倍数。

例 1.1-1 判断下列信号是否为周期信号,如果是,求出其周期。

(1) $f_1(t) = a\sin 5t + b\cos 8t$

(2) $f_2(t) = 3\cos 1.2t - 5\sin 5.6\pi t$

解:

(1) $f_1(t)$ 的前半部分分量的周期为 $T_1 = \dfrac{2\pi}{5}$,后半部分分量的周期为 $T_2 = \dfrac{2\pi}{8} = \dfrac{\pi}{4}$,$\dfrac{T_1}{T_2} = \dfrac{8}{5}$,是有理数。

因此,$f_1(t)$ 是周期信号,周期为 T_1 和 T_2 的最小公倍数:$T = 2\pi$。

(2) $f_2(t)$ 的前半部分分量的周期为 $T_1 = \dfrac{5\pi}{3}$,后半部分分量的周期为 $T_2 = \dfrac{5}{14}$,$\dfrac{T_1}{T_2} = \dfrac{14}{3\pi}$,是无理数。

因此,$f_2(t)$ 是非周期信号。

三、连续时间信号与离散时间信号

按信号定义域是否连续来划分,信号可分为连续时间信号和离散时间信号。连续时间信号是指在信号的定义域内,除有限个间断点外,信号的任意时刻都有函数值(如图 1.1-1(a)),如正弦信号、脉冲信号等。

离散时间信号是指在信号的定义域内一些离散时刻有函数值,而在这些离散时刻点以外无定义(如图 1.1-1(b)),如离散正弦信号、离散指数信号等。离散信号又称为"序列",用 $f(n)(n = 0, \pm 1, \pm 2\cdots)$ 表示。

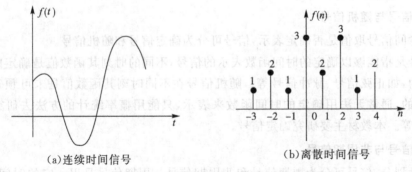

(a)连续时间信号   (b)离散时间信号

图 1.1-1 连续时间信号和离散时间信号

四、能量信号与功率信号

根据信号的能量、功率是否有界,信号可分为能量信号和功率信号。

如果把信号 $f(t)$ 看作是电压或电流信号,则信号 $f(t)$ 通过 1Ω 电阻上的能量或平均功率称为"归一化能量"或"功率",$f^2(t)$ 称为"$f(t)$ 在单位电阻上的瞬时功率",而 $f(t)$ 在区间 $-T/2<t<T/2$ 上的平均功率 P 为

$$P = \frac{1}{T}\int_{-T/2}^{T/2} f^2(t)\mathrm{d}t \tag{1.1-2}$$

$f(t)$ 在区间 $-\infty<t<\infty$ 上的能量 E 为

$$E = \int_{-\infty}^{\infty} f^2(t)\mathrm{d}t \tag{1.1-3}$$

若信号 $f(t)$ 的能量有界,且功率为零(即 $0<E<\infty, P=0$),则称其为"能量信号";若信号 $f(t)$ 的能量无界,且功率有限(即 $0<P<\infty, E\to\infty$),则称其为"功率信号"。通常,直流信号和周期信号都是功率信号。一个信号不可能既是能量信号又是功率信号,但可能既不是能量信号又不是功率信号(如 e^{-2t})。

五、因果信号与非因果信号

按信号所存在的时间范围,可以把信号分为因果信号和非因果信号。当 $t<0$ 时,连续信号 $f(t)=0$,信号 $f(t)$ 是因果信号,反之为非因果信号;当 $n<0$ 时,离散信号 $f(n)=0$,则信号 $f(n)$ 是因果信号,反之为非因果信号。

1.2 典型信号

1.2.1 常用信号

一、实指数信号

实指数信号的表达式为

$$f(t) = k\mathrm{e}^{\alpha t} \tag{1.2-1}$$

式中,$\alpha>0$ 时,$f(t)$ 随时间增长;$\alpha<0$ 时,$f(t)$ 随时间衰减;$\alpha=0$ 时,$f(t)$ 不变。常数 k 表示 $t=0$ 时的初始值;$|\alpha|$ 的大小反应信号随时间增、减的速率。实指数信号如图1.2-1所示。

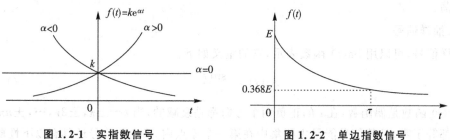

图 1.2-1 实指数信号　　　　图 1.2-2 单边指数信号

为了表达指数函数增长或衰减的速率快慢,还定义了时间常数 τ,$\tau=1/|\alpha|$,τ 取值越小,函数变化速率越快。在今后的计算当中,遇到的多是单边指数信号,如图 1.2-2 所示,其表达式为

$$f(t) = \begin{cases} 0, & t<0 \\ E\mathrm{e}^{-\frac{t}{\tau}}, & t>0 \end{cases} \tag{1.2-2}$$

在 $f(0) = E$ 时,

$$f(t)|_{t=\tau} = f(\tau) = \frac{E}{e} \approx 0.368E$$

二、正弦信号

正弦信号的表达式为

$$f(t) = k\sin(\omega t + \theta) \tag{1.2-3}$$

其中,k 是振幅、ω 是角频率、θ 是初相,周期 $T = \frac{2\pi}{\omega} = \frac{1}{f}$。这里需要注意的是,我们说的正弦信号也包含余弦信号,因为两者只在相位上相差 $\frac{\pi}{2}$。其波形如图 1.2-3 所示。

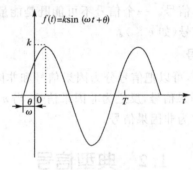

图 1.2-3 正弦信号

三、复指数信号

如果指数信号的指数为复数,则称之为"复指数信号",可表示为:

$$f(t) = ke^{st} \tag{1.2-4}$$

式中 k 为常数,$s = \sigma + j\omega$ 为复数,σ 为 s 的实部,ω 为 s 的虚部。可以用欧拉公式展开为

$$f(t) = ke^{st} = ke^{(\sigma+j\omega)t} = ke^{\sigma t}\cos(\omega t) + jke^{\sigma t}\sin(\omega t) \tag{1.2-5}$$

复指数信号可分解为实部和虚部两个部分,其实部包含余弦信号,虚部包含正弦信号。当 $\sigma > 0$ 时,正、余弦信号为增幅振荡;当 $\sigma < 0$ 时,正、余弦信号为减幅振荡;当 $\sigma = 0$ 时,为等幅振荡。

四、抽样信号

抽样信号,可以用 $\text{Sa}(t)$ 函数表示,它的定义如下:

$$\text{Sa}(t) = \frac{\sin t}{t} \tag{1.2-6}$$

$\text{Sa}(t)$ 函数是偶函数,在 t 的正负两个方向都是衰减的,当 $t = \pm\pi, \pm 2\pi, \cdots, \pm n\pi$ 时,其函数值都等于零,且其信号能量主要集中在第一个零点内。$\text{Sa}(t)$ 信号还具有以下性质:

$$\int_0^\infty \text{Sa}(t)dt = \frac{\pi}{2} \tag{1.2-7}$$

$$\int_{-\infty}^\infty \text{Sa}(t)dt = \pi \tag{1.2-8}$$

其波形如图 1.2-4 所示。

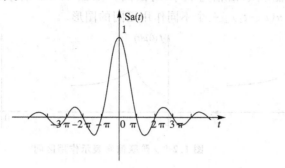

图 1.2-4　抽样信号

1.2.2　奇异信号

除了上节介绍的信号外,还常常会遇到这样一些信号,其导数、积分有间断点,这样的信号称为"奇异信号"。下面将介绍一些典型的奇异信号。

一、单位阶跃信号

单位阶跃信号用 $u(t)$ 表示,定义为

$$u(t) = \begin{cases} 0, & t < 0 \\ 1, & t > 0 \end{cases} \quad (1.2-9)$$

单位阶跃信号可用图 1.2-5 表示,$t = 0$ 时没有定义。单位阶跃信号在时间轴上向右平移 t_0($t_0 > 0$)可表示为 $u(t - t_0)$,如图 1.2-6 所示。

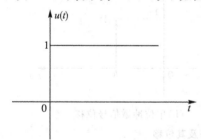
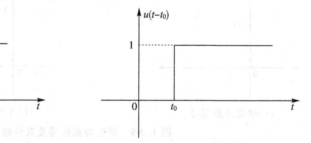

图 1.2-5　单位阶跃信号 $u(t)$　　　　图 1.2-6　右移阶跃信号 $u(t - t_0)$

单位阶跃信号可以很方便地表示某些信号。如图 1.2-7 所示信号,就可以表示为

$$f(t) = 2u(t) - 3u(t-1) + u(t-2)$$

图 1.2-7　信号 $f(t)$

阶跃信号还能表示出信号的作用区间。如图 1.2-8 所示，表示 $f(t)$，$f(t)u(t)$ 及 $f(t)[u(t-t_1)-u(t-t_2)]$ 三个不同作用区间的图形。

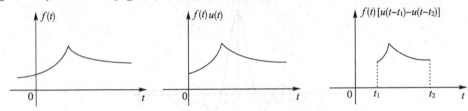

图 1.2-8　阶跃信号表示作用区间

二、单位冲激信号

1. 单位冲激信号的定义

单位冲激信号是对强度极大、作用时间极短的一种信号的理想化模型。常用的定义是狄拉克定义，表达式为

$$\begin{cases} \int_{-\infty}^{\infty} \delta(t) dt = 1 \\ \delta(t) = 0, \quad t \neq 0 \end{cases} \tag{1.2-10}$$

冲激信号 $\delta(t)$ 波形如图 1.2-9(a)所示，此信号在非零点的值为零，在整个区间内积分面积为 1。冲激信号 $\delta(t)$ 的作用时间极短，但其值为无穷。冲激信号的移位用 $\delta(t-t_0)$ 表示，如图 1.2-9(b)所示。

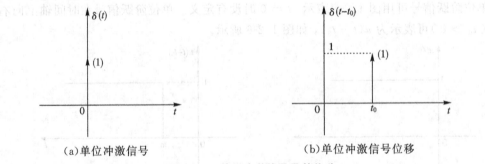

(a)单位冲激信号　　　　　　　(b)单位冲激信号位移

图 1.2-9　单位冲激信号及其位移

冲激信号 $\delta(t)$ 可利用偶函数对称矩形脉冲信号取极限的方法得到，如图 1.2-10 所示。这是一个宽度为 τ，幅度为 $1/\tau$ 的对称矩形脉冲信号。当保持矩形脉冲面积 $\tau \cdot \dfrac{1}{\tau} = 1$ 不变，而令宽度 $\tau \to 0$ 时，其幅度 $1/\tau$ 趋于无穷大，这个极限情况即为单位冲激信号，也称为"狄拉克函数"。

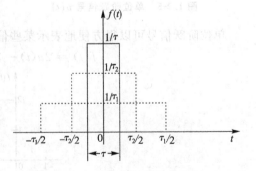

图 1.2-10　冲激信号的得到

由冲激函数和阶跃函数的定义，容易推出它们之间的关系如下

$$\int_{-\infty}^{t} \delta(\tau) d\tau = \begin{cases} 1, & t > 0 \\ 0, & t < 0 \end{cases} = u(t) \tag{1.2-11}$$

$$\frac{\mathrm{d}u(t)}{\mathrm{d}t} = \delta(t) \qquad (1.2-12)$$

上式表明单位冲激函数是单位阶跃函数的导数，而单位阶跃函数是单位冲激函数的积分。

2. 冲激函数的性质

(1) 取样性

如果将连续的普通信号 $f(t)$ 与冲激信号 $\delta(t)$ 作乘积运算，由冲激函数的定义可知它只有在 $t=0$ 时有意义，即有

$$f(t)\delta(t) = f(0)\delta(t) \qquad (1.2-13)$$

如果将上式两边进行积分得

$$\int_{-\infty}^{\infty} f(t)\delta(t)\mathrm{d}t = \int_{-\infty}^{\infty} f(0)\delta(t)\mathrm{d}t = f(0) \qquad (1.2-14)$$

如果将 $f(t)$ 与冲激函数的移位 $\delta(t-a)$ 乘积有

$$f(t)\delta(t-a) = f(a)\delta(t-a) \qquad (1.2-15)$$

如果将上式两边进行积分得

$$\int_{-\infty}^{\infty} f(t)\delta(t-a)\mathrm{d}t = \int_{-\infty}^{\infty} f(a)\delta(t-a)\mathrm{d}t = f(a) \qquad (1.2-16)$$

可见，冲激函数具有取样性质，它可以将函数 $f(t)$ 任意一点的值 $f(a)$ 取样出来。这一性质在连续信号的抽样和信号分解时很有用。

(2) 偶函数

$$\delta(-t) = \delta(t)$$

证明：根据冲激函数的取样性，可得

$$\int_{-\infty}^{\infty} f(t)\delta \mathrm{d}t = f(0)$$

又因

$$\int_{-\infty}^{\infty} f(t)\delta(-t)\mathrm{d}t = \int_{-\infty}^{\infty} f(-\tau)\delta(\tau)\mathrm{d}\tau$$

$$= f(0)\int_{-\infty}^{\infty} \delta(\tau)\mathrm{d}\tau$$

$$= f(0)$$

所以得

$$\int_{-\infty}^{\infty} f(t)\delta(t)\,\mathrm{d}t = \int_{-\infty}^{\infty} f(t)\delta(-t)\mathrm{d}t$$

即

$$\delta(-t) = \delta(t)$$

(3) 尺度特性

$$\delta(at) = \frac{1}{|a|}\delta(t)$$

证明：

当 $a>0$ 时

$$\int_{-\infty}^{\infty} \delta(at)\mathrm{d}t = \frac{1}{a}\int_{-\infty}^{\infty} \delta(\tau)\mathrm{d}\tau = \frac{1}{a}$$

当 $a<0$ 时

$$\int_{-\infty}^{\infty} \delta(at)\,dt = \frac{1}{a}\int_{\infty}^{-\infty}\delta(\tau)\,d\tau = -\frac{1}{a}\int_{-\infty}^{\infty}\delta(\tau)\,d\tau = -\frac{1}{a}$$

所以
$$\delta(at) = \frac{1}{|a|}\delta(t)$$

例 1.2-1 已知 $f(t)$ 图形如下图所示，作出 $g(t) = f'(t)$ 和 $g(2t)$ 图形。

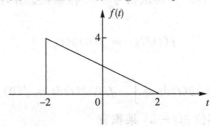

解：
所得图形如下。

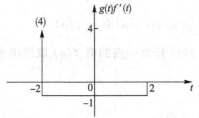 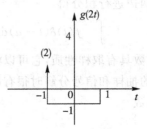

计算方法如下：
$$f(t) = (-t+2)[u(t+2) - u(t-2)]$$
$$f'(t) = -u(t+2) + u(t-2) + (-t+2)[\delta(t+2) - \delta(t-2)]$$

其中
$$(-t+2)[\delta(t+2) - \delta(t-2)] = -t\delta(t+2) + t\delta(t-2) + 2\delta(t+2) - 2\delta(t-2)$$
$$= 2\delta(t+2) + 2\delta(t-2) + 2\delta(t+2) - 2\delta(t-2)$$
$$= 4\delta(t+2)$$

所以
$$f'(t) = -u(t+2) + u(t-2) + 4\delta(t+2)$$

三、单位斜坡信号

单位斜坡信号的定义为

$$R(t) = tu(t) = \begin{cases} 0, & t < 0 \\ t, & t > 0 \end{cases} \qquad (1.2-17)$$

任意时刻的斜坡信号可以表示为

$$R(t-t_0) = (t-t_0)u(t-t_0) = \begin{cases} 0, & t < t_0 \\ t-t_0, & t > t_0 \end{cases} \qquad (1.2-18)$$

波形图如图 1.2-11 和图 1.2-12 所示。

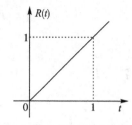
图 1.2-11 单位斜坡信号

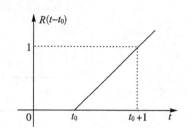
图 1.2-12 单位斜坡信号的位移

单位斜坡信号与阶跃信号存在如下关系：

$$\frac{dR(t)}{dt} = u(t)$$

$$R(t) = \int_0^t u(\tau)d\tau = \begin{cases} 0, & t<0 \\ t, & t>0 \end{cases}$$

四、门信号

门信号用符号 $g_\tau(t)$ 表示，其图形是一个以原点为中心，以 τ 为时宽，幅度为 1 的矩形单脉冲信号，波形图如图 1.2-13 所示。

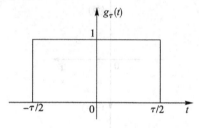
图 1.2-13 门信号

门信号可由阶跃信号表示，即

$$g_\tau(t) = \left[u\left(t+\frac{\tau}{2}\right) - u\left(t-\frac{\tau}{2}\right)\right]$$

$$= \begin{cases} 1, & |t|<\frac{\tau}{2} \\ 0, & |t|>\frac{\tau}{2} \end{cases}$$

五、符号信号

符号信号用 $\mathrm{sgn}(t)$ 表示，当 $t>0$ 时值为 1，当 $t<0$ 时值为 -1，$t=0$ 时没有定义，其波形图如图 1.2-14 所示，表达式为

$$\begin{aligned}\mathrm{sgn}(t) &= 2u(t) - 1 \\ &= -u(-t) + u(t) \\ &= \begin{cases} 1, & t>0 \\ -1, & t<0 \end{cases}\end{aligned}$$

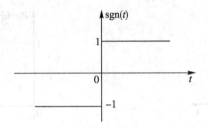

图 1.2-14 符号信号

六、冲激偶信号

1. 冲激偶信号的定义

冲激信号 $\delta(t)$ 的时间导数称为"冲激偶信号",定义为

$$\delta'(t) = \frac{\mathrm{d}\delta(t)}{\mathrm{d}t} \qquad (1.2-19)$$

冲激偶信号波形如图 1.2-15 所示。

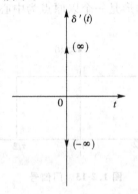

图 1.2-15 单位冲激偶函数

也可以利用普通信号的极限来定义冲激偶信号。例如我们首先对图 1.2-16(a) 所示的三角脉冲信号 $f_\Delta(t)$,底宽为 2Δ,高度为 $1/\Delta$,进行求导运算,得到图 1.2-16(c) 所示的奇对称的对称脉冲 $f'_\Delta(t)$,当 $\Delta \to 0$,三角脉冲也会演变为单位冲激函数,即

$$\delta'(t) \stackrel{def}{=} \lim_{\Delta \to 0} f'_\Delta(t) \qquad (1.2-20)$$

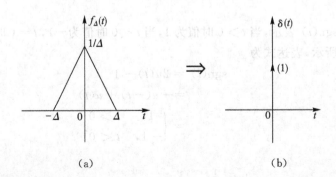

(a)　　　　　　　　(b)

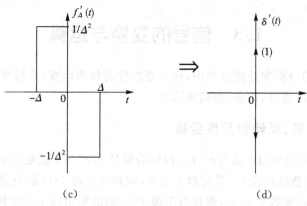

图 1.2-16 冲激偶信号的定义

2. 冲激偶信号的性质

(1)任意信号与冲激偶信号的乘积,计算结果如下

$$f(t)\delta'(t) = f(0)\delta'(t) - f'(0)\delta(t) \qquad (1.2-21)$$

证明:

$$[f(t)\delta(t)]' = f(t)\delta'(t) + f'(t)\delta(t)$$
$$\Rightarrow f(t)\delta'(t) = [f(t)\delta(t)]' - f'(t)\delta(t)$$
$$= f(0)\delta'(t) - f'(0)\delta(t)$$

(2)对 $f'(t)$ 在 0 点连续的信号,有

$$\int_{-\infty}^{\infty} \delta'(t)f(t)\mathrm{d}t = -f'(0) \qquad (1.2-22)$$

证明:

由性质(1)知,上式的左边可以转化为

$$左边 = \int_{-\infty}^{\infty} f(0)\delta'(t)\mathrm{d}t - \int_{-\infty}^{\infty} f'(0)\delta(t)\mathrm{d}t$$
$$= 0 - f'(0) = -f'(0)$$

推广到高阶导数有

$$\int_{-\infty}^{\infty} \delta^{(n)}(t)f(t)\mathrm{d}t = (-1)^n f^{(n)}(0) \qquad (1.2-23)$$

(3)由图 1.2-16(d)的单位冲激偶信号可见,$\delta'(t)$ 的正、负两个冲激的面积相等,互相抵消,冲激偶信号所包含的面积为零,即

$$\int_{-\infty}^{\infty} \delta'(t)\mathrm{d}t = 0 \qquad (1.2-24)$$

(4) $\delta'(t)$ 与 $\delta(t)$ 互为微分、积分关系

$$\delta'(t) = \frac{\mathrm{d}\delta(t)}{\mathrm{d}t}$$

$$\int_{-\infty}^{t} \delta'(t)\mathrm{d}t = \begin{cases} 0, & t < 0_- \\ \infty, & 0_- < t < 0_+ \\ 0, & t > 0_+ \end{cases} \qquad (1.2-25)$$

1.3 信号的变换与运算

在信号与系统的分析和处理过程中,往往要进行信号的运算,信号基本运算主要包括信号的时移、反转、尺度、微分、积分、加减乘除等。

1.3.1 信号的时移、反转和尺度变换

将信号 $f(t)$ 中的自变量 t 换为 $t-t_0$,得到的信号 $f(t-t_0)$ 就是 $f(t)$ 的时移,它是 $f(t)$ 的波形在时间 t 轴上整体移位 t_0。若常数 $t_0 > 0$,则相当于将 $f(t)$ 的波形沿横坐标整体右移 t_0,如图 1.3-1(b);若常数 $t_0 < 0$,则相当于将 $f(t)$ 的波形沿横坐标整体左移 t_0,如图 1.3-1(c)。

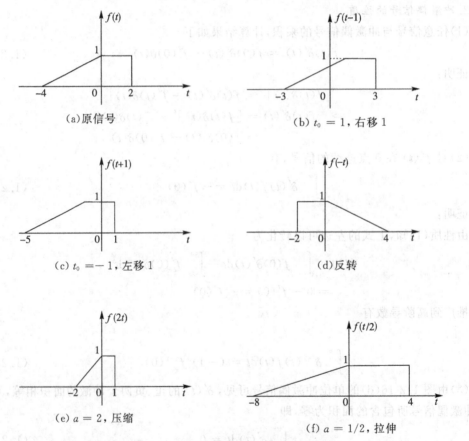

图 1.3-1 信号的时移、反转、尺度变换

信号的反转是指信号 $f(t)$ 中的自变量 t 换为 $-t$,其波形相当于将原信号 $f(t)$ 以纵坐标轴反转,如图 1.3-1(d)所示。

将 $f(t)$ 的自变量 t 用 $at(a \neq 0)$ 替换,得到 $f(at)$ 称为"$f(t)$ 的尺度变换",其波形是 $f(t)$ 的波形在时间轴上的压缩或拉伸。当 $|a| > 1$ 时,波形在时间轴上是压缩的,如图 1.3-1(e)所示;当 $|a| < 1$ 时,波形在时间轴上是拉伸的,如图 1.3-1(f)所示。

例 1.3-1 已知 $f(t)$ 图形如图 1.3-2 所示,作出 $f(2-t)$ 波形。

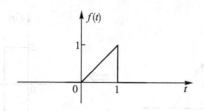

图 1.3-2 例 1.3-1 $f(t)$ 图形

解:可以通过两种不同的变换次序完成本题:

方法一:先将 $f(t)$ 左移 2 个单位得到 $f(t+2)$,再反转得到 $f(-t+2)$。

方法二:先将 $f(t)$ 反转得到 $f(-t)$,再右移 2 个单位得到 $f[-(t-2)]$。

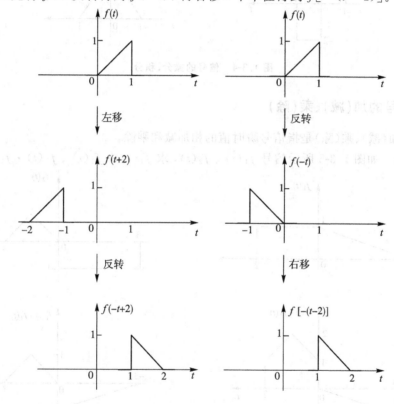

图 1.3-3 例 1.3-1 信号的变换

1.3.2 微分与积分

信号 $f(t)$ 的微分运算是指 $f(t)$ 对 t 取导数,即

$$f'(t) = \frac{\mathrm{d}}{\mathrm{d}t} f(t) \tag{1.3-1}$$

信号 $f(t)$ 的积分运算是指 $f(\tau)$ 对 τ 在 $(-\infty, t)$ 区间内求积分,即

$$f^{(-1)}(t) = \int_{-\infty}^{t} f(\tau) \mathrm{d}\tau \tag{1.3-2}$$

信号的微分运算主要反映信号的变化部分,而信号的积分运算则使信号的突变部分变得平滑。如图 1.3-4 所示。

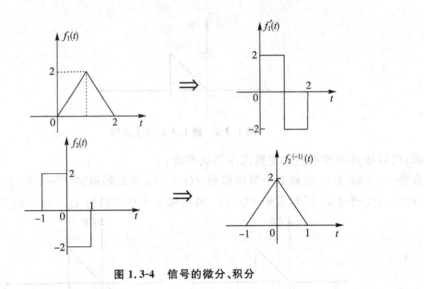

图 1.3-4 信号的微分、积分

1.3.3 信号的加(减)、乘(除)

信号的加(减)、乘(除)是指信号瞬时值的相加减和乘除。

例 1.3-2 如图 1.3-5 所示信号 $f_1(t)$、$f_2(t)$,求 $f_1(t)+f_2(t)$、$f_1(t) \cdot f_2(t)$。

解:

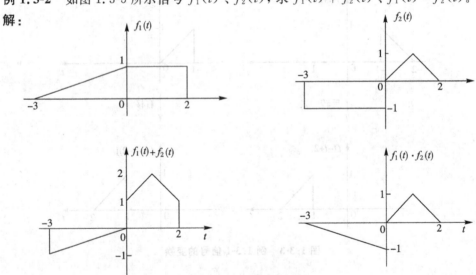

图 1.3-5 信号的加法与乘法

1.4 系统的概述

1.4.1 系统的基本概念

信号的产生、传递和处理都需要一定的物理装置,该物理装置常称为"系统"。系统泛指由若干相互作用、相互关联的事物组合而成的具有特定功能的整体。如通信系统、计算机控制系统、电子系统、机器人、经济系统、生态系统等都称为"系统"。我们这里主要研究与电有关的电系统,因为大多数非电系统可以用电系统来模拟仿真。

研究系统总是与信号分不开,信号在系统中按照一定的规律运动、变化,我们往往给系统加一定的输入信号进行驱动,经过系统的加工和处理会产生输出信号,输入信号称为"激励",输出信号称为"响应"。可以用图 1.4-1 表示激励、响应和系统之间的关系。

图 1.4-1　信号与系统分析框图

1.4.2　系统的数学模型

研究一个系统,首先要建立一个描述该系统特性的数学模型,然后运用数学工具进行分析研究。所谓"系统模型",是指该系统物理特性的数学抽象,以数学表达式或其他符号组合成图形来表征系统的特性。若系统的激励是连续信号时,其响应也是连续信号,则称该系统为"连续系统"。若系统激励是离散信号时,其响应也是离散信号,则称该系统为"离散系统"。连续系统与离散系统可以组合成混合系统。描述连续系统的数学模型是微分方程,而描述离散系统的数学模型是差分方程。

如图 1.4-2 所示的系统是由单个电容 C 构成的简单系统,若激励信号是电流源 $i(t)$,系统响应为电容电压 $v_c(t)$,则可建立如下的微分方程求出系统响应 $v_c(t)$。

$$i_c(t) = i(t) = C\frac{\mathrm{d}v_c(t)}{\mathrm{d}t}$$

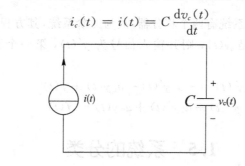

图 1.4-2　简单电容电路

这是一个一阶线性微分方程,如果要求得该方程的解,还需知道系统的初始条件 $v_c(0_+)$。

一般地,描述一个一阶线性系统需要用一阶微分方程或差分方程来描述,描述一个 n 阶线性系统需要用 n 阶微分方程或差分方程来描述,同时需要知道系统 n 个初始条件,才能得到系统的响应。

1.4.3　系统的框图模型

框图模型也可以描述系统模型,它跟系统方程之间是一一对应的关系。系统框图往往由几个基本单元构成,连续系统框图单元和离散系统框图单元在种类、符号上有一定差别。连续系统框图单元主要有加法器、积分器和倍乘器 3 种;离散系统框图单元主要由加法器、延时单元和倍乘器 3 种,它们的符号如图 1.4-3 和图 1.4-4 所示。

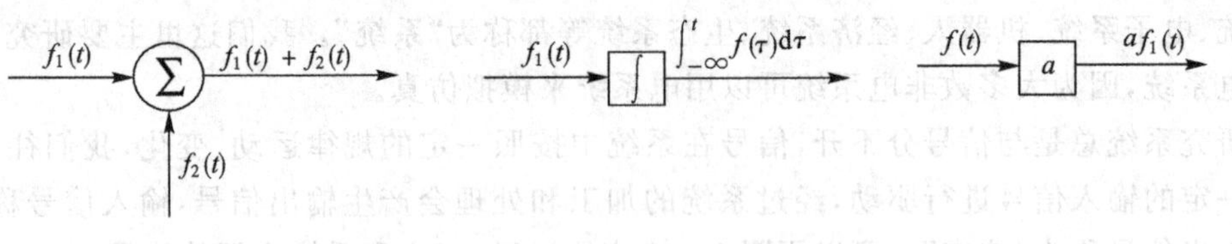

(a) 加法器　　　　　　　　(b) 积分器　　　　　　　　(c) 倍乘器

图 1.4-3　连续系统的基本单元框图

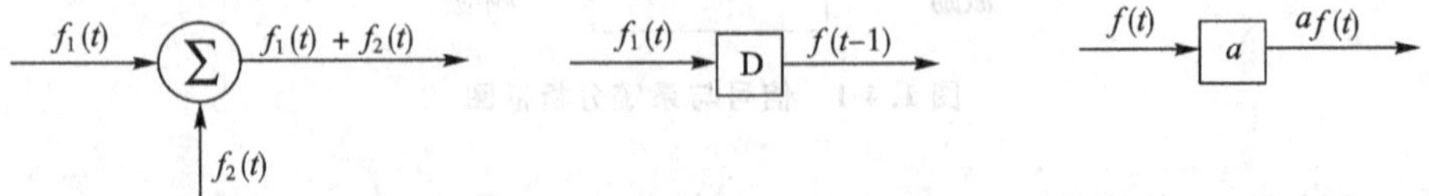

(a) 加法器　　　　　　　　(b) 延时单元　　　　　　　(c) 倍乘器

图 1.4-4　离散系统的基本单元框图

例 1.4-1　某连续系统框图如图 1.4-5 所示，试写出该系统的微分方程。

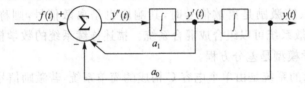

图 1.4-5　例 1.4-1 系统框图

解：由系统框图可知，该系统有两个积分器，故为二阶系统，其方程为二阶微分方程。由于最后一个积分器的输出是 $y(t)$，则其输入信号为 $y'(t)$，第一个积分器的输入信号为 $y''(t)$，于是由加法器得出

$$y''(t) = -a_1 y'(t) - a_0 y(t) + f(t)$$
$$y''(t) + a_1 y'(t) + a_0 y(t) = f(t)$$

1.5　系统的分类

我们可以从多种角度来观察、分析研究系统的特征，提出对系统进行分类的方法，下面讨论几种常用的分类方法。

一、连续系统与离散系统

若系统的输入信号是连续信号，系统的输出信号也是连续信号，则称该系统为"连续时间系统"，简称为"连续系统"。若系统的输入信号和输出信号均是离散信号，则称该系统为"离散时间系统"，简称为"离散系统"。

随着大规模集成电路技术的发展和普及，现在更多的系统是既有连续时间系统又有离散时间系统的混合系统。

二、动态系统与即时系统

若系统在任一时刻的响应不仅与该时刻的激励有关，而且与它过去的历史状态也有关，则称该系统为"动态系统"或"记忆系统"。含有记忆元件（电容、电感等）的系统是动态系统，否则称为即"时系统"或"无记忆系统",即系统在任一时刻的响应只与该时刻的激励有关,而与它的过去的历史状态无关。

三、单输入单输出系统与多输入多输出系统

如果系统只有一个输入信号和一个输出信号,称为"单输入单输出(SISO:Single-Input-Single-Output)系统";如果系统有多个输入信号和多个输出信号,称为"多输入多输出(MIMO:Multiple-Input-Multiple-Output)系统"。

四、线性系统与非线性系统

满足线性性质的系统称为"线性系统",线性性质包括:齐次性和可加性。

设系统的激励为 $f(\cdot)$,响应为 $y(\cdot)$,系统的齐次性是指:若激励增加 K 倍,其响应也增加 K 倍,K 为常系数,即:

若
$$y(\cdot) = T\{f(\cdot)\}$$

则
$$T\{Kf(\cdot)\} = KT\{f(\cdot)\} = Ky(\cdot) \tag{1.5-1}$$

系统的可加性是指:当若干个激励同时作用于系统时,其响应等于每个激励单独作用于系统产生的输出响应的叠加,即:

若
$$y_1(\cdot) = T\{f_1(\cdot)\}, y_2(\cdot) = T\{f_2(\cdot)\}$$

则
$$T\{f_1(\cdot) + f_2(\cdot)\} = T\{f_1(\cdot)\} + T\{f_2(\cdot)\} = y_1(\cdot) + y_2(\cdot) \tag{1.5-2}$$

同时具有齐次性和可加性的系统,即为线性系统,可表示为

若
$$y_1(t) = T\{f_1(\cdot)\}, y_2(t) = T\{f_2(\cdot)\}$$

则
$$T\{af_1(\cdot) + bf_2(\cdot)\} = aT\{f_1(\cdot)\} + bT\{f_2(\cdot)\} = ay_1(\cdot) + by_2(\cdot) \tag{1.5-3}$$

其中,a,b 为任意常系数。

若判断一个系统是线性系统还是非线性系统,往往需要从3个方面来判断:

(1)系统响应具有可分解性。系统的响应可分解为零输入响应和零状态响应,一些动态系统往往有初始状态,仅由初始状态作为激励得到的响应为零输入响应,而仅由直接的外加输入信号作为激励得到的响应为零状态响应,一个线性系统的响应可分解为零输入响应和零状态响应两个部分,即

$$y(\cdot) = y_{zi}(\cdot) + y_{zs}(\cdot) \tag{1.5-4}$$

(2)零输入线性。零输入响应 $y_{zi}(\cdot)$ 满足齐次性和可加性。

(3)零状态线性。零状态响应 $y_{zs}(\cdot)$ 满足齐次性和可加性。

如果不满足上述3个条件中任意一条,系统都为非线性系统。

例 1.5-1 判断下列系统是否为线性系统。

(1) $y(t) = 3x(0) + 2f(t) + x(0)f(t) + 1$;

(2) $y(t) = 2x(0) + |f(t)|$;

(3) $y(t) = x^2(0) + 2f(t)$。

解：
(1) $y_{zi}(t) = 3x(0) + 1, y_{zs}(t) = 2f(t) + 1$
显然 $y(t) \neq y_{zi}(t) + y_{zs}(t)$，不满足可分解性，故为非线性系统。
(2) $y_{zi}(t) = 2x(0), y_{zs}(t) = |f(t)|$
符合 $y(t) = y_{zi}(t) + y_{zs}(t)$，因此满足可分解性。
但是其零状态响应 $y_{zs}(t) = |f(t)|$ 不满足线性，故为非线性系统。
(3) $y_{zi}(t) = x^2(0), y_{zs}(t) = 2f(t)$
符合 $y(t) = y_{zi}(t) + y_{zs}(t)$，因此满足可分解性。
但是其零输入响应 $y_{zi}(t) = x^2(0)$ 不满足线性，故为非线性系统。

五、时不变系统与时变系统

满足时不变性质的系统称为"时不变系统"。时不变性质指的是系统输入延迟多少时间，其零状态响应也延迟多少时间，如图 1.5-1 所示。

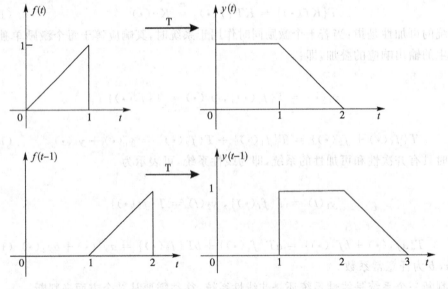

图 1.5-1 时不变性

在对某一系统进行时不变性判断时，可以根据"系统操作"是否等于"函数操作"进行判断，若相等即为时不变系统，否则为时变系统。

例 1.5-2 判断下列系统是否为时不变系统
(1) $y(t) = 4f(t) + 6$；
(2) $y(t) = f(t)\sin(\frac{2\pi}{9}t + \frac{\pi}{7})$。

解：
(1) 系统操作：$T[f(t-m)] = 4f(t-m) + 6$
    函数操作：$y(t-m) = 4f(t-m) + 6$
显然 $T[f(t-m)] = y(t-m)$，系统操作等于函数操作，因此该系统是时不变系统。

(2) 系统操作：$T[f(t-m)] = f(t-m)\sin\left(\frac{2\pi}{9}t + \frac{\pi}{7}\right)$

函数操作：$y(t-m) = f(t-m)\sin\left[\frac{2\pi}{9}(t-m) + \frac{\pi}{7}\right]$

显然 $T[f(t-m)] \neq y(t-m)$，系统操作不等于函数操作，因此该系统是时变系统。

对于系统是否是时不变系统，有一种直观的判断方法：若 $f(\cdot)$ 前出现变系数，或有反转、展缩变换，则系统为时变系统。

六、因果系统与非因果系统

因果系统满足在任意时刻的响应 $y(t)$ 仅与该时刻以及该时刻以前的激励有关，而与该时刻以后的激励无关。也可以说，因果系统的响应是由激励引起的，激励是响应的原因，响应是激励的结果；响应不会发生在激励加入之前，系统不具有预知未来响应的能力。即对因果系统，当 $t < t_0, f(t) = 0$ 时，有 $t < t_0, y_{zs}(t) = 0$。

如下列系统均为因果系统

$$y_{zs}(t) = 3f(t-1), \quad y_{zs}(t) = \int_{-\infty}^{t} f(x)\mathrm{d}x$$

而下列系统均为非因果系统

(1) $y_{zs}(t) = 2f(t+1)$　　因为，令 $t = 1$ 时，有 $y_{zs}(1) = 2f(2)$。

(2) $y_{zs}(t) = f(2t)$　　因为，若 $f(t) = 0, t < t_0$，有 $y_{zs}(t) = f(2t) = 0, t < 0.5t_0$。

七、稳定系统与不稳定系统

对有界的激励 $f(\cdot)$ 所产生的零状态响应 $y_{zs}(\cdot)$ 也是有界时，则称该系统为"有界输入有界输出稳定"。即：若 $|f(\cdot)| < \infty$，其 $|y_{zs}(\cdot)| < \infty$，则系统是稳定的。

如 $y_{zs}(t) = f(t) + f(t-1)$ 是稳定系统；而 $y_{zs} = \int_{-\infty}^{t} f(x)\mathrm{d}x$ 是不稳定系统，因为，当 $f(t) = u(t)$ 有界，$\int_{-\infty}^{t} u(x)\mathrm{d}x = tu(t)$，当 $t \to \infty$ 时，$tu(t) \to \infty$，无界。

习 题 1

1-1 判断下列信号是不是周期信号，如果是，确定其周期。

(1) $f(t) = \cos\frac{\pi}{3}t + \sin\frac{\pi}{4}t$；

(2) $f(t) = \cos t + \sin\sqrt{2}t$。

1-2 判断下列信号是不是能量信号、功率信号，或者都不是。

(1) $f(t) = \mathrm{e}^{-\alpha t}u(t), \quad \alpha > 0$；

(2) $f(t) = tu(t)$。

1-3 粗略绘出下列各函数式的波形图。

(1) $f_1(t) = u(t^2 - 1)$；

(2) $f_2(t) = \dfrac{\mathrm{d}}{\mathrm{d}t}[\mathrm{e}^{-t}\cos tu(t)]$。

1-4 绘制下列信号波形图。

(1) $x(t) = (3\mathrm{e}^{-t} + 6\mathrm{e}^{-2t})u(t)$；

(2) $x(t) = \mathrm{e}^{-t}\cos(10\pi t)[u(t-1) - u(t-2)]$；

(3) $x(t) = (t+1)u(t-1) - tu(t) - u(t-2)$；

(4) $x(t) = \cos t\left[u\left(t+\dfrac{\pi}{2}\right) - 2u(t-\pi)\right] + (\cos t)u\left(t-\dfrac{3\pi}{2}\right)$。

1-5 写出如图所示各波形的函数表达式。

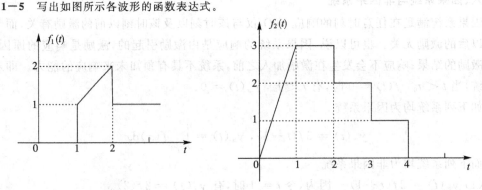

题 1-5 图

1-6 求下列各积分。

(1) $\displaystyle\int_{-5}^{5}(3t-2)[\delta(t) + \delta(t-2)]\mathrm{d}t$；

(2) $\displaystyle\int_{-\infty}^{\infty}(2-t)[\delta'(t) + \delta(t)]\mathrm{d}t$；

(3) $\displaystyle\int_{-5}^{5}(t^2 - 2t + 3)\delta'(t-2)\mathrm{d}t$；

(4) $\displaystyle\int_{-5}^{1}[\delta(t-2) + \delta(t+4)]\cos\dfrac{\pi}{2}t\,\mathrm{d}t$。

1-7 已知 $f(t)$ 的波形如图所示，试画出 $f\left(-\dfrac{1}{2}t - 1\right)$ 的波形。

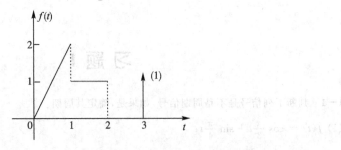

题 1-7 图

1－8 已知 $f(2-\frac{t}{3})$ 的波形,求 $f(t)$ 的波形图。

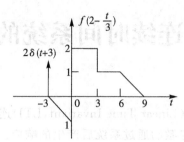

题 1-8 图

1－9 已知 $f(t)$ 的波形图,画出 $y(t) = \dfrac{\mathrm{d}f(t)}{\mathrm{d}t}$ 的波形图。

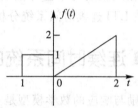

题 1-9 图

1－10 求下列积分。

(1) 已知 $f(5-2t) = 2\delta(t-3)$,求 $\int_0^\infty f(t)\mathrm{d}t$;

(2) 已知 $f(t) = 2\delta(t-3)$,求 $\int_0^\infty f(5-2t)\mathrm{d}t$。

1－11 求下列函数积分。

(1) $\int_{-\infty}^{\infty} f(t-t_0)\delta(t)$;

(2) $\int_{-\infty}^{\infty} f(t_0-t)\delta(t)$;

(3) $\int_{-\infty}^{\infty} (\mathrm{e}^{-t}+t)\delta(t+2)$;

(4) $\int_{-\infty}^{\infty} [2t+\sin 2t]\delta'(t)$。

1－12 求下列函数的微分与积分。

(1) $f_1(t) = \delta(t)\cos t$;

(2) $f_2(t) = \mu(t)\cos t$;

(3) $f_3(t) = \mathrm{e}^{-t}\delta(t)$。

1－13 一线性时不变系统在相同的初始条件下,当激励为 $f(t)$ [$t<0$ 时,$f(t)=0$]时,其全响应为 $y_1(t) = 2\mathrm{e}^{-t} + \cos 2t, t>0$;当激励为 $2f(t)$ 时,其全响应为 $y_2(t) = \mathrm{e}^{-t} + 2\cos 2t, t>0$。试求在同样的初始条件下,当激励为 $4f(t)$ 时系统的全响应 $y(t)$。

1－14 一线性时不变系统,在相同的初始条件下,当激励为 $f(t)$ 时,其全响应为 $y_1(t) = (2\mathrm{e}^{-3t} + \sin 2t)u(t)$;当激励为 $2f(t)$ 时,其全响应为 $y_2(t) = (\mathrm{e}^{-3t}+2\sin 2t)u(t)$。则:(1)若初始条件不变,当激励为 $f(t-t_0)$ 时,求该系统的全响应 $y_3(t)$,t_0 为大于零的实常数;(2)若初始条件增大 1 倍,当激励为 $0.5f(t)$ 时,求该系统的全响应 $y_4(t)$。

连续时间系统的时域分析

本章主要研究线性时不变(Linear Time Invariant,LTI)连续时间系统的时域分析,通过建立系统的数学模型,分析给定激励通过系统后产生的响应。因分析过程中涉及的函数变量为时间,故称为"时域分析法"。在 LTI 连续时间系统响应的时域分析过程中,可以采用时域经典法求解,也可以将系统的全响应分解为零输入响应和零状态响应,并分别求解。在引入系统的单位冲激响应后,可利用输入激励与单位冲激响应的卷积来求解系统的零状态响应。系统的单位冲激响应和卷积在 LTI 连续时间系统分析过程中具有十分重要的作用。

2.1 LTI 连续时间系统的经典解

LTI 连续时间系统中,系统激励与响应的数学模型是 n 阶常系数线性微分方程,其一般形式为:

$$y^{(n)}(t) + a_{n-1}y^{(n-1)}(t) + \cdots + a_1 y^{(1)}(t) + a_0 y(t)$$
$$= b_m f^{(m)}(t) + b_{m-1}f^{(m-1)}(t) + \cdots + b_1 f^{(1)}(t) + b_0 f(t) \quad (2.1-1)$$

式(2.1-1)中的 $a_0, a_1, \cdots, a_{n-1}$ 与 $b_0, b_1, \cdots, b_m$ 均为实常数。

该微分方程的完全解是由齐次解 $y_h(t)$ 和特解 $y_p(t)$ 组成,即:

$$y(t) = y_h(t) + y_p(t)$$

2.1.1 微分方程的齐次解

齐次解是齐次微分方程

$$y^{(n)}(t) + a_{n-1}y^{(n-1)}(t) + \cdots + a_1 y^{(1)}(t) + a_0 y(t) = 0 \quad (2.1-2)$$

的解。

设式(2.1-2)的特征根为 λ,则相应的特征方程为:

$$\lambda^n + a_{n-1}\lambda^{n-1} + \cdots + a_1\lambda + a_0 = 0 \quad (2.1-3)$$

$y_h(t)$ 的函数形式由式(2.1-3)的特征根来确定。由于齐次解的函数形式仅与系统本身的特性有关,而与系统激励 $f(t)$ 的函数形式无关,故称为"系统的自由响应(固有响应)"。表 2.1-1 列出了几种特征根所对应的齐次解形式,其中 A、B、C_i 和 $\varphi_i (i = 0, 1, \cdots, r-1)$ 均为待定系数。

表 2.1-1 不同特征根所对应的齐次解形式

特征根 λ	齐次解 $y_h(t)$
实单根	$e^{\lambda t}$
r 重实根	$(C_{r-1}t^{r-1} + C_{r-2}t^{r-2} + \cdots + C_1 t + C_0)e^{\lambda t}$

续表

共轭复根 $\lambda_{1,2} = \alpha \pm j\beta$	$[A\cos(\beta t) + B\sin(\beta t)]e^{\alpha t}$ 或 $Ce^{\alpha t}\cos(\beta t + \varphi)$
r 重共轭复根	$[C_{r-1}t^{r-1}\cos(\beta t + \varphi_{r-1}) + \cdots + C_1 t\cos(\beta t + \varphi_1) + C_0\cos(\beta t + \varphi_0)]e^{\alpha t}$

例 2.1-1 求解下述微分方程的齐次解。

$$y'''(t) + 7y''(t) + 16y'(t) + 12y(t) = f(t)$$

解：

该系统的特征方程为

$$\lambda^3 + 7\lambda^2 + 16\lambda + 12 = 0$$

因式分解

$$(\lambda + 2)^2(\lambda + 3) = 0$$

特征根为

$$\lambda_1 = \lambda_2 = -2(\text{重根}), \lambda_3 = -3$$

对应的齐次解为

$$y_h(t) = (C_1 t + C_2)e^{-2t} + C_3 e^{-3t}$$

其中 C_1, C_2, C_3 为待定系数。

2.1.2 特解

微分方程的特解 $y_p(t)$ 的函数形式与激励的函数形式有关。通过选定特解函数式，将其代入到原微分方程，求得特解函数式中的待定系数，即求出特解 $y_p(t)$。由于特解的函数形式由系统的激励决定，故称它为系统的"强迫响应"。表 2.1-2 列出了几种典型激励信号对应的特解形式。

表 2.1-2 不同激励信号所对应的特解形式

激励 $f(t)$	特解 $y_p(t)$
K（常数）	A（常数）
Kt	$A_1 t + A_0$
t^r	$A_r t^r + \cdots + A_1 t + A_0$
$e^{\alpha t}$	$A_0 e^{\alpha t}$（α 不等于特征根）
	$(A_1 t + A_0)e^{\alpha t}$（$\alpha$ 等于特征根）
	$(A_r t^r + \cdots + A_1 t + A_0)e^{\alpha t}$（$\alpha$ 等于 r 重特征根）
$\cos(\beta t)$ 或 $\sin(\beta t)$	$A_1 \cos(\beta t) + A_2 \sin(\beta t)$ 或 $A\cos(\beta t + \varphi)$

例 2.1-2 已知描述某系统的微分方程为

$$y''(t) + 2y'(t) + 3y(t) = f'(t) + 6f(t)$$

求输入为 $f(t) = t^2$ 时，该微分方程的特解。

解：

将 $f(t) = t^2$ 代入系统微分方程右端，得到 $6t^2 + 2t$。为使得等式两端平衡，结合表 2.1-2，

设特解函数式

$$y_p(t) = A_2 t^2 + A_1 t + A_0$$

其中 A_0, A_1, A_2 为待定系数。

将上式代入微分方程,得

$$3A_2 t^2 + (4A_2 + 3A_1)t + (2A_2 + 2A_1 + 3A_0) = 6t^2 + 2t$$

等式两端各对应幂次的系数应相等,则有

$$\begin{cases} 3A_2 = 6 \\ 4A_2 + 3A_1 = 2 \\ 2A_2 + 2A_1 + 3A_0 = 0 \end{cases}$$

联立方程,解得

$$A_0 = 0, A_1 = -2, A_2 = 2$$

故该微分方程的特解为

$$y_p(t) = 2t^2 + 2t$$

2.1.3 关于 0_- 到 0_+ 系统状态的跳变

在求解 LTI 系统的微分方程时,若激励 $f(t)$ 是在 $t = 0$ 时刻接入系统的,则方程的解也适用 $t > 0$。在确定待定系数时,均用 $t = 0_+$ 时刻的初始值,即 $y^{(j)}(0_+)(j = 0, 1, 2, \cdots, n-1)$ 包含了输入信号的作用,简称"0_+ 值"。

在 $t = 0_-$ 时刻,系统激励尚未接入,该时刻的值 $y^{(j)}(0_-)$ 反映了系统的历史情况,而与系统的激励无关,这些值为初始状态(或起始值),简称"0_- 值"。一般而言,初始状态 $y^{(j)}(0_-)$ 为已知条件,为求得微分方程的解,需从已知的初始状态 $y^{(j)}(0_-)$ 来求得 $y^{(j)}(0_+)$ 的值。

例 2.1-3 描述某系统的微分方程为

$$y''(t) + 3y'(t) + 2y(t) = 2f'(t) + 6f(t)$$

若已知激励 $f(t) = u(t)$,$y(0_-) = 2$,$y'(0_-) = 0$。求 $y(0_+)$、$y'(0_+)$。

解:

将激励 $f(t) = u(t)$ 代入微分方程,得

$$y''(t) + 3y'(t) + 2y(t) = 2\delta(t) + 6u(t)$$

根据系数匹配法:等式两端 $\delta(t)$ 及其各阶导数的系数对应相等。上式中,由于等式右端为 $2\delta(t)$,故 $y''(t)$ 应包含冲激函数,则 $y'(t)$ 在 $t = 0$ 处将发生跳变,即 $y'(0_+) \neq y'(0_-)$。但 $y'(t)$ 中不包含冲激函数,否则 $y''(t)$ 将包含 $\delta'(t)$。故 $y(t)$ 在 $t = 0$ 处连续,即有

$$y(0_+) = y(0_-) = 2$$

对上述微分方程两端进行积分,有

$$\int_{0_-}^{0_+} y''(t) dt + 3\int_{0_-}^{0_+} y'(t) dt + 2\int_{0_-}^{0_+} y(t) dt = 2\int_{0_-}^{0_+} \delta(t) dt + 6\int_{0_-}^{0_+} u(t) dt$$

因积分式是在无穷小区间 $[0_-, 0_+]$ 进行的,且 $y(t)$ 在 $t = 0$ 处连续,则 $\int_{0_-}^{0_+} y(t) dt = 0$,$\int_{0_-}^{0_+} u(t) dt = 0$。

故得
$$[y'(0_+) - y'(0_-)] + 3[y(0_+) - y(0_-)] = 2$$

结合 $y(0_+) = y(0_-) = 2$，所以
$$y'(0_+) - y'(0_-) = 2$$

将 $y'(0_-) = 0$ 代入上式，得
$$y'(0_+) = y'(0_-) + 2 = 2$$

综上可知，当微分方程等式右端含有冲激函数及其各阶导数时，其系统响应 $y(t)$ 及其各阶导数在 $t = 0$ 处将会发生跳变。

2.2 零输入响应、零状态响应和全响应

2.2.1 零输入响应

在 LTI 连续时间系统的时域分析中，系统的完全响应 $y(t)$ 可以分为零输入响应和零状态响应。零输入响应是激励为零，仅由系统的初始状态 $\{x(0)\}$ 作用于系统而产生的响应，记作 $y_{zi}(t)$。由此可知，零输入响应对应齐次微分方程的齐次解。令式(2.1－1)等号右端为零，得到齐次方程

$$y^{(n)}(t) + a_{n-1}y^{(n-1)}(t) + \cdots + a_1 y^{(1)}(t) + a_0 y(t) = 0 \quad (2.2-1)$$

若该微分方程的特征根均为单根，则其零输入响应为

$$y_{zi}(t) = C_{zi1}e^{\lambda_1 t} + C_{zi2}e^{\lambda_2 t} + \cdots + C_{zin}e^{\lambda_n t} = \sum_{j=1}^{n} C_{zij}e^{\lambda_j t} \quad (2.2-2)$$

其中 $C_{zij}(j = 1, 2, \cdots, n)$ 为待定系数。由于激励为零，故有

$$y^{(j)}(0_-) = y_{zi}^{(j)}(0_+) = y_{zi}^{(j)}(0_-), (j = 0, 1, \cdots, n-1)$$

根据系统的初始状态可确定式(2.2－2)中的待定系数，从而可得到系统的零输入响应。

例 2.2-1 描述某系统的微分方程为

$$y''(t) + 6y'(t) + 8y(t) = f(t)$$

其中，初始状态 $y(0_-) = 1, y'(0_-) = 2$，求系统的零输入响应 $y_{zi}(t)$。

解：

该系统的零输入响应满足
$$y''(t) + 6y'(t) + 8y(t) = 0$$

系统 0_+ 初始值为
$$\begin{cases} y_{zi}(0_+) = y_{zi}(0_-) = y(0_-) = 1 \\ y'_{zi}(0_+) = y'_{zi}(0_-) = y'(0_-) = 2 \end{cases}$$

上述微分方程的特征方程为
$$\lambda^2 + 6\lambda + 8 = 0$$

其特征根为 $\lambda_1 = -2, \lambda_2 = -4$，则零输入响应及其导数为
$$y_{zi}(t) = C_{zi1}e^{-2t} + C_{zi2}e^{-4t}$$
$$y'_{zi}(t) = -2C_{zi1}e^{-2t} - 4C_{zi2}e^{-4t}$$

令 $t = 0$，将求得的 0_+ 时刻初始条件代入上述两个等式，得

$$y_{zi}(0_+) = C_{zi1} + C_{zi2}$$
$$y'_{zi}(0_+) = -2C_{zi1} - 4C_{zi2}$$

由上式可解得 $C_{zi1} = 3, C_{zi2} = -2$。

将求解出的待定系数代入零输入响应的解析式中,可得系统的零输入响应为:
$$y_{zi}(t) = 3e^{-2t} - 2e^{-4t}, t \geqslant 0$$

2.2.2 零状态响应

系统的零状态响应不考虑起始时刻系统的储能作用,即当系统的初始状态为零时,仅由外部激励 $f(t)$ 作用于系统而产生的响应,称为"零状态响应",记作 $y_{zs}(t)$。由此可知,系统的微分方程应为非齐次方程,即

$$y^{(n)}(t) + a_{n-1}y^{(n-1)}(t) + \cdots + a_1 y^{(1)}(t) + a_0 y(t)$$
$$= b_m f^{(m)}(t) + b_{m-1} f^{(m-1)}(t) + \cdots + b_1 f^{(1)}(t) + b_0 f(t)$$

由于初始状态为零,故有 $y_{zs}^{(j)}(0_-) = 0$。若微分方程的特征根均为单根形式,则零状态响应为

$$y_{zs}(t) = \sum_{j=1}^{n} C_{zsj} e^{\lambda_j t} + y_p(t) \tag{2.2-3}$$

其中,C_{zsj} 为待定系数,$y_p(t)$ 为微分方程的特解。

例 2.2-2 描述某系统的微分方程为
$$y''(t) + 3y'(t) + 2y(t) = 2f'(t) + 6f(t)$$
已知 $y(0_-) = 2, y'(0_-) = 0, f(t) = u(t)$。求该系统的零状态响应 $y_{zs}(t)$。

解:
该系统的零状态响应满足方程
$$y''_{zs}(t) + 3y'_{zs}(t) + 2y_{zs}(t) = 2\delta(t) + 6u(t)$$

其初始状态有 $y_{zs}(0_-) = y'_{zs}(0_-) = 0$。

由于上式右端含有冲激函数 $\delta(t)$,故 $y''_{zs}(t)$ 包含 $\delta(t)$,则 $y'_{zs}(t)$ 在 $t=0$ 产生跳变,即 $y'_{zi}(0_+) \neq y'_{zi}(0_-)$,而 $y_{zs}(t)$ 在 $t=0$ 连续,即 $y_{zs}(0_+) = y_{zs}(0_-) = 0$。对上式积分得

$$[y'_{zs}(0_+) - y'_{zs}(0_-)] + 3[y_{zs}(0_+) - y_{zs}(0_-)] + 2\int_{0_-}^{0_+} y_{zs}(t)dt = 2 + 6\int_{0_-}^{0_+} u(t)dt$$

因此,有
$$y'_{zs}(0_+) = 2 - y'_{zs}(0_-) = 2$$

对于 $t > 0$,零状态响应满足
$$y''_{zs}(t) + 3y'_{zs}(t) + 2y_{zs}(t) = 6$$

根据上式可以求得其齐次解为 $C_{zs1}e^{-t} + C_{zs2}e^{-2t}$,其特解为 $y_p(t) = 3$,则有
$$y_{zs}(t) = C_{zs1}e^{-t} + C_{zs2}e^{-2t} + 3$$

将 $y_{zs}(0_+) = 0, y'_{zs}(0_+) = 2$ 代入上式,得系统的零状态响应为:
$$y_{zs}(t) = -4e^{-t} + e^{-2t} + 3, t \geqslant 0$$

例 2.2-3 已知某 LTI 连续系统的微分方程为
$$y''(t) + 2y(t) = f''(t) + f'(t) + 2f(t)$$
若激励 $f(t) = u(t)$,求该 LTI 系统的零状态响应 $y_{zs}(t)$。

第 2 章 连续时间系统的时域分析

解：

设由激励作用于该 LTI 系统所产生的零状态响应为 $y_a(t)$，则有
$$y_a(t) = T[f(t), 0]$$

可知，上式满足下述方程
$$y_a'(t) + 2y_a(t) = f(t)$$

当激励为 $f(t) = u(t)$ 时，上式右端含有阶跃函数 $u(t)$，故知 $y_a'(t)$ 产生跳变，而 $y_a(t)$ 在 $t = 0$ 处连续，于是有 $y_a(0_+) = y_a(0_-) = 0$。

同时，由于 $y_a(t)$ 为零状态响应，故满足 $y_a(0_-) = 0$。

由此，可解得齐次解 $C_1 e^{-2t}$ 和特解 0.5，则有
$$y_a(t) = C_1 e^{-2t} + 0.5$$

将 $y_a(0_+) = 0$ 代入上式，解得 $C_1 = -0.5$，故可得
$$y_a(t) = -0.5 e^{-2t} + 0.5, \quad t \geqslant 0$$

因为 $y_a(t)$ 为零状态响应，故 $t < 0$ 时，$y_a(t) = 0$，上式可写为
$$y_a(t) = (-0.5 e^{-2t} + 0.5) u(t)$$

结合零状态响应的微分特性，可得
$$y_a'(t) = T[f'(t), 0]$$
$$y_a''(t) = T[f''(t), 0]$$

根据 LTI 连续系统的线性性质，原 LTI 系统的零状态响应为
$$y_{zs}(t) = y_a''(t) + y_a'(t) + 2 y_a(t)$$

则有
$$y_a'(t) = 0.5(1 - e^{-2t}) \delta(t) + e^{-2t} u(t) = e^{-2t} u(t)$$
$$y_a''(t) = e^{-2t} \delta(t) - 2 e^{-2t} u(t) = \delta(t) - 2 e^{-2t} u(t)$$

故，该系统的零状态响应为
$$y_{zs}(t) = y_a''(t) + y_a'(t) + 2 y_a(t)$$
$$= \delta(t) + (1 - 2 e^{-2t}) u(t)$$

由例 2.2-3 可知，利用零状态响应的微分特性以及线性性质，能较为方便地进行系统求解。

2.2.3 全响应

在系统激励 $f(t)$ 的作用下，若系统的初始状态不为零，则 LTI 连续系统的响应称为"全响应"，它可分为两部分响应之和，即零输入响应和零状态响应的叠加。则有
$$y(t) = y_{zi}(t) + y_{zs}(t)$$
$$= \underbrace{\sum_{j=1}^{n} C_{zij} e^{\lambda_j t}}_{\text{零输入响应}} + \underbrace{\sum_{j=1}^{n} C_{zsj} e^{\lambda_j t} + y_p(t)}_{\text{零状态响应}}$$
$$= \underbrace{\sum_{j=1}^{n} C_j e^{\lambda_j t}}_{\text{自由响应}} + \underbrace{y_p(t)}_{\text{强迫响应}}$$

其中

$$\sum_{j=1}^{n} C_j e^{\lambda_j t} = \sum_{j=1}^{n} C_{zij} e^{\lambda_j t} + \sum_{j=1}^{n} C_{zsj} e^{\lambda_j t}$$

综上可知,LTI 连续系统的全响应可分为自由响应和强迫响应之和,也可以分为零输入响应和零状态响应之和。由上式可知,系统的自由响应包含了零输入响应和零状态响应的一部分,其变化规律取决于系统的特征根(固有频率)。强迫响应则取决于外加激励的形式。

例 2.2-4 已知某 LTI 连续系统的微分方程为

$$y''(t) + 3y'(t) + 2y(t) = 2f'(t) + 6f(t)$$

若 $y(0_-) = 2, y'(0_-) = 0, f(t) = u(t)$。求系统的零输入响应、零状态响应及全响应。

解:

(1) 由于系统激励为 0,故零输入响应 $y_{zi}(t)$ 满足

$$y''_{zi}(t) + 3y'_{zi}(t) + 2y_{zi}(t) = 0$$

根据上式对应特征方程,解得特征根为 $\lambda_1 = -1, \lambda_2 = -2$。

由于

$$y_{zi}(0_+) = y_{zi}(0_-) = y(0_-) = 2$$
$$y'_{zi}(0_+) = y'_{zi}(0_-) = y'(0_-) = 0$$

故该系统的零输入响应为

$$y_{zi}(t) = C_{zi1} e^{-t} + C_{zi2} e^{-2t}$$

其一阶导数为

$$y'_{zi}(t) = -C_{zi1} e^{-t} - 2C_{zi2} e^{-2t}$$

将初始值代入上式,得

$$y_{zi}(0_+) = C_{zi1} + C_{zi2} = 2$$
$$y'_{zi}(0_+) = -C_{zi1} - 2C_{zi2} = 1$$

由上式可解得 $C_{zi1} = 4, C_{zi2} = -2$,代入零输入响应函数解析式得

$$y_{zi}(t) = 4e^{-t} - 2e^{-2t}, t \geq 0$$

(2) 零状态响应 $y_{zs}(t)$ 满足

$$y''_{zs}(t) + 3y'_{zs}(t) + 2y_{zs}(t) = 2\delta(t) + 6u(t)$$

其初始状态有 $y_{zs}(0_-) = y'_{zs}(0_-) = 0$。

上式右端含有冲激函数 $\delta(t)$,故 $y''_{zs}(t)$ 包含 $\delta(t)$,则 $y'_{zs}(t)$ 在 $t = 0$ 产生跳变,即 $y'_{zi}(0_+) \neq y'_{zi}(0_-)$,而 $y_{zs}(t)$ 在 $t = 0$ 连续,即 $y_{zs}(0_+) = y_{zs}(0_-) = 0$。对上式在无穷小区间上进行积分,得

$$[y'_{zs}(0_+) - y'_{zs}(0_-)] + 3[y_{zs}(0_+) - y_{zs}(0_-)] + 2\int_{0_-}^{0_+} y_{zs}(t) dt = 2 + 6\int_{0_-}^{0_+} u(t) dt$$

因此,有

$$y'_{zs}(0_+) = 2 - y'_{zs}(0_-) = 2$$

对于 $t > 0$,零状态响应满足

$$y''_{zs}(t) + 3y'_{zs}(t) + 2y_{zs}(t) = 6$$

根据上式可以求得其齐次解为 $C_{zs1} e^{-t} + C_{zs2} e^{-2t}$,其特解为 $y_p(t) = 3$,则有

$$y_{zs}(t) = C_{zs1} e^{-t} + C_{zs2} e^{-2t} + 3$$

将 $y_{zs}(0_+) = 0, y'_{zs}(0_+) = 2$ 代入上式,得系统的零状态响应

$$y_{zs}(t) = -4e^{-t} + e^{-2t} + 3, t \geqslant 0$$

(3) 全响应 $y(t)$

结合求解的零输入响应和零状态响应函数解析式，可得系统的全响应，即
$$y(t) = y_{zi}(t) + y_{zs}(t)$$
$$= 4e^{-t} - 2e^{-2t} - 4e^{-t} + e^{-2t} + 3$$
$$= -e^{-2t} + 3, t \geqslant 0$$

2.3 冲激响应与阶跃响应

2.3.1 冲激响应

在 LTI 连续系统中，当系统的初始状态为零，由单位冲激函数 $\delta(t)$ 作为激励所产生的响应称为"冲激响应"，一般用符号 $h(t)$ 表示。冲激响应完全由系统本身的特性所决定，而与系统的激励无关。换言之，冲激响应 $h(t)$ 是系统在单位冲激函数 $\delta(t)$ 作用下所产生的零状态响应，如图 2.3-1 所示。

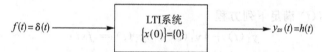

图 2.3-1 系统的冲激响应

即有
$$h(t) = T[\delta(t), \{0\}] \qquad (2.3-1)$$

例 2.3-1 描述某 LTI 连续系统的微分方程为
$$y''(t) + 4y'(t) + 3y(t) = f'(t) + 2f(t)$$
求系统的冲激响应 $h(t)$。

解法一：

根据冲激函数的定义，当 $f(t) = \delta(t)$ 时，$y_{zs}(t) = h(t)$，则有
$$\begin{cases} h''(t) + 4h'(t) + 3h(t) = \delta'(t) + 2\delta(t) \\ h(0_-) = h'(0_-) = 0 \end{cases}$$

上述方程的特征根 $\lambda_1 = -1, \lambda_2 = -3$。可知 $h(t)$ 中不包含冲激函数，故
$$h(t) = (C_1 e^{-t} + C_2 e^{-3t}) u(t)$$

现设
$$h''(t) = a\delta'(t) + b\delta(t) + r_0(t)$$

对上式从 $-\infty$ 到 t 积分，得
$$h'(t) = a\delta(t) + r_1(t)$$

同时有
$$h(t) = r_2(t)$$

将冲激响应及其一阶、二阶导数代入其系统方程，解得 $a = 1, b = -2$。即

$$\begin{cases} h''(t) = \delta'(t) - 2\delta(t) + r_0(t) \\ h'(t) = \delta(t) + r_1(t) \end{cases}$$

对上式从 0_- 到 0_+ 积分，考虑到 $\int_{0_-}^{0_+} r_0(t)\mathrm{d}t = 0, \int_{0_-}^{0_+} r_1(t)\mathrm{d}t = 0$，则有

$$\begin{cases} h'(0_+) - h'(0_-) = -2 \\ h(0_+) - h(0_-) = 1 \end{cases}$$

结合初始状态 $h(0_-) = h'(0_-) = 0$，可得

$$h'(0_+) = -2, h(0_+) = 1$$

将上述条件代入冲激响应的函数解析式，求得

$$h'(0_+) = -C_1 \mathrm{e}^{-t} - 3C_2 \mathrm{e}^{-3t} = -2$$
$$h(0_+) = C_1 + C_2 = 1$$

求得待定系数 $C_1 = C_2 = \frac{1}{2}$，故该系统的冲激响应为

$$h(t) = \frac{1}{2}(\mathrm{e}^{-t} + \mathrm{e}^{-3t})u(t)$$

解法二：

选择新变量 $y_1(t)$ 满足下列方程

$$y_1''(t) + 4y_1'(t) + 3y_1(t) = f(t)$$

设其冲激响应为 $h_1(t)$，则 $h_1(t)$ 满足简单方程

$$h_1''(t) + 4h_1'(t) + 3h_1(t) = \delta(t)$$

则有

$$h_1(t) = (C_3 \mathrm{e}^{-t} + C_4 \mathrm{e}^{-3t})u(t)$$

由于

$$h_1'(0_+) = 1, h_1(0_+) = 0$$

可得 $C_3 = \frac{1}{2}, C_4 = -\frac{1}{2}$，故

$$h_1(t) = \frac{1}{2}(\mathrm{e}^{-t} - \mathrm{e}^{-3t})u(t)$$

它的一阶导数为

$$h_1'(t) = \frac{1}{2}(\mathrm{e}^{-t} - \mathrm{e}^{-3t})\delta(t) + \frac{1}{2}(-\mathrm{e}^{-t} + 3\mathrm{e}^{-3t})u(t) = \frac{1}{2}(-\mathrm{e}^{-t} + 3\mathrm{e}^{-3t})u(t)$$

根据系统的线性性质以及微分特性，可求得系统的冲激响应

$$h(t) = h_1'(t) + 2h_1(t)$$
$$= \frac{1}{2}(-\mathrm{e}^{-t} + 3\mathrm{e}^{-3t})u(t) + 2\left[\frac{1}{2}(\mathrm{e}^{-t} - \mathrm{e}^{-3t})u(t)\right]$$
$$= \frac{1}{2}(\mathrm{e}^{-t} + \mathrm{e}^{-3t})u(t)$$

2.3.2 阶跃响应

在 LTI 连续系统中，当其初始状态为零，由单位阶跃函数 $u(t)$ 所产生的响应称为"阶跃响应"，一般用 $g(t)$ 表示。换言之，阶跃响应是系统在单位阶跃函数 $u(t)$ 作用下所产生的零

状态响应,如图 2.3-2 所示。

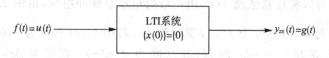

图 2.3-2 系统的阶跃响应

即有
$$g(t) = T[u(t), \{0\}] \tag{2.3-2}$$

由于单位阶跃函数 $u(t)$ 与单位冲激函数 $\delta(t)$ 之间的关系为

$$u(t) = \int_{-\infty}^{t} \delta(\tau) d\tau$$

$$\delta(t) = \frac{du(t)}{dt}$$

根据 LTI 连续系统的微分和积分特性,系统的阶跃响应和冲激响应的关系为

$$g(t) = \int_{-\infty}^{t} h(\tau) d\tau \tag{2.3-3}$$

$$h(t) = \frac{dg(t)}{dt} \tag{2.3-4}$$

2.4 卷积积分

在信号与系统中,信号的卷积运算是最重要的运算之一,随着对信号与系统理论研究的深入,卷积方法在更多的领域得到广泛应用,其逆运算(反卷积)的问题也受到越来越多的重视及应用。比如,在系统辨识、地震勘探和语言识别等信号处理领域中都有应用。其基本原理是将输入信号分解为众多的冲激信号之和,并借助系统的冲激响应来求解系统对任意激励信号的零状态响应。

2.4.1 卷积积分

图 2.4-1 所示为一幅度为 $\frac{n}{2}$,宽度为 $\frac{2}{n}$ 的矩形窄脉冲 $x_n(t)$。

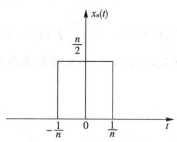

图 2.4-1 矩形窄脉冲 $x_n(t)$

该脉冲与单位冲激响应之间满足关系

$$\delta(t) = \lim_{n\to\infty} x_n(t) \tag{2.4-1}$$

令 $\Delta\tau = \dfrac{2}{n}$，可以将任意激励 $f(t)$ 用一系列矩形窄脉冲组成，由图 2.4-2 可知，第 0 个脉冲出现在 $t=0$ 时刻，其高度为 $f(0)$，宽度为 $\Delta\tau$，若用 $x_n(t)$ 表示为 $f(0)\Delta\tau x_n(t)$。依此类推，第 n 个脉冲出现在 $t=n\Delta\tau$ 时刻，其高度为 $f(n\Delta\tau)$，宽度为 $\Delta\tau$，用 $x_n(t)$ 表示为 $f(n\Delta\tau)\Delta\tau x_n(t-n\Delta\tau)$（$n$ 为整数）。

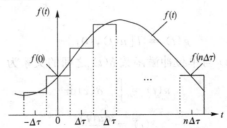

图 2.4-2 任意信号 $f(t)$ 的分解

根据函数积分理论，当 $\Delta\tau$ 很小时，可以用这一系列矩形窄脉冲的和来近似等于 $f(t)$，即有

$$f(t) \approx \sum_{n=-\infty}^{\infty} f(n\Delta\tau) x_n(t-n\Delta\tau)\Delta\tau$$

当 $\Delta\tau \to 0$，即 $n \to \infty$ 时，可将 $\Delta\tau$ 写为 $\mathrm{d}\tau$，$n\Delta\tau$ 写为 τ，离散求和改为连续求和（积分），结合式（2.4-1），可求得任意信号 $f(t)$ 的表达式

$$f(t) \approx \lim_{\Delta\tau\to 0}\sum_{n=-\infty}^{\infty} f(n\Delta\tau) x_n(t-n\Delta\tau)\Delta\tau = \int_{-\infty}^{\infty} f(\tau)\delta(t-\tau)\mathrm{d}\tau \tag{2.4-2}$$

式（2.4-2）称为"连续时间信号的卷积积分"。

一、卷积积分的定义

已知定义在区间 $(-\infty,\infty)$ 上的两个连续时间信号 $f_1(t)$ 和 $f_2(t)$，则定义积分

$$f(t) = \int_{-\infty}^{\infty} f_1(\tau) f_2(t-\tau)\mathrm{d}\tau \tag{2.4-3}$$

为 $f_1(t)$ 和 $f_2(t)$ 的卷积积分，简称"卷积（Convolution）"。式（2.4-3）记作

$$f(t) = f_1(t) * f_2(t)$$

即有

$$f(t) = f_1(t) * f_2(t) = \int_{-\infty}^{\infty} f_1(\tau) f_2(t-\tau)\mathrm{d}\tau \tag{2.4-4}$$

例 2.4-1 已知 LTI 连续系统激励 $f(t) = \mathrm{e}^t$，冲激响应 $h(t) = (9\mathrm{e}^{-2t}-1)u(t)$，求该系统的零状态响应 $y_{zs}(t)$。

解：
由题意可知

$$y_{zs}(t) = f(t) * h(t)$$
$$= \int_{-\infty}^{\infty} \mathrm{e}^{\tau}[9\mathrm{e}^{-2(t-\tau)}-1]u(t-\tau)\mathrm{d}\tau$$

由于 $t < \tau$，即当 $\tau > t$ 时，$u(t-\tau) = 0$，则有

$$y_{zs}(t) = \int_{-\infty}^{t} e^{\tau}[9e^{-2(t-\tau)} - 1]d\tau = \int_{-\infty}^{t} (9e^{-2t}e^{3\tau} - e^{\tau})d\tau$$
$$= e^{-2t}\int_{-\infty}^{t} 9e^{3\tau}d\tau - \int_{-\infty}^{t} e^{\tau}d\tau$$
$$= 3e^{-2t}e^{3t} - e^{t}$$
$$= 2e^{t}$$

二、卷积的图解法

卷积的图解法是主要借助于图形来计算卷积积分的一种基本计算方法,它用图解的方法来解释说明卷积积分的运算,可以把一些较为抽象的卷积积分过程形象化,图解法使人更容易理解系统零状态响应的物理意义以及在做卷积时积分上下限的确定,有助于对卷积概念的理解。

卷积积分的一般公式为:

$$f(t) = f_1(t) * f_2(t) = \int_{-\infty}^{\infty} f_1(\tau)f_2(t-\tau)d\tau$$

根据该卷积公式,可得到图解法的具体步骤:

(1) 换元:将变量 t 换元成 τ,即 $f_1(t) \to f_1(\tau)$,$f_2(t) \to f_2(\tau)$;

(2) 反转:根据式(2-32)卷积公式,将信号 $f_2(\tau)$ 进行反转,即 $f_2(\tau) \to f_2(-\tau)$;

(3) 平移:将反转后的信号 $f_2(-\tau)$ 平移 t 个单位,即 $f_2(-\tau) \to f_2(t-\tau)$;

(4) 相乘:即 $f_1(\tau)f_2(t-\tau)$;

(5) 积分:τ 从 $-\infty$ 到 ∞ 进行积分,即 $\int_{-\infty}^{\infty} f_1(\tau)f_2(t-\tau)d\tau$。从而得到任意时刻的卷积积分 $f(t) = f_1(t) * f_2(t) = \int_{-\infty}^{\infty} f_1(\tau)f_2(t-\tau)d\tau$。

需要注意,其中的 τ 为积分变量,t 为参变量,卷积结果仍为时间 t 的函数。

例 2.4-2 已知两个连续信号 $f_1(t)$ 和 $f_2(t)$,其波形如图 2.4-3(a)、(b)所示,求卷积积分 $f(t) = f_1(t) * f_2(t)$。

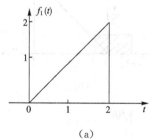
(a)

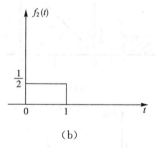
(b)

图 2.4-3 信号 $f_1(t)$ 和 $f_2(t)$ 的波形

解法一:

将 $f_1(t)$ 和 $f_2(t)$ 进行换元,得到 $f_1(\tau)$ 和 $f_2(\tau)$,将 $f_2(\tau)$ 平移 t 个单位,得到 $f_2(t-\tau)$,当 t 从 $-\infty$ 增大时,$f_2(t-\tau)$ 沿横坐标从左向右平移,将 $f_1(\tau)$ 与 $f_2(t-\tau)$ 相乘并积分,得 $f_1(t)$ 和 $f_2(t)$ 的卷积

$$f(t) = f_1(t) * f_2(t) = \int_{-\infty}^{\infty} f_1(\tau)f_2(t-\tau)d\tau$$

分析如下：

(1) 当 $t \leqslant 0$ 时，如图 2.4-4(a) 所示，被积函数 $f_1(\tau)$ 与 $f_2(t-\tau)$ 的乘积等于零，故 $f(t)=0$。

(2) 当 $0 < t \leqslant 1$ 时，被积函数 $f_1(\tau)$ 与 $f_2(t-\tau)$ 仅在区间 $0 < \tau < t$ 不等于零（两函数图形的重叠部分），如图 2.4-4 (b) 所示，故由式 (2.4-4) 可得

$$f(t) = \int_0^t \frac{1}{2}\tau d\tau = \frac{1}{4}t^2$$

(3) 当 $1 < t \leqslant 2$ 时，如图 2.4-4 (c) 所示，被积函数 $f_1(\tau)$ 与 $f_2(t-\tau)$ 在区间 $t < \tau < t-1$ 不等于零，故有

$$f(t) = \int_{t-1}^{t} \frac{1}{2}\tau d\tau = \frac{1}{2}t - \frac{1}{4}$$

(4) 当 $2 < t \leqslant 3$ 时，如图 2.4-4 (d) 所示，被积函数 $f_1(\tau)$ 与 $f_2(t-\tau)$ 在区间 $t-1 < \tau < 2$ 不等于零，故有

$$f(t) = \int_{t-1}^{2} \frac{1}{2}\tau d\tau = -\frac{1}{4}t^2 + \frac{1}{2}t + \frac{3}{4}$$

(5) 当 $t > 3$ 时，被积函数 $f_1(\tau)$ 与 $f_2(t-\tau)$ 的乘积等于零，故 $f(t)=0$。

综上可知，将以上各段的计算结果归纳在一起，可得

$$f(t) = f_1(t) * f_2(t) = \begin{cases} 0, & t \leqslant 0, t > 3 \\ \frac{1}{4}t^2, & 0 < t \leqslant 1 \\ \frac{1}{2}t - \frac{1}{4}, & 1 < t \leqslant 2 \\ -\frac{1}{4}t^2 + \frac{1}{2}t + \frac{3}{4}, & 2 < t \leqslant 3 \end{cases}$$

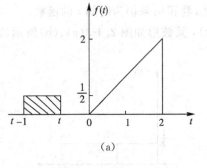
(a)

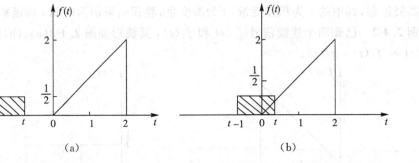
(b)

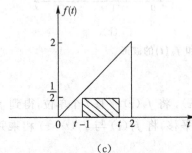
(c)

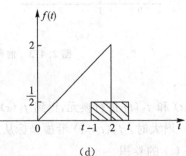
(d)

图 2.4-4　卷积运算的过程 1

解法二:(求重叠部分的面积)

分析如下:

(1) 当 $t \leqslant 0$ 时,如图 2.4-5(a)所示,被积函数 $f_1(\tau)$ 与 $f_2(t-\tau)$ 无重叠部分,故 $f(t) = 0$。

(2) 当 $0 < t \leqslant 1$ 时,如图 2.4-5 (b)所示,被积函数 $f_1(\tau)$ 与 $f_2(t-\tau)$ 的交集部分为一个底长为 t,高为 $\frac{1}{2}t$ 的直角三角形,故有

$$f(t) = \frac{1}{2} \cdot \frac{1}{2}t \cdot t = \frac{1}{4}t^2$$

(3) 当 $1 < t \leqslant 2$ 时,如图 2.4-5 (c)所示,被积函数 $f_1(\tau)$ 与 $f_2(t-\tau)$ 的交集部分为一个直角梯形,其上底长为 $\frac{1}{2}(t-1)$,下底长为 $\frac{1}{2}t$,高为 1,故有

$$f(t) = \frac{1}{2} \cdot \left[\frac{1}{2}(t-1) + \frac{1}{2}t\right] \cdot 1 = \frac{1}{2}t - \frac{1}{4}$$

(4) 当 $2 < t \leqslant 3$ 时,如图 2.4-5 (d)所示,被积函数 $f_1(\tau)$ 与 $f_2(t-\tau)$ 的交集部分仍为一个直角梯形,其上底长为 $\frac{1}{2}(t-1)$,下底长为 1,高为 $3-t$,故有

$$f(t) = \frac{1}{2} \cdot \left[\frac{1}{2}(t-1) + 1\right] \cdot (3-t) = -\frac{1}{4}t^2 + \frac{1}{2}t + \frac{3}{4}$$

(5) 当 $t > 3$ 时,被积函数 $f_1(\tau)$ 与 $f_2(t-\tau)$ 无重叠部分,故 $f(t) = 0$。

综上可知,解法二所分析结果与解法一结果相同。

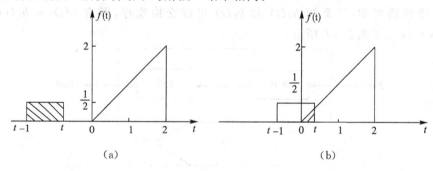

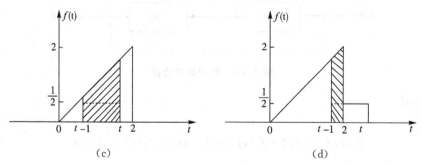

图 2.4-5 卷积运算的过程 2

2.4.2 卷积的性质

卷积积分作为一种数学运算,具有一些重要的性质,利用这些重要特性可以使卷积运算更为简便,从而便于系统分析。

一、卷积的代数运算性质

1. 交换律

$$f_1(t) * f_2(t) = f_2(t) * f_1(t) \tag{2.4-5}$$

证明:

根据卷积积分定义式,可知

$$f_1(t) * f_2(t) = \int_{-\infty}^{\infty} f_1(\tau) f_2(t-\tau) \mathrm{d}\tau$$

将上式积分变量 τ 变换为 $t-u$,则有

$$f_1(t) * f_2(t) = \int_{-\infty}^{\infty} f_1(\tau) f_2(t-\tau) \mathrm{d}\tau = \int_{\infty}^{-\infty} f_1(t-u) f_2(u) \mathrm{d}(-u)$$
$$= \int_{-\infty}^{\infty} f_2(u) f_1(t-u) \mathrm{d}u$$
$$= f_2(t) * f_1(t)$$

如有冲激响应分别为 $h_1(t) = f_1(t)$ 和 $h_2(t) = f_2(t)$ 的两个子系统相级联,应用卷积积分的交换律性质可知,子系统 $h_1(t)$ 和 $h_2(t)$ 可以交换次序,即有 $h(t) = h_1(t) * h_2(t) = h_2(t) * h_1(t)$。如图 2.4-6 所示。

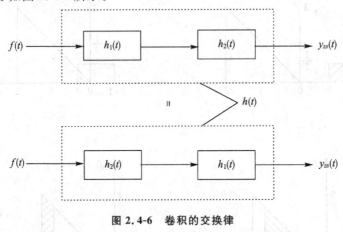

图 2.4-6 卷积的交换律

2. 结合律

$$f_1(t) * [f_2(t) * f_3(t)] = [f_1(t) * f_2(t)] * f_3(t) \tag{2.4-6}$$

证明:

$$[f_1(t) * f_2(t)] * f_3(t) = \int_{-\infty}^{\infty} \left[\int_{-\infty}^{\infty} f_1(u) f_2(\tau-u) \mathrm{d}u \right] f_3(t-\tau) \mathrm{d}\tau$$
$$= \int_{-\infty}^{\infty} f_1(u) \left[\int_{-\infty}^{\infty} f_2(\tau-u) f_3(t-\tau) \mathrm{d}\tau \right] \mathrm{d}u$$

$$= \int_{-\infty}^{\infty} f_1(u) \left[\int_{-\infty}^{\infty} f_2(\tau) f_3(t-\tau-u) \mathrm{d}\tau \right] \mathrm{d}u$$
$$= f_1(t) * [f_2(t) * f_3(t)]$$

结合律相当于级联系统的冲激响应,子系统级联时,总的冲激响应等于子系统冲激响应的卷积,即 $h(t) = h_1(t) * h_2(t)$。如图 2.4-7 所示。

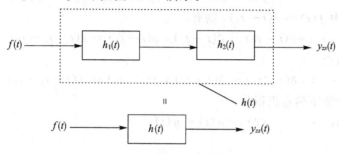

图 2.4-7 系统的级联

3. 分配律
$$f_1(t) * [f_2(t) + f_3(t)] = f_1(t) * f_2(t) + f_1(t) * f_3(t) \qquad (2.4-7)$$

证明:
$$f_1(t) * [f_2(t) + f_3(t)] = \int_{-\infty}^{\infty} f_1(\tau) [f_2(t-\tau) + f_3(t-\tau)] \mathrm{d}\tau$$
$$= \int_{-\infty}^{\infty} f_1(\tau) f_2(t-\tau) \mathrm{d}\tau + \int_{-\infty}^{\infty} f_1(\tau) f_3(t-\tau) \mathrm{d}\tau$$
$$= f_1(t) * f_2(t) + f_1(t) * f_3(t)$$

分配律相当于并联系统的冲激响应,子系统并联时,总的系统的冲激响应等于各子系统冲激响应之和,即 $h(t) = h_1(t) + h_2(t)$。如图 2.4-8 所示。

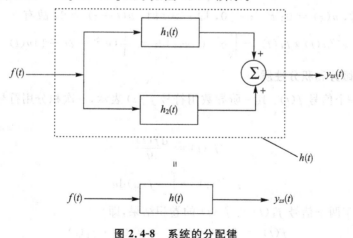

图 2.4-8 系统的分配律

二、$f(t)$ 与奇异信号的卷积性质

结合冲激函数的取样性以及卷积运算的交换律,有
$$f(t) * \delta(t) = \delta(t) * f(t) = f(t) \qquad (2.4-8)$$

证明:
$$f(t) * \delta(t) = \delta(t) * f(t) = \int_{-\infty}^{\infty} \delta(\tau) f(t-\tau) d\tau = f(t)$$

将上式做进一步的推广,有
$$f(t) * \delta(t-t_0) = f(t-t_0) \tag{2.4-9}$$

如令式(2.4-9)中 $f(t) = \delta(t-t_1)$,则有
$$\delta(t-t_0) * \delta(t-t_1) = \delta(t-t_1) * \delta(t-t_0) = \delta(t-t_0-t_1) \tag{2.4-10}$$

同时,可得如下结论
$$f(t-t_0) * \delta(t-t_1) = \delta(t-t_1) * f(t-t_0) = f(t-t_0-t_1) \tag{2.4-11}$$

例 2.4-3 计算下列卷积积分。

(1) $tu(t) * u(t)$;   (2) $e^{-2t}u(t) * tu(t)$

解:

(1) 结合卷积积分的定义式,可得
$$tu(t) * u(t) = \int_{-\infty}^{\infty} \tau u(\tau) u(t-\tau) d\tau$$

考虑到 $\tau < 0$ 时,$u(\tau) = 0$;$t-\tau < 0$,即 $\tau > t$ 时,$u(t-\tau) = 0$,故有
$$tu(t) * u(t) = \int_{0}^{t} \tau \, d\tau = \frac{1}{2} t^2$$

由于积分上限大于积分下限,故 $t > 0$,于是有
$$tu(t) * u(t) = \frac{1}{2} t^2 u(t)$$

(2) 结合卷积积分的定义式,可得
$$e^{-2t}u(t) * tu(t) = \int_{-\infty}^{\infty} e^{-2\tau} u(\tau)(t-\tau) u(t-\tau) d\tau$$

考虑到 $\tau < 0$ 时,$u(\tau) = 0$;$t-\tau < 0$,即 $\tau > t$ 时,$u(t-\tau) = 0$,故有
$$e^{-2t}u(t) * tu(t) = \int_{0}^{t} e^{-2\tau} (t-\tau) d\tau = \frac{1}{4} (e^{-2t} + 2t - 1) u(t)$$

三、卷积的微分和积分性质

对于任意一个信号 $f(t)$,其一阶导数用符号 $f'(t)$ 表示,一次积分用符号 $f^{(-1)}(t)$ 表示,即
$$f'(t) = \frac{df(t)}{dt}$$

$$f^{(-1)}(t) = \int_{-\infty}^{t} f(u) du$$

若信号 $f(t)$ 等于两子信号 $f_1(t)$ 与 $f_2(t)$ 的卷积结果,即
$$f(t) = f_1(t) * f_2(t) = f_2(t) * f_1(t)$$

则其一阶导数
$$f'(t) = f_1'(t) * f_2(t) = f_1(t) * f_2'(t) \tag{2.4-12}$$

其一次积分
$$f^{(-1)}(t) = f_1^{(-1)}(t) * f_2(t) = f_1(t) * f_2^{(-1)}(t) \tag{2.4-13}$$

先证明导数

$$f'(t) = \frac{\mathrm{d}}{\mathrm{d}t}\int_{-\infty}^{\infty} f_1(\tau)f_2(t-\tau)\mathrm{d}\tau$$

$$= \int_{-\infty}^{\infty} f_1(\tau)\frac{\mathrm{d}}{\mathrm{d}t}f_2(t-\tau)\mathrm{d}\tau$$

$$= \int_{-\infty}^{\infty} f_1(\tau)\frac{\mathrm{d}f_2(t-\tau)}{\mathrm{d}(t-\tau)}\mathrm{d}\tau$$

$$= f_1(t) * f_2'(t)$$

同理可证明

$$f'(t) = \frac{\mathrm{d}}{\mathrm{d}t}\int_{-\infty}^{\infty} f_2(\tau)f_1(t-\tau)\mathrm{d}\tau = f_1'(t) * f_2(t)$$

对于积分,证明如下

$$f^{(-1)}(t) = \int_{-\infty}^{t}\left[\int_{-\infty}^{\infty} f_1(\tau)f_2(u-\tau)\mathrm{d}\tau\right]\mathrm{d}u$$

$$= \int_{-\infty}^{\infty} f_1(\tau)\left[\int_{-\infty}^{t} f_2(u-\tau)\mathrm{d}u\right]\mathrm{d}\tau$$

$$= \int_{-\infty}^{\infty} f_1(\tau)\left[\int_{-\infty}^{t-\tau} f_2(u-\tau)\mathrm{d}(u-\tau)\right]\mathrm{d}\tau$$

$$= f_1(t) * f_2^{(-1)}(t)$$

同理可证明

$$f^{(-1)}(t) = \int_{-\infty}^{t}\left[\int_{-\infty}^{\infty} f_2(\tau)f_1(u-\tau)\mathrm{d}\tau\right]\mathrm{d}u = f_1^{(-1)}(t) * f_2(t)$$

四、卷积的时移性质

若已知信号 $f(t)$ 等于两子信号 $f_1(t)$ 与 $f_2(t)$ 的卷积结果,即

$$f(t) = f_1(t) * f_2(t) = f_2(t) * f_1(t)$$

则有

$$f_1(t-t_1) * f_2(t-t_2) = f_1(t-t_1-t_2) * f_2(t)$$
$$= f_1(t) * f_2(t-t_1-t_2)$$
$$= f(t-t_1-t_2) \qquad (2.4-14)$$

证明:

$$f_1(t-t_1) * f_2(t-t_2) = [f_1(t) * \delta(t-t_1)] * [f_2(t) * \delta(t-t_2)]$$
$$= f_1(t) * \delta(t-t_1) * \delta(t-t_2) * f_2(t)$$
$$= f_1(t) * \delta(t-t_1-t_2) * f_2(t)$$
$$= f_1(t-t_1-t_2) * f_2(t)$$

同理可证明

$$f_1(t-t_1) * f_2(t-t_2) = [f_1(t) * \delta(t-t_1)] * [f_2(t) * \delta(t-t_2)]$$
$$= f_1(t) * f_2(t) * \delta(t-t_1-t_2)$$
$$= f_1(t) * f_2(t-t_1-t_2)$$

且有

$$f_1(t-t_1) * f_2(t-t_2) = [f_1(t) * \delta(t-t_1)] * [f_2(t) * \delta(t-t_2)]$$
$$= f_1(t) * f_2(t) * \delta(t-t_1-t_2)$$

$$= f(t) * \delta(t-t_1-t_2)$$
$$= f(t-t_1-t_2)$$

例 2.4-4 计算信号 $f_1(t) = e^{-2t}u(t-1)$ 和 $f_2(t) = e^{-3t}u(t+3)$ 的卷积积分。

解：

分别对 $f_1(t)$ 和 $f_2(t)$ 进行变形
$$f_1(t) = e^{-2t}u(t-1) = e^{-2} \cdot e^{-2(t-1)}u(t-1)$$
$$f_2(t) = e^{-3t}u(t+3) = e^9 \cdot e^{-3(t+3)}u(t+3)$$

因为
$$e^{-2t}u(t) * e^{-3t}u(t) = (e^{-2t} - e^{-3t})u(t)$$

利用卷积时移性质,可得
$$f_1(t) * f_2(t) = e^{-2} \cdot e^9 \left(e^{-2(t-1+3)} - e^{-3(t-1+3)} \right) u(t-1+3)$$
$$= \left(e^{-2t+3} - e^{-3t+1} \right) u(t+2)$$

2.4.3 卷积与零状态响应

在系统分析中,除了通过微分方程结合初始条件求解系统的零状态响应外,卷积积分法也是求系统零状态响应的重要方法。如图 2.4-9 所示,LTI 连续系统在激励 $f(t)$ 作用下产生的零状态响应为 $y_{zs}(t)$。

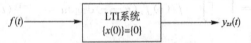

图 2.4-9 系统的零状态响应

根据冲激响应 $h(t)$ 的定义,可知
$$\delta(t) \to h(t)$$

由时不变性
$$\delta(t-\tau) \to h(t-\tau)$$

由齐次性
$$f(\tau)\delta(t-\tau) \to f(\tau)h(t-\tau)$$

由叠加性
$$\int_{-\infty}^{\infty} f(\tau)\delta(t-\tau)d\tau \to \int_{-\infty}^{\infty} f(\tau)h(t-\tau)d\tau$$

故有
$$y_{zs}(t) = \int_{-\infty}^{\infty} f(\tau)h(t-\tau)d\tau$$

由卷积积分的定义,可知
$$y_{zs}(t) = f(t) * h(t) = \int_{-\infty}^{\infty} f(\tau)h(t-\tau)d\tau \qquad (2.4-15)$$

即 LTI 连续系统的零状态响应 $y_{zs}(t)$ 等于系统激励 $f(t)$ 与冲激响应 $h(t)$ 的卷积积分。

例 2.4-5 已知某 LTI 系统的激励 $f(t)$ 如图 2.4-10(a) 所示,冲激响应 $h(t)$ 如图

2.4-10(b)所示,求该系统的零状态响应 $y_{zs}(t)$。

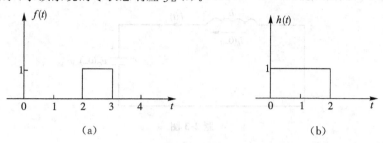

图 2.4-10 激励与冲激响应的波形图

解：

图 2.4-10(a)、(b)中的激励 $f(t)$ 和冲激响应 $h(t)$ 表达式分别为
$$f(t) = u(t-2) - u(t-3)$$
$$h(t) = u(t) - u(t-2)$$

可知
$$y_{zs}(t) = f(t) * h(t) = [u(t-2) - u(t-3)] * [u(t) - u(t-2)]$$

利用卷积积分的分配律,可得
$$y_{zs}(t) = u(t-2) * u(t) - u(t-2) * u(t-2) - u(t-3) * u(t) + u(t-3) * u(t-2)$$

由于 $u(t) * u(t) = \int_{-\infty}^{\infty} u(\tau)u(t-\tau)d\tau = \int_0^t d\tau = tu(t)$,结合卷积的时移性质,即由式 (2.4-14)可知
$$y_{zs}(t) = u(t-2) * u(t) - u(t-2) * u(t-2) - u(t-3) * u(t) + u(t-3) * u(t-2)$$
$$= (t-2)u(t-2) - (t-3)u(t-3) - (t-4)u(t-4) + (t-5)u(t-5)$$

习 题 2

2—1 已知系统的微分方程和初始状态,试求系统的零输入响应。
(1) $y''(t) + 4y'(t) + 3y(t) = f(t), y(0_-) = y'(0_-) = 1$;
(2) $y''(t) + 2y'(t) + y(t) = f(t), y(0_-) = y'(0_-) = 1$;
(3) $y''(t) + 5y'(t) + 6y(t) = f(t), y(0_-) = 1, y'(0_-) = -1$。

2—2 如题 2-2 图所示的电路中,$L = 1H, C = 0.1F, R = 6\Omega$,已知零输入响应为 $u_{zi}(t) = 2e^{-3t}\cos t + 6e^{-3t}\sin t, t \geqslant 0$,求 $u(0_-)$、$i(0_-)$。

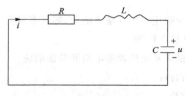

题 2-2 图

2-3 如题 2-3 图所示电路，$i_L(0_-) = 0, u_C(0_-) = 1, C = 1\text{F}, L = 1\text{H}$，求 $i(t)$。

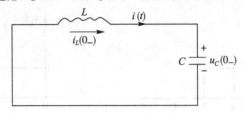

题 2-3 图

2-4 已知某系统的微分方程为
$$y''(t) + 6y'(t) + 8y(t) = f(t)$$
其中系统激励 $f(t) = u(t)$，初始状态 $y(0_-) = 1, y'(0_-) = 1$，求 $y(0_+)$ 和 $y'(0_+)$。

2-5 已知某系统的微分方程为
$$y''(t) + 3y'(t) + 2y(t) = 2f'(t) + 6f(t)$$
其中系统激励 $f(t) = u(t)$，初始状态 $y(0_-) = 2, y'(0_-) = 1$，求 $y(0_+)$ 和 $y'(0_+)$。

2-6 已知某系统的微分方程为
$$y''(t) + 2y(t) = f''(t) + f'(t) + 2f(t)$$
其中系统的激励 $f(t) = u(t)$，求该系统的零状态响应。

2-7 如题 2-7 图所示的电路，$R = 3\Omega, C = 0.5\text{F}, L = 1\text{H}, u_s(t) = \cos t u(t)\text{V}$，若该电路以 $u_C(t)$ 为输出，求其零状态响应。

2-8 如题 2-8 图所示的电路，$R_1 = R_2 = 1\Omega, C = 2\text{F}$，若以 $u_s(t)$ 为系统输入，以 $u_c(t)$ 为输出，试写出该系统的微分方程，并求出其冲激响应。

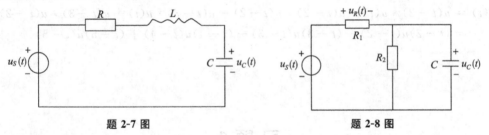

题 2-7 图　　　　　　题 2-8 图

2-9 已知系统的微分方程和初始状态，试求系统的零输入响应，零状态响应和全响应。

(1) $y''(t) + 4y'(t) + 3y(t) = f(t), y(0_-) = 1, y'(0_-) = 1, f(t) = u(t)$；

(2) $y''(t) + 5y'(t) + 4y(t) = f(t), y(0_-) = 1, y'(0_-) = 2, f(t) = u(t)$；

(3) $y''(t) + 4y'(t) + 4y(t) = f'(t) + 3f(t), y(0_-) = 1, y'(0_-) = 2, f(t) = e^{-t}u(t)$。

2-10 已知 LTI 系统的微分方程为
$$y''(t) + 6y'(t) + 5y(t) = 9f'(t) + 5f(t)$$
其中该系统的激励为 $f(t) = u(t)$，其初始状态为 $y(0) = 0, y(1) = 1 - e^{-5}$。

试求：

(1)该系统的全响应，并指出完全响应中的零输入响应、零状态响应、自由响应和强迫响应；

(2)结合系统的微分方程画出其模拟框图。

2-11 已知系统的微分方程，试求系统的冲激响应和阶跃响应。

(1) $y''(t) + 4y'(t) + 3y(t) = f(t)$；

(2) $y''(t) + 2y(t) = f'(t) - f(t)$；

(3) $y''(t) + 2y(t) = f''(t)$。

2—12 已知某系统的微分方程为
$$y''(t) + 5y'(t) + 6y(t) = f''(t) + 2f'(t) + 3f(t)$$
求该系统的冲激响应以及阶跃响应。

2—13 已知某线性时不变系统的单位阶跃响应为
$$g(t) = (3e^{-2t} - 1)u(t)$$
用时域法求解：

(1) 系统的冲激响应；

(2) 当激励为 $f_1(t) = tu(t)$ 的零状态响应；

(3) 当激励为 $f_2(t) = t[u(t) - u(t-1)]$ 的零状态响应。

2—14 试计算下列各信号的卷积积分 $f_1(t) * f_2(t)$。

(1) $f_1(t) = f_2(t) = u(t)$；

(2) $f_1(t) = u(t), f_2(t) = e^{-t}u(t)$；

(3) $f_1(t) = tu(t), f_2(t) = e^{-2t}u(t)$；

(4) $f_1(t) = e^{-t}u(t), f_2(t) = e^{-2t}u(t)$；

(5) $f_1(t) = u(t-1), f_2(t) = u(t-3)$；

(6) $f_1(t) = tu(t), f_2(t) = u(t) - u(t-1)$；

(7) $f_1(t) = tu(t-1), f_2(t) = u(t-3)$；

(8) $f_1(t) = u(t-1), f_2(t) = e^{-2t}u(t+3)$。

2—15 已知各信号波形如题 2-15 图所示，试计算各对信号的卷积积分。

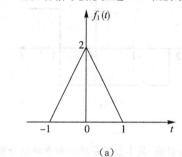

(a)

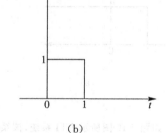

(b)

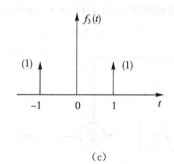

(c)

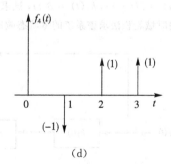

(d)

题 2-15 图

2—16 已知信号 $f_1(t)$ 和 $f_2(t)$ 的波形如题 2-16 图所示，试求 $f_1(t) * f_2(t)$，并画出其波形。

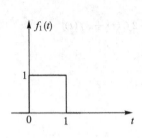
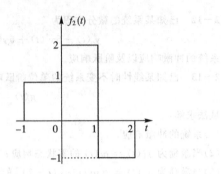

题 2-16 图

2—17 试计算下列各信号的卷积积分。

(1) $4*t[u(t+2)-u(t-1)]$；

(2) $3u(t)*2\delta'(t)*e^{-2t}u(t)$；

(3) $tu(t)*\delta''(t)*e^{-t}u(t)$；

(4) $t^n u(t)*2u(t)$。

2—18 已知信号 $f_1(t)$ 和 $f_2(t)$ 波形如题 2-18 图所示，其中 $f(t)=f_1(t)*f_2(t)$，试求 $f(0)$ 和 $f(1)$ 的值。

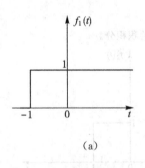
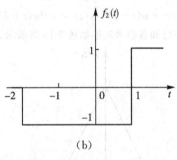

(a)　　　　　　　　　　　(b)
题 2-18 图

2—19 如题 2-19 图所示 LTI 系统，该系统由几个子系统组成，其中各子系统的冲激响应分别为 $h_1(t)=u(t)$，$h_2(t)=\delta(t-1)$，$h_3(t)=\delta'(t)$，试求该复合系统的冲激响应 $h(t)$；若以 $f(t)=e^{-t}u(t)$ 作为系统的激励，试用时域卷积法求该系统的零状态响应。

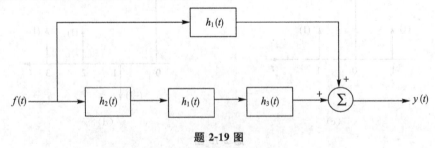

题 2-19 图

2—20 已知 LTI 系统的激励与零状态响应之间满足

$$y(t)=\int_{-\infty}^{t} e^{-(t-\tau)}f(\tau-2)d\tau$$

试求：

(1) 系统的冲激响应 $h(t)$；

(2) 当激励为 $f(t)=u(t+1)-u(t-2)$ 时，系统的零状态响应；

(3)利用(1)、(2)的结果,求如题 2-20 图所示系统的响应,其中 $h_1(t) = \delta(t-1)$。

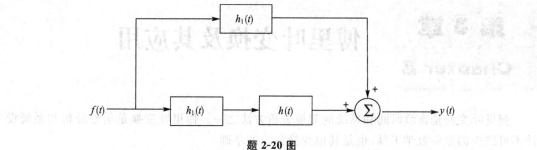

题 2-20 图

第 3 章 傅里叶变换及其应用

傅里叶变换是连续时间和系统的频域分析方法之一。傅里叶变换是信号分析与系统设计不可缺少的重要数学工具,也是其他变换方法的基础。

在 LTI 系统分析中,往往将信号分解为一些基本信号的线性叠加。在时域中,将冲激信号作为基本信号元,任意信号都可由一系列冲激信号表示;在频域中,将正弦信号作为基本信号元,任意信号可以由不同频率的正弦信号表示。本章将讲述信号在频域的分解情况,由此推导出傅里叶级数,进而得到傅里叶变换。

3.1 周期信号的傅里叶级数

3.1.1 正交函数的概念

一、正交矢量、正交矢量集

矢量 $V_x = (V_{x1}, V_{x2}, V_{x3})$ 与矢量 $V_y = (V_{y1}, V_{y2}, V_{y3})$ 正交,内积为 0,即:

$$V_x V_y = \sum_{i=1}^{3} V_{xi} V_{yi} = 0 \tag{3.1-1}$$

由两两正交的矢量组成的矢量集合,称为"正交矢量集"。如:三维空间中,以矢量 $V_x = (2,0,0), V_y = (0,2,0), V_z = (0,0,2)$ 所组成的集合,就是一个正交矢量集。

二、正交函数、正交函数集

1. 正交函数

若两个函数 $g_1(t)$、$g_2(t)$ 在区间 (t_1, t_2) 内满足

$$\begin{cases} \int_{t_1}^{t_2} g_1(t) g_2(t) \mathrm{d}t = 0 \\ \int_{t_1}^{t_2} g_i^2(t) \mathrm{d}t = k_i, i = 1,2 \end{cases} \tag{3.1-2}$$

则说这两个函数是区间 (t_1, t_2) 上的正交函数。

2. 正交函数集

若函数集 $\{g_i(t)\}$ 在区间 (t_1, t_2) 内且函数 $g_1(t), \cdots, g_n(t)$ 满足

$$\begin{cases} \int_{t_1}^{t_2} g_i^2(t) \mathrm{d}t = k_i, i = 1,2,\cdots,n \\ \int_{t_1}^{t_2} g_i(t) g_j(t) \mathrm{d}t = 0, i \neq j, j = 1,2,\cdots,n \end{cases} \tag{3.1-3}$$

则这个函数集就是正交函数集。若在式(3.1-3)中,当 $k_i = 1$ 时,函数集就叫做归一化正交函数集。

3. 完备正交函数集

若在正交函数集 $\{g_i(t)\}$ 之外,不存在任意函数 $g(t)$ 满足下式

$$\int_{t_1}^{t_2} x(t) g_i(t) \mathrm{d}t = 0 \quad i = 1, 2 \cdots \tag{3.1-4}$$

则称此函数集为"完备正交函数集"。

任意函数 $f(t)$ 都可以用完备正交函数集来进行线性表示为

$$f(t) = c_1 g_1(t) + c_2 g_2(t) + \cdots + c_n g_n(t) = \sum_{i=1}^{n} c_i g_i(t) \tag{3.1-5}$$

常见的两个重要的完备正交函数集。

(1) 三角函数集

三角函数集:

$$\{1, \cos(\Omega t), \cos(2\Omega t), \cdots, \cos(m\Omega t), \cdots, \sin(\Omega t), \sin(2\Omega t), \cdots, \sin(n\Omega t) \cdots\}$$

在区间 $(t_0, t_0 + T)$(式中 $T = \dfrac{2\pi}{\Omega}$)上为完备正交函数集。因为

$$\int_{t_0}^{t_0+T} \cos(m\Omega t) \cos(n\Omega t) \mathrm{d}t = \begin{cases} 0, m \neq n \\ \dfrac{T}{2}, m = n \neq 0 \\ T, m = n = 0 \end{cases}$$

$$\int_{t_0}^{t_0+T} \sin(m\Omega t) \sin(n\Omega t) \mathrm{d}t = \begin{cases} 0, m \neq n \\ \dfrac{T}{2}, m = n \neq 0 \end{cases}$$

$$\int_{t_0}^{t_0+T} \sin(m\Omega t) \sin(n\Omega t) \mathrm{d}t = 0, \text{任意 } m \text{ 和 } n$$

即此三角函数集符合上述完备函数集的特性。但 $\{\sin(\Omega t), \sin(2\Omega t), \cdots, \sin(n\Omega t), \cdots\}$ 和 $\{\cos(\Omega t), \cos(2\Omega t), \cdots, \cos(m\Omega t), \cdots\}$ 在区间 $(t_0, t_0 + T)$ 也为正交函数集,但不是完备正交函数集。

(2) 复指数函数集

复指数函数集 $\{e^{jn\Omega t}\}$($n = 0, \pm 1, \pm 2, \cdots$) 在区间 $(t_0, t_0 + T)$(式中 $T = \dfrac{2\pi}{\Omega}$)上是完备正交函数集。因为

$$\int_{t_0}^{t_0+T} e^{jm\Omega t} e^{jn\Omega t} \mathrm{d}t = \int_{t_0}^{t_0+T} e^{j(m-n)t} \mathrm{d}t = \begin{cases} 0, & m \neq n \\ T, & m = n \end{cases} \tag{3.1-6}$$

满足上述完备正交函数集条件。

周期信号通常被表示为无穷多个正弦信号之和。利用欧拉公式还可以将三角函数表示为复指数函数,因此周期函数还可以展开成无穷多个复指数函数之和。用这两种基本函数表示的级数,分别称为"三角形式傅里叶级数"和"指数形式傅里叶级数"。

3.1.2 三角形式傅里叶级数

周期信号是定义在 $(-\infty, \infty)$ 上,每隔一定时间 T,按相同规律重复变化的信号,可表示为

$$f(t) = f(t+mT) \tag{3.1-7}$$

式中 m 为整数,最小的 T 为该函数的周期,其倒数为频率 $f = \frac{1}{T}$,基波角频率为 $\omega = \frac{2\pi}{T} = 2\pi f$。

若周期函数 $f(t)$ 满足狄里赫利条件:
(1)在一个周期内连续或有限个第一类间断点;
(2)一个周期内函数的极值点是有限的;
(3)一个周期内函数是绝对可积的,即:

$$\int_{t_0}^{t_0+T} |f(t)| \, dt < \infty \tag{3.1-8}$$

则 $f(t)$ 可以展开为三角形式傅里叶级数:

$$\begin{aligned} f(t) &= a_0 + a_1\cos\omega_0 t + a_2\cos 2\omega_0 t + \cdots + b_1\sin\omega_0 t + b_2\sin 2\omega_0 t + \cdots \\ &= a_0 + \sum_{n=1}^{\infty}(a_n\cos n\omega_0 t + b_n\sin n\omega_0 t) \end{aligned} \tag{3.1-9}$$

其中,

$$a_0 = \frac{1}{T}\int_{t_0}^{t_0+T} f(t)dt \tag{3.1-10a}$$

$$a_n = \frac{2}{T}\int_{t_0}^{t_0+T} f(t)\cos n\omega_0 t \, dt \tag{3.1-10b}$$

$$b_n = \frac{2}{T}\int_{t_0}^{t_0+T} f(t)\sin n\omega_0 t \, dt \tag{3.1-10c}$$

a_0 是直流分量;a_n 是 n 的偶函数,是余弦分量的幅度;b_n 是 n 的奇函数,是正弦分量的幅度。ω_0 是基波频率,取 $t_0 = -T/2$。

我们也可以利用三角函数的边角关系,将上述三角级数中正弦和余弦进行合并,写成如下形式:

$$\begin{aligned} f(t) &= a_0 + \sum_{n=1}^{\infty}(a_n\cos n\omega_0 t + b_n\sin n\omega_0 t) \\ &= a_0 + \sum_{n=1}^{\infty}\sqrt{a_n^2+b_n^2}\left(\frac{a_n}{\sqrt{a_n^2+b_n^2}}\cos n\omega_0 t - \frac{-b_n}{\sqrt{a_n^2+b_n^2}}\sin n\omega_0 t\right) \\ &= a_0 + \sum_{n=1}^{\infty}c_n(\cos\varphi_n\cos n\omega_0 t - \sin\varphi_n\sin n\omega_0 t) \\ &= c_0 + \sum_{n=1}^{\infty}c_n\cos(n\omega_0 t + \varphi_n) \end{aligned} \tag{3.1-11}$$

上式说明,任何满足狄里赫利条件的周期信号都可以分解为直流和许多余弦分量。这些分量的频率是 ω_0 的整数倍。ω_0 称为"基频"或者"基波频率",$2\omega_0$ 为二次谐波频率,$3\omega_0$ 为三次谐波频率,$\cdots$,$n\omega_0$ 为 n 次谐波频率。c_0 为直流幅度,c_1 为基波振幅,c_2 为二次谐波振幅,$\cdots$,c_n 为 n 次谐波振幅。φ_1 为基波初相,φ_2 为二次谐波初相,$\cdots$,φ_n 为 n 次谐波初相。两种形式的三角级数形式系数之间的关系可由三角形的边角关系表示出来。

例 3.1-1 求周期锯齿波(如图 3.1-1 所示)的三角形式傅里叶级数展开式。

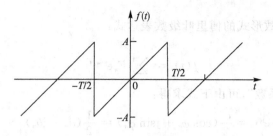

图 3.1-1 周期锯齿波

解：周期锯齿波一个周期的表达式为 $f(t) = \dfrac{2A}{T}t \quad \left(-\dfrac{T}{2} \leqslant t \leqslant \dfrac{T}{2}\right)$

根据公式 3.1－10 可得：

$$a_0 = \frac{1}{T}\int_{-T/2}^{T/2} \frac{2A}{T}t\,\mathrm{d}t = 0$$

$$a_n = \frac{2}{T}\int_{-T/2}^{T/2} \frac{2A}{T}t\cos n\omega_0 t\,\mathrm{d}t = 0 \quad \omega_0 = \frac{2\pi}{T}$$

$$b_n = \frac{2}{T}\int_{-T/2}^{T/2} \frac{2A}{T}t\sin n\omega_0 t\,\mathrm{d}t = \frac{2A}{n\pi}(-1)^{n+1} \quad n = 1,2,3\cdots$$

∴ 展开式为：$f(t) = 0 + \dfrac{2A}{\pi}\sin\omega_0 t - \dfrac{2A}{\pi}\sin 2\omega_0 t + \cdots$

3.1.3 指数形式的傅里叶级数

我们可以利用欧拉公式将三角形式的傅里叶级数表示为复指数形式的傅里叶级数。

由欧拉公式可知

$$\cos n\omega_0 = \frac{1}{2}(\mathrm{e}^{\mathrm{j}n\omega_0} + \mathrm{e}^{-\mathrm{j}n\omega_0})$$

$$\sin n\omega_0 = \frac{1}{\mathrm{j}2}(\mathrm{e}^{\mathrm{j}n\omega_0} - \mathrm{e}^{-\mathrm{j}n\omega_0}) \tag{3.1－12}$$

$$\mathrm{e}^{\pm \mathrm{j}n\omega_0} = \cos n\omega_0 \pm \mathrm{j}\sin n\omega_0$$

将欧拉公式带入三角形式的傅里叶级数得：

$$f(t) = c_0 + \sum_{n=1}^{\infty} c_n \cos(n\omega_0 t + \varphi_n)$$

$$= c_0 + \sum_{n=1}^{\infty} \frac{c_n}{2}\left[\mathrm{e}^{\mathrm{j}(n\omega_0 t + \varphi_n)} + \mathrm{e}^{-\mathrm{j}(n\omega_0 t + \varphi_n)}\right]$$

$$= c_0 + \sum_{n=1}^{\infty} \frac{c_n}{2}\mathrm{e}^{\mathrm{j}n\omega_0 t}\mathrm{e}^{\mathrm{j}\varphi_n} + \sum_{n=1}^{\infty} \frac{c_n}{2}\mathrm{e}^{-\mathrm{j}n\omega_0 t}\mathrm{e}^{-\mathrm{j}\varphi_n}$$

再由 $c_{-n} = c_n$ 和 $\varphi_{-n} = -\varphi_n$，将上式后一项中的 n 由 $-n$ 替换得：

$$f(t) = c_0 + \sum_{n=1}^{\infty} \frac{c_n}{2}\mathrm{e}^{\mathrm{j}n\omega_0 t}\mathrm{e}^{\mathrm{j}\varphi_n} + \sum_{n=-1}^{-\infty} \frac{c_n}{2}\mathrm{e}^{\mathrm{j}n\omega_0 t}\mathrm{e}^{\mathrm{j}\varphi_n}$$

令 $c_0 = F_0$ 代入上式，并将各项合并得：

$$f(t) = \sum_{n=-\infty}^{\infty} \frac{c_n}{2}\mathrm{e}^{\mathrm{j}n\omega_0 t}\mathrm{e}^{\mathrm{j}\varphi_n} \tag{3.1－13}$$

再令 $F_n = \dfrac{c_n}{2}e^{j\varphi_n}$ 得指数形式的傅里叶级数表达式：

$$f(t) = \sum_{n=-\infty}^{\infty} F_n e^{jn\omega_0 t} \qquad (3.1-14a)$$

其中 F_n 称为"傅里叶系数"，可由下式求得：

$$F_n = \dfrac{c_n}{2}e^{j\varphi_n} = \dfrac{c_n}{2}(\cos\varphi_n + j\sin\varphi_n) = \dfrac{1}{2}(a_n - jb_n)$$

$$= \dfrac{1}{T}\int_{t_0}^{t_0+T} f(t)(\cos n\omega_0 t - j\sin n\omega_0 t)dt \qquad (3.1-14b)$$

$$= \dfrac{1}{T}\int_{t_0}^{t_0+T} f(t)e^{-jn\omega_0 t}dt$$

式 3.1-14a 说明周期信号可分解为 $(-\infty,\infty)$ 区间上指数信号 $e^{jn\omega_0 t}$ 的线性组合；如给出 F_n，则 $f(t)$ 唯一确定，式 3.1-14a 和 3.1-14b 是一对变换对。

为了简单、直观的表示信号所包含的频率分量随频率变化的情况，我们可以画出指数形式的频谱图。指数形式的频谱主要由幅度频谱和相位频谱构成。

幅度频谱：$|F_n| = \dfrac{1}{2}\sqrt{a_n^2 + b_n^2} = \dfrac{1}{2}c_n$

相位频谱：$\varphi_n = \arctan(-\dfrac{b_n}{a_n})$

例 3.1-2 已知 $f(t) = 1 + \sin\omega_0 t + 2\cos\omega_0 t + \cos(2\omega_0 t + \dfrac{\pi}{4})$，画出幅度频谱和相位频谱。

解：

化为余弦形式：$f(t) = \underset{\text{直流}}{1} + \underset{\text{一次谐波}}{\sqrt{5}\cos(\omega_0 t - 0.15\pi)} + \underset{\text{二次谐波}}{\cos(2\omega_0 t + \dfrac{\pi}{4})}$

三角形式的傅氏级数的谱系数：

$$c_0 = 1 \qquad \varphi_0 = 0$$
$$c_1 = \sqrt{5} = 2.236 \qquad \varphi_1 = -0.15\pi$$
$$c_2 = 1 \qquad \varphi_2 = 0.25\pi$$

三角形式的傅氏级数频谱图，如图 3.1-2 所示。

图 3.1-2 三角形式的幅度谱和相位谱

化为指数形式：

$$f(t) = 1 + \dfrac{1}{2j}(e^{j\omega_0 t} - e^{-j\omega_0 t}) + \dfrac{2}{2}(e^{j\omega_0 t} + e^{-j\omega_0 t}) + \dfrac{1}{2}[e^{j(2\omega_0 t + \frac{\pi}{4})} + e^{-j(2\omega_0 t + \frac{\pi}{4})}]$$

$$= 1 + (1+\frac{1}{2j})e^{j\omega_0 t} + (1-\frac{1}{2j})e^{-j\omega_0 t} + \frac{1}{2}e^{j\frac{\pi}{4}}e^{j2\omega_0 t} + \frac{1}{2}e^{-j\frac{\pi}{4}}e^{-j2\omega_0 t}$$

$$= \sum_{n=-2}^{2} F_n e^{jn\omega_0 t}$$

指数形式的傅氏级数的系数：

$$F(0) = 1 \quad F(\omega_0) = 1+\frac{1}{2j} = 1.12e^{-j0.15\pi} \quad F(2\omega_0) = \frac{1}{2}e^{j0.25\pi}$$

$$F(-\omega_0) = 1-\frac{1}{2j} = 1.12e^{j0.15\pi} \quad F(-2\omega_0) = \frac{1}{2}e^{-j0.25\pi}$$

谱线：

$$F_0 = |F(0)| = 1 \quad\quad \varphi_0 = 0$$
$$F_1 = |F(\omega_0)| = 1.12 \quad\quad \varphi_1 = -0.15\pi$$
$$F_{-1} = |F(-\omega_0)| = 1.12 \quad\quad \varphi_{-1} = 0.15\pi$$
$$F_2 = |F(2\omega_0)| = 0.5 \quad\quad \varphi_2 = 0.25\pi$$
$$F_{-2} = |F(-2\omega_0)| = 0.5 \quad\quad \varphi_{-2} = -0.25\pi$$

指数形式的傅氏级数频谱图,如图 3.1-3 所示

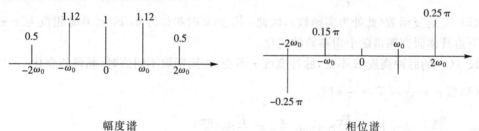

图 3.1-3 指数形式的幅度谱和相位谱

3.1.4 周期矩形脉冲信号的频谱

周期矩形脉冲是典型的周期信号,通过对其频谱的分析,可以了解周期信号的一般规律。

例 3.1-3 求如图 3.1-4 所示周期矩形脉冲信号 $f(t)$ 的傅里叶级数展开式。

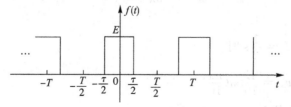

图 3.1-4 周期矩形脉冲信号

解：

$$f(t) = \begin{cases} E, & -\frac{\tau}{2} < t < \frac{\tau}{2} \\ 0, & \text{其他} \end{cases}$$

根据公式(3.1-14b)有：

$$\begin{aligned}
F_n &= \frac{1}{T}\int_{-T/2}^{T/2} f(t)\mathrm{e}^{-jn\omega_0 t}\mathrm{d}t = \frac{1}{T}\int_{-\tau/2}^{\tau/2} E\mathrm{e}^{-jn\omega_0 t}\mathrm{d}t \\
&= \frac{E}{T}\cdot\frac{1}{-jn\omega_0}\mathrm{e}^{-jn\omega_0 t}\Big|_{-\tau/2}^{\tau/2} = \frac{E}{T}\cdot\frac{1}{n\omega_0}\frac{2}{j2}(\mathrm{e}^{j\frac{n\omega_0\tau}{2}} - \mathrm{e}^{-j\frac{n\omega_0\tau}{2}}) \\
&= \frac{E}{T}\cdot\frac{2}{n\omega_0}\sin\left(\frac{n\omega_0\tau}{2}\right) \\
&= \frac{E\tau}{T}\cdot\mathrm{Sa}\left(\frac{n\omega_0\tau}{2}\right)
\end{aligned} \qquad (3.1-15)$$

由式(3.1-15)可以看出，主体部分是抽样信号，因此我们可以根据抽样信号得出周期矩形脉冲信号的频谱及特点。

(1)包络线形状是抽样函数；

(2)其最大值在 $n=0$ 处，最大值为 $\frac{E\tau}{T}$；

(3)离散性(谐波性)，只有当 $\omega=n\omega_0$ 时取值；

(4)第一个零点坐标：$\frac{2\pi}{\tau}$；

(5) F_n 是复函数(此处为实函数)，因此，$F_n>0$ 时相位为 0，$F_n<0$ 时相位为 $\pm\pi$。

下边具体研究频谱随个别参数的变化。

设 $f(t)$ 的脉冲高度 E 不变，脉冲宽度 τ 不变，当周期取不同值时，频谱的变化。

(1)当 $\tau=\frac{1}{20}\mathrm{s}$，$T=\frac{1}{4}\mathrm{s}$ 时

$\omega_0 = \frac{2\pi}{T} = 8\pi$，$F_n = \frac{E\tau}{T}\mathrm{Sa}(n\omega_0\frac{\tau}{2}) = \frac{E}{5}\mathrm{Sa}(\frac{n\pi}{5})$

谱线在 ω_0 的整数倍上，$n\omega_0 = 0, \pm 8\pi, \pm 16\pi\cdots$

$n=0$ 时，幅度为 $\frac{E}{5}$。

第一个零点：$\frac{n\omega_0\tau}{2} = \pi$，即 $\omega = n\omega_0 = \frac{2\pi}{\tau} = 40\pi$。

第一个零点内的谱线数：$n = \frac{40\pi}{\omega_0} = \frac{40\pi}{8\pi} = 5$，即5次谐波为0。图形如图3.1-5(a)所示。

(2)当 $\tau=\frac{1}{20}\mathrm{s}$，$T=\frac{1}{2}\mathrm{s}$ 时

$\omega_0 = \frac{2\pi}{T} = 4\pi$，$F_n = \frac{E}{10}\mathrm{Sa}(\frac{n\pi}{10})$

谱线在 ω_0 的整数倍上，$n\omega_0 = 0, \pm 4\pi, \pm 8\pi\cdots$

$n=0$ 时，幅度为 $\frac{E}{10}$。

第一个零点：$\frac{n\omega_0\tau}{2} = \pi$，即 $\omega = n\omega_0 = \frac{2\pi}{\tau} = 40\pi$。

第一个零点内的谱线数：$n = \frac{40\pi}{\omega_0} = \frac{40\pi}{4\pi} = 10$，即10次谐波为0。图形如图3.1-5

(b)所示。

(3)当 $\tau = \frac{1}{20}$s, $T = 1$s 时

$$\omega_0 = \frac{2\pi}{T} = 2\pi, \quad F_n = \frac{E}{20}Sa(\frac{n\pi}{20})$$

谱线在 ω_0 的整数倍上，$n\omega_0 = 0, \pm 2\pi, \pm 4\pi \cdots$

$n = 0$ 时，幅度为 $\frac{E}{20}$。

第一个零点：$\frac{n\omega_0 \tau}{2} = \pi$，即 $\omega = n\omega_0 = \frac{2\pi}{\tau} = 40\pi$。

第一个零点内的谱线数：$n = \frac{40\pi}{\omega_0} = \frac{40\pi}{2\pi} = 20$，即 20 次谐波为 0。图形如图 3.1-5(c)所示。

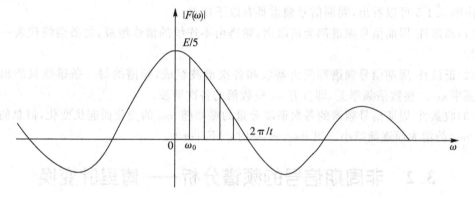

(a) T=1/4s 时

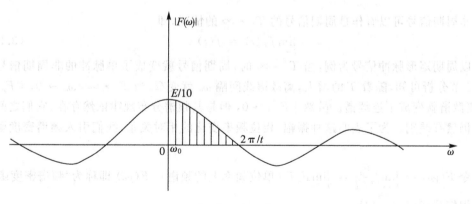

(b) T=1/2s 时

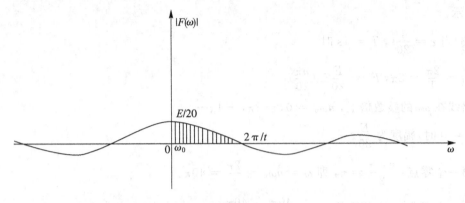

(c) $T=1\text{s}$ 时

图 3.1-5　不同周期下的频谱变化

由图 3.1-5 可以看出，周期信号频谱具有以下特点：

(1) 离散性　周期信号频谱都为离散谱，频谱由不连续的谱线组成，每条谱线代表一个正弦分量。

(2) 谐波性　周期信号频谱都是由基波和各次谐波组成，频谱的每一条谱线只能出现在基波频率 ω_0 的整数倍频率上，即含有 ω_0 整数倍的各次谐波。

(3) 收敛性　周期信号频谱的各次谐波分量的振幅随 $n\omega_0$ 的变化而起伏变化，但总的趋势随着 $n\omega_0$ 的增大而逐渐减小。当 $n\omega_0 \to \infty$ 时，$|F_n| \to 0$。

3.2　非周期信号的频谱分析——傅里叶变换

3.2.1　从傅里叶级数到傅里叶变换

非周期信号可以看作是周期信号的 $T \to \infty$ 的情况，即

$$\lim_{T \to \infty} f_T(t) = f(t) \tag{3.2-1}$$

以周期矩形脉冲信号为例，当 $T \to \infty$ 时，周期信号就变成了单脉冲的非周期信号。由 3.1.3 节分析可知，随着 T 的增大，离散谱线间隔 ω_0 就变窄，当 $T \to \infty$，$\omega_0 \to 0$，$|F_n| \to 0$ 时，离散谱就变成了连续谱。虽然 $|F_n| \to 0$，但是其频谱分布规律依然存在，它们之间的相对值仍然有差别。为了表明这种振幅、相位频率变化的相对关系，我们引入频谱密度函数的概念。

令 $F(j\omega) = \lim\limits_{T \to \infty} \dfrac{F_n}{1/T} = \lim\limits_{T \to \infty} F_n T$（单位频率上的频谱），$F(j\omega)$ 即称为"频谱密度函数"。

根据公式(3.1-14b)

$$F_n T = \int_{-T/2}^{T/2} f(t) e^{-jn\omega_0 t} dt \Rightarrow f(t) = \sum_{n=-\infty}^{\infty} F_n T e^{jn\omega_0 t} \frac{1}{T}$$

∵ $T \to \infty$，$\omega_0 \to 0$，可记为 $d\omega$

$n\omega_0 \to \omega$（由离散量变为连续量）

$\dfrac{1}{T} = \dfrac{\omega_0}{2\pi} \to \dfrac{d\omega}{2\pi}$

$$\sum \to \int$$

$$\therefore F(j\omega) = \lim_{T \to \infty} F_n T = \int_{-\infty}^{\infty} f(t) e^{-j\omega t} dt \text{（傅氏正变换）} \quad (3.2-2)$$

$$f(t) = \frac{1}{2\pi} \int_{-\infty}^{\infty} F(j\omega) e^{j\omega t} d\omega \text{（傅氏反变换）} \quad (3.2-3)$$

简记：$F(j\omega) = \mathrm{F}[f(t)]$，$f(t) = \mathrm{F}^{-1}[F(j\omega)]$

式(3.2-3)表明非周期信号可以分解为无穷多个复振幅为 $\frac{F(j\omega)}{2\pi} d\omega$ 的复指数分量。$F(j\omega)$ 还可以表示为：

$$F(j\omega) = |F(\omega)| e^{j\varphi(\omega)} \quad (3.2-4)$$

式中，$|F(\omega)|$ 是振幅谱密度函数，简称"振幅谱"；$\varphi(\omega)$ 是相位谱密度函数，简称"相位谱"。一般把式(3.2-2)与式(3.2-3)叫作傅里叶变换对，即

$$f(t) \leftrightarrow F(j\omega) \quad (3.2-5)$$

特别有

$$\left. \begin{array}{l} F(0) = \int_{-\infty}^{\infty} f(t) dt \\ f(0) = \frac{1}{2\pi} \int_{-\infty}^{\infty} F(\omega) d\omega \end{array} \right\} \quad (3.2-6)$$

可以在计算的时候辅助使用。

需要说明，前面在推导傅里叶变换时并未遵循数学上的严格步骤。理论上讲，傅里叶变换也应该满足一定的条件才能存在。数学证明指出，信号 $f(t)$ 的傅里叶变换存在的充分条件是在无限区间内满足绝对可积条件，即

$$\int_{-\infty}^{\infty} |f(t)| dt < \infty \quad (3.2-7)$$

但它并非必要条件。当引入广义函数的概念以后，许多不满足绝对可积的函数也能进行傅里叶变换。

3.2.2 常用信号的傅里叶变换

一、单边指数信号

1. 单边因果指数信号

单边因果指数信号 $f(t) = e^{-\alpha t} u(t)$ ($\alpha > 0$)，将其带入式(3.2-2)可求得

$$F(j\omega) = \int_{-\infty}^{\infty} e^{-\alpha t} u(t) e^{-j\omega t} dt = \int_{0}^{\infty} e^{-(\alpha+j\omega)t} dt$$

$$= \left. \frac{-e^{-(\alpha+j\omega)t}}{\alpha + j\omega} \right|_{0}^{\infty} = \frac{1}{\alpha + j\omega} = \frac{1}{\sqrt{\alpha^2 + \omega^2}} e^{-j\arctan\frac{\omega}{\alpha}}$$

可得幅度频谱和相位频谱分别为：

$$|F(j\omega)| = \frac{1}{\sqrt{\alpha^2 + \omega^2}}$$

$$\varphi(\omega) = -\arctan\frac{\omega}{\alpha}$$

单边因果指数信号的波形 $f(t)$、幅度频谱 $|F(j\omega)|$、相位频谱 $\varphi(\omega)$ 如图 3.2-1 所示。

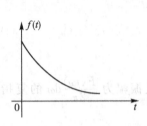
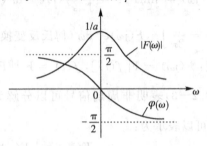

图 3.2-1 单边因果指数信号及其频谱

2. 单边非因果指数信号

单边非因果指数信号 $f(t) = e^{\alpha t}u(-t)\;(\alpha>0)$，将其带入式(3.2-2)可求得

$$F(j\omega) = \int_{-\infty}^{\infty} e^{\alpha t}u(-t)e^{-j\omega t}dt = \int_{-\infty}^{0} e^{(\alpha-j\omega)t}dt$$

$$= \frac{e^{(\alpha-j\omega)t}}{\alpha - j\omega}\bigg|_{-\infty}^{0} = \frac{1}{\alpha - j\omega} = \frac{1}{\sqrt{\alpha^2+\omega^2}}e^{j\arctan\frac{\omega}{\alpha}}$$

可得幅度频谱和相位频谱分别为

$$|F(j\omega)| = \frac{1}{\sqrt{\alpha^2+\omega^2}}$$

$$\varphi(\omega) = \arctan\frac{\omega}{\alpha}$$

单边非因果指数信号的波形 $f(t)$、幅度频谱 $|F(j\omega)|$、相位频谱 $\varphi(\omega)$ 如图 3.2-2 所示。

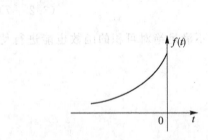
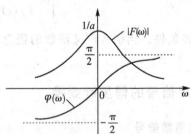

图 3.2-2 单边非因果指数信号及其频谱

二、双边指数信号

双边指数信号的表达式是 $f(t) = e^{-\alpha|t|}\;(-\infty<t<\infty, \alpha>0)$，或 $f(t) = e^{\alpha t}u(-t) + e^{-\alpha t}u(t)$。

双边信号可以看成单边因果信号和单边非因果信号的叠加，所以得到

$$F(j\omega) = \frac{1}{\alpha - j\omega} + \frac{1}{\alpha + j\omega} = \frac{2\alpha}{\alpha^2+\omega^2}$$

幅度频谱和相位频谱分别为：

$$|F(j\omega)| = \frac{2\alpha}{\alpha^2 + \omega^2} = F(j\omega)$$

$$\varphi(\omega) = 0$$

双边指数信号的波形 $f(t)$、幅度频谱 $|F(j\omega)|$ 如图 3.2-3 所示。

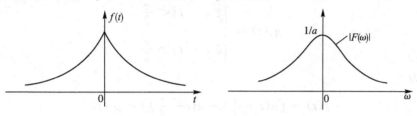

图 3.2-3 双边指数信号及其频谱

三、符号信号

符号信号的表达式为

$$\text{sgn}(t) = -u(-t) + u(t) = \begin{cases} 1, & t > 0 \\ -1, & t < 0 \end{cases}$$

这个信号不收敛,不满足绝对可积的条件,因此不能使用式(3.2-2)来求。我们先用极限形式表示 $\text{sgn}(t)$ 函数

$$\text{sgn}(t) = \lim_{\alpha \to 0} e^{-\alpha|t|} \text{sgn}(t) = \lim_{\alpha \to 0}[e^{-\alpha t}u(t) - e^{\alpha t}u(-t)]$$

从表达式可以看出,上式是两个单边指数信号的组合,可以利用前边的结果,求出该信号的傅氏变换。

$$F(j\omega) = \lim_{\alpha \to 0}[\frac{1}{\alpha + j\omega} - \frac{1}{\alpha - j\omega}] = \frac{2}{j\omega}$$

幅度频谱和相位频谱分别为:

$$|F(j\omega)| = \frac{2}{|\omega|}$$

$$\varphi(\omega) = \begin{cases} \pi/2, & \omega < 0 \\ -\pi/2, & \omega > 0 \end{cases}$$

符号信号的波形 $\text{sgn}(t)$、幅度频谱 $|F(j\omega)|$、相位频谱 $\varphi(\omega)$ 如图 3.2-4 所示。

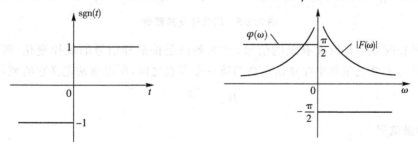

图 3.2-4 符号信号及其频谱

四、矩形脉冲信号

矩形脉冲信号可用符号 $g_\tau(t)$ 表示，其宽度为 τ，幅度为 1，也常被称为"门信号"，表达式为

$$g_\tau(t) = \begin{cases} 1, & |t| < \dfrac{\tau}{2} \\ 0, & |t| > \dfrac{\tau}{2} \end{cases}$$

可以表示为

$$f(t) = \left[u\left(t + \dfrac{\tau}{2}\right) - u\left(t - \dfrac{\tau}{2}\right) \right] = g_\tau(t)$$

则

$$F(j\omega) = \int_{-\infty}^{\infty} g_\tau(t) e^{-j\omega t} dt = \int_{-\tau/2}^{\tau/2} e^{-j\omega t} dt$$

$$= \dfrac{2}{\omega} \sin \dfrac{\omega \tau}{2} = \tau \dfrac{\sin(\omega \tau / 2)}{\omega \tau / 2} = \tau \cdot \text{Sa}\left(\dfrac{\omega \tau}{2}\right)$$

幅度频谱和相位频谱分别为

$$|F(j\omega)| = \tau \left| \text{Sa}\left(\dfrac{\omega \tau}{2}\right) \right|$$

$$\varphi(\omega) = \begin{cases} 0, & \dfrac{4n\pi}{\tau} < |\omega| < \dfrac{2(2n+1)\pi}{\tau} \\ \pi, & \dfrac{2(2n+1)\pi}{\tau} < |\omega| < \dfrac{4(n+1)\pi}{\tau} \end{cases}$$

门信号的波形 $g_\tau(t)$、幅度频谱 $|F(j\omega)|$ 如图 3.2-5 所示。

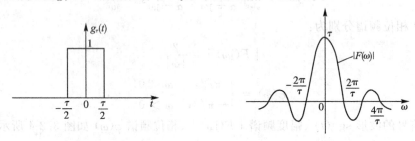

图 3.2-5　门信号及其频谱

门信号在时域中是时宽有限的信号，它的频谱是按抽样信号的规律变化，频宽是无限的。但是信号主要能量集中在频谱函数的第一个零点之内，所以通常定义它的频带宽度为

$$B_w = \dfrac{2\pi}{\tau}$$

五、冲激信号

由傅里叶变换的定义公式以及冲激函数的取样性质，可得单位冲激函数 $\delta(t)$ 的傅里叶变换为

$$F(j\omega) = \int_{-\infty}^{\infty} \delta(t) e^{-j\omega t} dt = 1$$

由上式可知，时域冲激信号 $\delta(t)$ 频谱的所有频率分量均匀分布（常数 1），这样的频谱也

称为"白色谱"。冲激信号 $\delta(t)$、频谱函数如图 3.2-6 所示。

图 3.2-6 冲激信号及其频谱

频域冲激 $\delta(\omega)$ 的原函数也可由反变换公式直接得到

$$f(t) = \frac{1}{2\pi}\int_{-\infty}^{\infty}\delta(\omega)e^{j\omega t}d\omega = \frac{1}{2\pi}$$

由上式可知,频域冲激 $\delta(\omega)$ 的反变换是常数。

$$\frac{1}{2\pi} \leftrightarrow \delta(\omega)$$

$$1 \leftrightarrow 2\pi\delta(\omega)$$

$$E \leftrightarrow 2\pi E\delta(\omega)$$

这就是直流信号的傅里叶变换。

六、阶跃信号

阶跃信号可用符号 $u(t)$ 表示,$u(t)$ 虽不满足绝对可积的条件,但它可以看作是幅度为 1/2 的直流信号与幅度为 1/2 的符号信号之和,即

$$u(t) = \frac{1}{2} + \frac{1}{2}\text{sgn}\,t$$

对上式两边进行傅里叶变换得

$$F[u(t)] = F\left[\frac{1}{2}\right] + F\left[\frac{1}{2}\text{sgn}\,t\right]$$

$$= \pi\delta(\omega) + \frac{1}{2}\cdot\frac{2}{j\omega} = \pi\delta(\omega) + \frac{1}{j\omega}$$

$$= \pi\delta(\omega) + \frac{1}{\omega}e^{-j\frac{\pi}{2}\text{sgn}\,\omega}$$

阶跃信号的波形 $u(t)$、幅度频谱 $|F(j\omega)|$ 如图 3.2-7 所示。

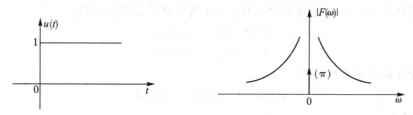

图 3.2-7 阶跃信号及其频谱

3.2.3 傅里叶变换的性质

傅氏变换揭示了信号时间特性与频率特性之间的关系。信号可以在时域中用时间函数 $f(t)$ 来表示,亦可以在频域中用频谱密度函数 $F(j\omega)$(以下简写为 $F(\omega)$)来表示。只要其

中一个确定,另外一个随之确定,两者是一一对应的。在实际的信号分析中,我们往往希望知道,当一个信号在时域中发生了某些变化后,会引起其在频域中的有什么样的变化?反之亦然。除了明白信号时频之间的内在联系,我们也希望能简化变换的运算,所以下面对傅氏变换的基本性质进行讨论。

一、线性

若 $f_1(t) \leftrightarrow F_1(\omega)$, $f_2(t) \leftrightarrow F_2(\omega)$ 则

$$af_1(t) + bf_2(t) \leftrightarrow aF_1(\omega) + bF_2(\omega) \quad (3.2-8)$$

式中 a,b 是任意常数。

证明:

$$\int_{-\infty}^{\infty} [af_1(t) + bf_2(t)] e^{-j\omega t} dt$$
$$= a\int_{-\infty}^{\infty} f_1(t) e^{-j\omega t} dt + b\int_{-\infty}^{\infty} f_2(t) e^{-j\omega t} dt$$
$$= aF_1(j\omega) + bF_2(j\omega)$$

例 3.2-1 求如图 3.2-8 所示 $f(t)$ 的傅里叶变换。

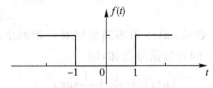

图 3.2-8 例 3.2-1 信号图

解: $f(t)$ 可以是下面两个信号相减得到。

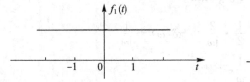 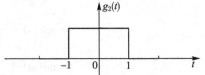

$$f(t) = f_1(t) - g_2(t)$$

已知常数信号 $f_1(t) = 1$,矩形脉冲信号 $g_2(t)$ 的傅里叶变换分别是:

$$F[f_1(t)] = 2\pi\delta(\omega)$$
$$F[g_2(t)] = 2\text{Sa}(\omega)$$

根据傅里叶变换的线性性质得

$$F(\omega) = 2\pi\delta(\omega) - 2\text{Sa}(\omega)$$

二、时移性

若 $f(t) \leftrightarrow F(\omega)$ 则

$$f_1(t) = f(t - t_0) \leftrightarrow F_1(\omega) = F(\omega)e^{-j\omega t_0} \quad (3.2-9)$$

证明:

$$\int_{-\infty}^{\infty} f(t-t_0) e^{-j\omega t} dt = \int_{-\infty}^{\infty} f(x) e^{-j\omega(x+t_0)} dx$$
$$= e^{-j\omega t_0} \int_{-\infty}^{\infty} f(x) e^{-j\omega x} dx$$
$$= F(j\omega) e^{-j\omega t_0}$$

例 3.2-2 求如图 3.2-9 所示 $f(t)$ 的傅里叶变换。

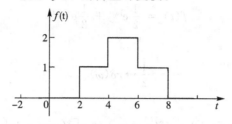

图 3.2-9 例 3.2-2 信号图

解：$f(t)$ 可以是下面两个信号之和。

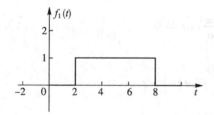
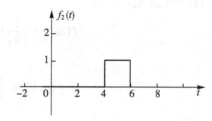

$$f(t) = f_1(t) + f_2(t)$$

而

$$f_1(t) = g_6(t-5), \quad f_2(t) = g_2(t-5)$$

这是两个时移了的矩形脉冲信号,根据时移性,它们的傅里叶变换分别是：

$$F[f_1(t)] = 6\text{Sa}(3\omega) e^{-j5\omega}$$
$$F[f_2(t)] = 2\text{Sa}(\omega) e^{-j5\omega}$$

再根据线性性质得

$$F(\omega) = F[f_1(t)] + F[f_2(t)] = [6\text{Sa}(3\omega) + 2\text{Sa}(\omega)] e^{-j5\omega}$$

三、频移性

若 $f(t) \leftrightarrow F(\omega)$ 则

$$f(t) e^{j\omega_0 t} \leftrightarrow F(\omega - \omega_0) \tag{3.2-10}$$

证明：

$$\int_{-\infty}^{\infty} f(t) e^{j\omega_0 t} e^{-j\omega t} dt = \int_{-\infty}^{\infty} f(t) e^{-j(\omega-\omega_0)t} dt = F(\omega - \omega_0)$$

频移性表明,在时域中将信号 $f(t)$ 乘以因子 $e^{j\omega_0 t}$,对应于在频域中将频谱函数沿 ω 轴右移 ω_0。

例 3.2-3 已知 $f(t) = e^{j3t}$,求 $F(\omega)$。

解：

根据上节介绍的冲激信号的知识,可知直流信号的傅里叶变换

$$1 \leftrightarrow 2\pi\delta(\omega)$$

根据频移性性质得

$$e^{j3t} \cdot 1 \leftrightarrow 2\pi\delta(\omega-3)$$

例 3.2-4 已知 $f(t) = \cos\omega_0 t$，求 $F(\omega)$。

解：

$$f(t) = \frac{1}{2}e^{j\omega_0 t} + \frac{1}{2}e^{-j\omega_0 t}$$

又

$$\frac{1}{2} \leftrightarrow \pi\delta(\omega)$$

根据频移性、线性性质得

$$F(\omega) = \pi\delta(\omega+\omega_0) + \pi\delta(\omega-\omega_0) = \pi[\delta(\omega+\omega_0) + \delta(\omega-\omega_0)]$$

四、尺度变换

若 $f(t) \leftrightarrow F(\omega)$ 则

$$f(at) \leftrightarrow \frac{1}{|a|}F\left(\frac{\omega}{a}\right), a \neq 0 \tag{3.2-11}$$

证明：

$$F[f(at)] = \int_{-\infty}^{\infty} f(at)e^{-j\omega t}dt$$

令 $x = at$

当 $a > 0$ 时

$$F[f(at)] = \frac{1}{a}\int_{-\infty}^{\infty} f(x)e^{-j\frac{\omega}{a}x}dx$$

$$= \frac{1}{a}F\left(\frac{\omega}{a}\right)$$

当 $a < 0$ 时

$$F[f(at)] = \frac{1}{a}\int_{\infty}^{-\infty} f(x)e^{-j\frac{\omega}{a}x}dx$$

$$= \frac{-1}{a}\int_{-\infty}^{\infty} f(x)e^{-j\frac{\omega}{a}x}dx$$

$$= \frac{-1}{a}F\left(\frac{\omega}{a}\right)$$

综合以上两种情况，可以得到尺度变换特性表达式为

$$f(at) \leftrightarrow \frac{1}{|a|}F\left(\frac{\omega}{a}\right)$$

对于 $a = -1$ 这种特殊情况，可得

$$F[f(-t)] = F(-\omega)$$

尺度性质说明，信号的脉宽与频宽成反比。即：信号在时域中压缩，在频域中就是扩展；信号在时域中扩展，在频域中就是压缩。

某信号 $f(t)$ 的波形图如图 3.2-10(a)所示，若将信号波形沿时间压缩到原来的 $\frac{1}{a}$（例如

$\frac{1}{3}$),就成为图 3.2-10(c)所示的波形,它表示为 $f(at)$。这里 a 是实常数。如果 $a>1$,则时域波形压缩,其对应的频谱展宽;如果 $0<a<1$,则时域波形展宽,其对应的频谱压缩;如果 $a<0$,则波形反转并压缩或展宽。

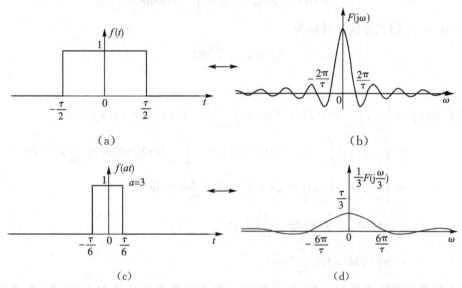

图 3.2-10 矩形脉冲及频谱的展缩

五、时域微分性

若 $f(t) \leftrightarrow F(\omega)$,则

$$\frac{\mathrm{d}f(t)}{\mathrm{d}t} \leftrightarrow \mathrm{j}\omega F(\omega) \qquad (3.2-12)$$

时域的微分使得频域幅度乘以 ω,相位增加了 90°,这是时域微分性的物理意义。

证明:

已知

$$f(t) = \frac{1}{2\pi} \int_{-\infty}^{\infty} F(\omega) \mathrm{e}^{\mathrm{j}\omega t} \mathrm{d}\omega$$

两边求一阶导数得

$$f'(t) = \frac{1}{2\pi} \int_{-\infty}^{\infty} F(\omega) \mathrm{j}\omega \mathrm{e}^{\mathrm{j}\omega t} \mathrm{d}\omega$$

因此

$$f'(t) \leftrightarrow F(\omega)\mathrm{j}\omega$$

同理,可以推广到高阶导数的傅里叶变换

$$\frac{\mathrm{d}^n f(t)}{\mathrm{d}t^n} \leftrightarrow (\mathrm{j}\omega)^n F(\omega)$$

六、时域积分性

若 $f(t) \leftrightarrow F(\omega)$,则

$$f^{-1}(t) \leftrightarrow \pi F(0)\delta(\omega) + \frac{F(\omega)}{j\omega} \qquad (3.2-13)$$

其中 $F(0) = F(j\omega)|_{\omega=0}$ 即

$$F(0) = F(\omega)|_{\omega=0} = \int_{-\infty}^{+\infty} f(t)dt$$

如果 $F(0) = 0$，则积分性又可写为

$$f^{-1}(t) \leftrightarrow \frac{F(\omega)}{j\omega}$$

证明：

$$\begin{aligned}
F[f^{-1}(t)] &= \int_{-\infty}^{\infty}\left[\int_{-\infty}^{t} f(\tau)d\tau\right]e^{-j\omega t}dt = \int_{-\infty}^{\infty}\left[\int_{-\infty}^{\infty} f(\tau)u(t-\tau)d\tau\right]e^{-j\omega t}dt \\
&= \int_{-\infty}^{\infty} f(\tau)\left[\int_{-\infty}^{\infty} u(t-\tau)e^{-j\omega t}dt\right]d\tau = \int_{-\infty}^{\infty} f(\tau)\left[\pi\delta(\omega) + \frac{1}{j\omega}\right]e^{-j\omega\tau}d\tau \\
&= \int_{-\infty}^{\infty} f(\tau)\pi\delta(\omega)e^{-j\omega\tau}d\tau + \int_{-\infty}^{\infty} f(\tau)\frac{1}{j\omega}e^{-j\omega\tau}d\tau \\
&= \pi\delta(\omega)\int_{-\infty}^{\infty} f(\tau)d\tau + \frac{1}{j\omega}F(\omega) \\
&= \pi F(0)\delta(\omega) + \frac{1}{j\omega}F(\omega)
\end{aligned}$$

根据傅里叶变换的微积分性，我们得到一种求解傅里叶变换的方法，即：先求出信号 $f(t)$ 的 n 阶导数的傅里叶变换 $F[f^{(n)}(t)]$，再利用 $F(\omega) = \dfrac{F[f^{(n)}(t)]}{(j\omega)^n}$ 求出 $F(\omega)$。但是在使用这种方法的时候要注意，如果 $f(t)$ 中有确定的直流分量，应当先取出单独求傅里叶变换，余下部分再用该方法。

例 3.2-5　求如图 3.1-11 所示三角形信号的频谱函数 $F(\omega)$。

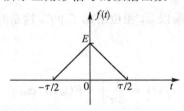

图 3.2-11　三角信号

分析：

三角形信号 $\xrightarrow{\text{求导}}$ 方波 $f'(t)$ $\xrightarrow{\text{求导}}$ 冲击函数 $f''(t)$

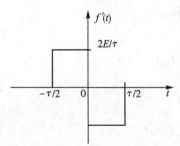
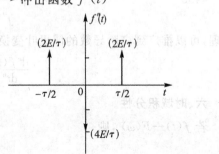

解：

$$F[f''(t)] = \int_{-\infty}^{\infty} \left[\frac{2E}{\tau}\delta(t+\frac{\tau}{2}) - \frac{4E}{\tau}\delta(t) + \frac{2E}{\tau}\delta(t-\frac{\tau}{2})\right]e^{-j\omega t}dt$$

$$= \frac{2E}{\tau}e^{j\omega\frac{\tau}{2}} - \frac{4E}{\tau} + \frac{2E}{\tau}e^{-j\omega\frac{\tau}{2}}$$

根据时域微分性有

$$F[f''(t)] = (j\omega)^2 F(\omega) = -\omega^2 F(\omega)$$

因此，

$$F(\omega) = \frac{1}{-\omega^2}\left[\frac{2E}{\tau}e^{j\omega\frac{\tau}{2}} - \frac{4E}{\tau} + \frac{2E}{\tau}e^{-j\omega\frac{\tau}{2}}\right]$$

$$= \frac{1}{-\omega^2} \cdot \frac{2E}{\tau}\left[e^{j\omega\frac{\tau}{2}} - 2 + e^{-j\omega\frac{\tau}{2}}\right]$$

$$= \frac{-2E}{\tau\omega^2}\left[e^{j\omega\frac{\tau}{4}} - e^{-j\omega\frac{\tau}{4}}\right]^2 = \frac{-2E}{\tau\omega^2}(2j\sin\frac{\omega\tau}{4})^2$$

$$= \frac{8E}{\tau\omega^2}(\sin\frac{\omega\tau}{4})^2 \frac{(\frac{\omega\tau}{4})^2}{(\frac{\omega\tau}{4})^2}$$

$$= \frac{\tau E}{2}\left[\text{Sa}(\frac{\omega\tau}{4})\right]^2$$

七、频域微分性

若 $f(t) \leftrightarrow F(\omega)$，则

$$\frac{dF(\omega)}{d\omega} \leftrightarrow (-jt)f(t) \tag{3.2-14}$$

一般频域微分特性的实用形式是

$$j\frac{dF(\omega)}{d\omega} \leftrightarrow tf(t)$$

同理，可以推广到高阶导数

$$\frac{d^n F(\omega)}{d\omega^n} \leftrightarrow (-jt)^n f(t) \quad \text{或} \quad t^n f(t) \leftrightarrow j^n \frac{d^n F(\omega)}{d\omega^n}$$

证明：

$$\frac{dF(\omega)}{d\omega} = \frac{d}{d\omega}\int_{-\infty}^{\infty} f(t)e^{-j\omega t}dt$$

$$= \int_{-\infty}^{\infty} f(t)(\frac{d}{d\omega}e^{-j\omega t})dt$$

$$= \int_{-\infty}^{\infty} -jtf(t)e^{-j\omega t}dt$$

因此，

$$\frac{dF(\omega)}{d\omega} \leftrightarrow (-jt)f(t) \quad \text{或} \quad j\frac{dF(\omega)}{d\omega} \leftrightarrow tf(t)$$

例 3.2-6 已知信号 $f(t)$ 的傅里叶变换为 $F(\omega)$，求 $(t-2)f(t)$ 的傅里叶变换。

解：
$$F[(t-2)f(t)] = F[tf(t) - 2f(t)]$$
$$= j\frac{dF(\omega)}{d\omega} - 2F(\omega)$$

例 3.2-7 求信号 $f(t) = t^n$ 的傅里叶变换。

解：
$$t^n = t^n \cdot 1$$
$$1 \leftrightarrow 2\pi\delta(\omega) = F_1(\omega)$$
$$t \cdot 1 \leftrightarrow j\frac{dF_1(\omega)}{d\omega}$$
$$t(t \cdot 1) \leftrightarrow j \cdot \left[j\frac{dF_1(\omega)}{d\omega}\right]' = j^2\frac{d^2F(\omega)}{d\omega^2}$$
$$\vdots$$
$$t^n \cdot 1 \leftrightarrow (j)^n\frac{d^nF(\omega)}{d\omega^n} = (j)^n\frac{d^n[2\pi\delta(\omega)]}{d\omega^n}$$

八、对称性

若 $f(t) \leftrightarrow F(\omega)$，则

$$F(t) \leftrightarrow 2\pi f(-\omega) \qquad (3.2-15)$$

或

$$\frac{1}{2\pi}F(t) \leftrightarrow f(-\omega) \qquad (3.2-16)$$

证明：

$$f(t) = \frac{1}{2\pi}\int_{-\infty}^{\infty} F(\omega)e^{j\omega t}d\omega$$

则

$$f(-t) = \frac{1}{2\pi}\int_{-\infty}^{\infty} F(\omega)e^{-j\omega t}d\omega$$

将 t 与 ω 互换得

$$2\pi f(-\omega) = \int_{-\infty}^{\infty} F(t)e^{-j\omega t}dt$$

所以
$$2\pi f(-\omega) \leftrightarrow F(t)$$

特别的，当 $f(t)$ 是 t 的偶函数时，则
$$F(t) \leftrightarrow 2\pi f(-\omega) = 2\pi f(\omega)$$

即，
$$f(\omega) \leftrightarrow \frac{1}{2\pi}F(t)$$

对称性对于解题的意义是若 $F(t)$ 的形状与 $F(\omega)$ 相同，则 $F(t)$ 的频谱函数形状与 $f(t)$ 形状相同，幅度相差 2π。

例 3.2-8 已知信号 $f(t) = \dfrac{1}{1+t^2}$，求其傅里叶变换 $F(\omega)$。

解：
已知
$$e^{-\alpha|t|} \leftrightarrow \frac{2\alpha}{\alpha^2 + \omega^2}$$

令 $\alpha = 1$，则
$$e^{-|t|} \leftrightarrow \frac{2}{1+\omega^2}$$

根据对称性可知
$$\frac{2}{1+t^2} \leftrightarrow 2\pi e^{-|\omega|}$$

两边同除以 2 得
$$\frac{1}{1+t^2} \leftrightarrow \pi e^{-|\omega|}$$

九、卷积定理

1. 时域卷积定理

若 $f_1(t) \leftrightarrow F_1(\omega)$，$f_2(t) \leftrightarrow F_2(\omega)$，则
$$f_1(t) * f_2(t) \leftrightarrow F_1(\omega) F_2(\omega) \tag{3.2-17}$$

上式表明，在时域中两个函数的卷积积分对应于在频域中两个函数频谱的乘积。

证明：

根据卷积积分的定义有，
$$f_1(t) * f_2(t) = \int_{-\infty}^{\infty} f_1(\tau) f_2(t-\tau) d\tau$$

其傅里叶变换为
$$F[f_1(t) * f_2(t)] = \int_{-\infty}^{\infty} \int_{-\infty}^{\infty} [f_1(\tau) f_2(t-\tau) d\tau] e^{-j\omega t} dt$$
$$= \int_{-\infty}^{\infty} f_1(\tau) \left[\int_{-\infty}^{\infty} f_2(t-\tau) e^{-j\omega t} dt \right] d\tau$$

由时移性知
$$\int_{-\infty}^{\infty} f_2(t-\tau) e^{-j\omega t} dt = F_2(\omega) e^{-j\omega\tau}$$

把它代入上式得
$$F[f_1(t) * f_2(t)] = \int_{-\infty}^{\infty} f_1(\tau) F_2(\omega) e^{-j\omega\tau} d\tau = F_2(\omega) \int_{-\infty}^{\infty} f_1(\tau) e^{-j\omega\tau} d\tau = F_1(\omega) F_2(\omega)$$

2. 频域卷积定理

若 $f_1(t) \leftrightarrow F_1(\omega)$，$f_2(t) \leftrightarrow F_2(\omega)$，则
$$f_1(t) f_2(t) \leftrightarrow \frac{1}{2\pi} F_1(\omega) * F_2(\omega) \tag{3.2-18}$$

频域卷积定理的证明类似时域卷积定理，这里从略。

例 3.2-9 求斜升函数 $f(t) = tu(t)$ 和函数 $|t|$ 的频谱函数。

解：

(1) 斜升函数 $f(t) = tu(t)$ 的频谱函数为
$$t \leftrightarrow j2\pi\delta'(\omega)$$

根据频域卷积定理可得

$$F[tu(t)] = \frac{1}{2\pi}F[t] * F[u(t)] = \frac{1}{2\pi} \times j2\pi\delta'(\omega) * \left[\pi\delta(\omega) + \frac{1}{j\omega}\right]$$

$$= j\pi\delta'(\omega) * \delta(\omega) + \delta'(\omega) * \frac{1}{\omega} = j\pi\delta'(\omega) - \frac{1}{\omega^2}$$

所以,

$$tu(t) \leftrightarrow j\pi\delta'(\omega) - \frac{1}{\omega^2}$$

(2) 求 $|t|$ 的频谱函数

由于

$$|t| = tu(t) + (-t)u(-t)$$

利用奇偶性可得

$$(-t)u(-t) \leftrightarrow -j\pi\delta'(\omega) - \frac{1}{\omega^2}$$

再利用线性性质可得函数 $|t|$ 与其频谱函数的对应关系为

$$|t| \leftrightarrow -\frac{2}{\omega^2}$$

十、相关定理

相关定理描述了相关函数的傅里叶变换与信号 $f_1(t)$ 和信号 $f_2(t)$ 的傅里叶变换之间的关系。

若 $f_1(t) \leftrightarrow F_1(\omega)$,$f_2(t) \leftrightarrow F_2(\omega)$,则

$$R_{12}(\tau) \leftrightarrow F_1(\omega)F_2^*(\omega) \tag{3.2-19a}$$

$$R_{21}(\tau) \leftrightarrow F_1^*(\omega)F_2(\omega) \tag{3.2-19b}$$

利用相关函数与卷积积分计算之间的关系 $R_{12}(t) = f_1(t) * f_2(-t)$ 和卷积定理,式(3.2-19a)可证明如下:

$$F[R_{12}(\tau)] = F[f_1(\tau) * f_2(-\tau)] = F[f_1(\tau)]F[f_2(-\tau)]$$

由于 $F[f_2(-\tau)] = F_2(-\omega) = F_2^*(\omega)$,故

$$F[R_{12}(\tau)] = F_1(\omega)F_2^*(\omega)$$

同理可以证明式(3.2-19b)。

式(3.2-19a)和式(3.2-19b)表明,两个信号相关函数的傅里叶变换等于其中一个信号的傅里叶变换与另一个信号傅里叶变换的共轭的乘积,这就是相关定理。对于自相关函数,若 $f_1(t) = f_2(t) = f(t)$,$f(t) \leftrightarrow F(\omega)$,则

$$R(\tau) \leftrightarrow |F(\omega)|^2$$

即它的傅里叶变换等于原信号幅度谱的平方。

3.3 周期信号的傅里叶变换

本节将讨论周期信号的傅里叶变换,把周期信号与非周期信号的分析方法统一起来,使傅里叶变换的应用范围更加广泛。

3.3.1 正、余弦的傅里叶变换

由于常数 1 的傅里叶变换为 $2\pi\delta(\omega)$，即

$$1 \leftrightarrow 2\pi\delta(\omega) \tag{3.3-1}$$

根据频移特性可得

$$e^{j\omega_0 t} \leftrightarrow 2\pi\delta(\omega-\omega_0) \tag{3.3-2}$$

$$e^{-j\omega_0 t} \leftrightarrow 2\pi\delta(\omega+\omega_0) \tag{3.3-3}$$

利用式(3.3-2)和式(3.3-3)，可得正、余弦的傅里叶变换为

$$\cos(\omega_0 t) = \frac{1}{2}(e^{j\omega_0 t}+e^{-j\omega_0 t}) \leftrightarrow \pi[\delta(\omega-\omega_0)+\delta(\omega+\omega_0)] \tag{3.3-4}$$

$$\sin(\omega_0 t) = \frac{1}{2j}(e^{j\omega_0 t}-e^{-j\omega_0 t}) \leftrightarrow \pi[\delta(\omega+\omega_0)-\delta(\omega-\omega_0)] \tag{3.3-5}$$

正、余弦信号的波形及其频谱如图 3.3-1 所示。

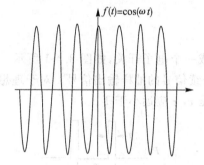 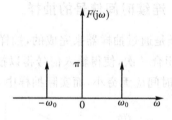

（a）余弦函数及其频谱

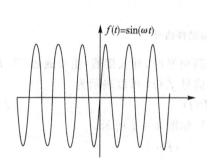 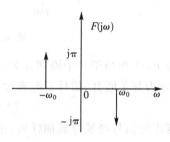

（b）正弦函数及其频谱

图 3.3-1　正、余弦函数及其频谱

3.3.2 一般周期函数的傅里叶变换

令周期信号 $f_T(t)$ 的周期为 T，将其展开成指数形式的傅里叶级数

$$f_T(t) = \sum_{n=-\infty}^{\infty} F_n e^{jn\Omega t} \tag{3.3-6}$$

式中 $\Omega = \dfrac{2\pi}{T}$ 是基波角频率，F_n 是傅里叶系数。

$$F_n = \frac{1}{T}\int_{-\frac{T}{2}}^{\frac{T}{2}} f(t)\mathrm{e}^{-\mathrm{j}n\Omega t}\mathrm{d}t \tag{3.3-7}$$

对式(3.3-6)等号两边进行傅里叶变换,应用傅里叶变换的线性性质,并考虑到 F_n 不是时间 t 的函数,以及式(3.3-2),得

$$\mathrm{F}[f_T(t)] = \mathrm{F}\Big[\sum_{n=-\infty}^{\infty} F_n \mathrm{e}^{\mathrm{j}n\Omega t}\Big] = \sum_{n=-\infty}^{\infty} F_n \mathrm{F}[\mathrm{e}^{\mathrm{j}n\Omega t}] = 2\pi \sum_{n=-\infty}^{\infty} F_n \delta(\omega - n\Omega) \tag{3.3-8}$$

上式表明,周期信号的傅里叶变换由无穷多个冲激函数组成,这些冲激函数位于信号的各个谐波角频率 $n\Omega(n=0,\pm1,\pm2\cdots)$ 处,其强度为各相应幅度 F_n 的 2π 倍。

3.4 抽样定理——时域信号的抽样与恢复

连续时间信号通过"抽样"可以变化为离散时间信号,那么时域的抽样对频域有什么样的影响?本节将对这个问题进行研究。

3.4.1 连续时间信号的抽样

抽样是通过抽样器来完成的,抽样器可以看成一个电子开关,如图 3.4-1 所示。开关每隔 T 秒闭合一次,使得输入信号得以抽样,得到连续信号的抽样输出信号。对于理想抽样来说,闭合时间应无穷小,而实际抽样中,闭合时间是 τ,τ 应远小于 T。

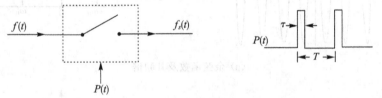

图 3.4-1 抽样器与抽样信号

信号 $P(t)$ 相当于一个周期开关。当 $P(t)$ 取高电平时,开关接通,信号通过;当 $P(t)$ 为零时,等效为开关断开,信号不能通过。这样采样信号 $f_s(t)$ 可以表示为

$$f_s(t) = f(t)P(t) \tag{3.4-1}$$

任意连续信号经抽样器抽样后,可得抽样信号,如图 3.4-2 所示。

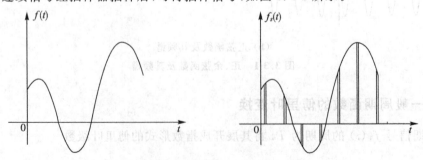

图 3.4-2 连续信号的抽样

抽样分为实际抽样与理想抽样。

实际抽样所使用的抽样信号是如图 3.4-1 所示的脉冲宽度为 τ 的脉冲序列 $P(t)$，这时候抽样得到的信号在 τ 范围内还是连续的，计算分析还是比较麻烦。假设脉冲宽度 $\tau \to 0$，这样脉冲序列就变为冲激序列，这时候得到的抽样信号就由完全离散的点构成，此即为理想抽样，如图 3.4-3 所示。

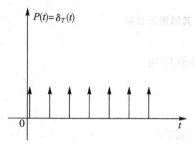 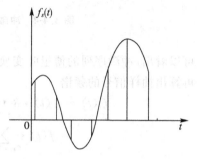

图 3.4-3　理想抽样

理想抽样用公式表示为

$$f_s(t) = f(t) \cdot \delta_T(t) \tag{3.4-2}$$

3.4.2　时域抽样定理

若 $F(\omega) = \mathrm{F}[f(t)]$，$\Delta_T(\omega) = \mathrm{F}[\delta_T(t)]$，$F_s(\omega) = \mathrm{F}[f_s(t)]$，又 $f_s(t) = f(t) \cdot \delta_T(t)$，根据频域卷积定理有

$$\begin{aligned} F_s(\omega) &= \mathrm{F}[f(t) \cdot \delta_T(t)] \\ &= \frac{1}{2\pi}[F(\omega) * \Delta_T(\omega)] \\ &= \frac{1}{2\pi}\int_{-\infty}^{\infty} F(\theta)\Delta_T(\omega-\theta)\mathrm{d}\theta \end{aligned} \tag{3.4-3}$$

先求冲激序列的傅里叶变换 $\Delta_T(\omega)$。

$$\delta_T(t) = \sum_{m=-\infty}^{\infty} \delta(t - mT) \tag{3.4-5}$$

上式又可以表示为

$$\delta_T(t) = \frac{1}{T}\sum_{k=-\infty}^{\infty} e^{jk\omega_s t} \tag{3.4-6}$$

则

$$\Delta_T(\omega) = \mathrm{F}[\delta_T(t)] = \mathrm{F}\left[\frac{1}{T}\sum_{k=-\infty}^{\infty} e^{jk\omega_s t}\right] = \frac{2\pi}{T}\sum_{k=-\infty}^{\infty}\delta(\omega - k\omega_s) \tag{3.4-7}$$

图形如图 3.4-4 所示。

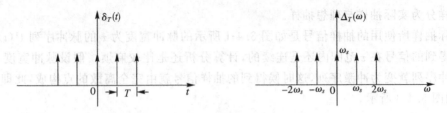

图 3.4-4 冲激信号及其傅里叶变换

从图形上可以看出,冲激序列的傅里叶变换仍为冲激序列。

下面再算出抽样信号的频谱。

$$\begin{aligned} f_s(t) &= f(t) \cdot \delta_T(t) \\ &= f(t) \cdot \sum_{m=-\infty}^{\infty} \delta(t-mT) \\ &= \sum_{m=-\infty}^{\infty} f(mT)\delta(t-mT) \end{aligned} \quad (3.4-8)$$

对上式两边取傅里叶变换

$$\begin{aligned} F_s(\omega) &= \frac{1}{2\pi} F(\omega) * \Delta_T(\omega) \\ &= \frac{1}{2\pi} F(\omega) * \left[\frac{2\pi}{T} \sum_{k=-\infty}^{\infty} \delta(\omega-k\omega_s) \right] \\ &= \frac{1}{T} \sum_{k=-\infty}^{\infty} F(\omega) * \delta(\omega-k\omega_s) \\ &= \frac{1}{T} \sum_{k=-\infty}^{\infty} \int_{-\infty}^{\infty} F(\theta)\delta(\omega-k\omega_s-\theta)\mathrm{d}\theta \\ &= \frac{1}{T} \sum_{k=-\infty}^{\infty} F\left(\omega - jk\frac{2\pi}{T}\right) \end{aligned} \quad (3.4-9)$$

由此看出,连续时间信号经抽样后得到的抽样信号,频谱是周期性的,其周期为 $\frac{2\pi}{T} = \omega_s$,当 $k=0$ 时,取值为 $\frac{F(\omega)}{T}$,所以 $F_s(\omega)$ 的频谱是 $F(\omega)$ 的频谱以 ω_s 为间隔重复的,这种情况称作"周期延拓"。如图 3.4-5 所示,因为频谱是复数,故只画了其幅度。幅度的频谱受 $\frac{1}{T} = \frac{\omega_s}{2\pi}$ 加权,由于 T 是常数,所以除了一个常数因子区别外,每一个延拓的谱分量都和原频谱分量相同。因此只要各延拓分量与原频谱分量不发生频率上的交叠,就有可能恢复出原信号。也就是说,如果 $F(\omega)$ 是限带信号其频谱如图 3.4-5(a)所示,且最高频谱分量 ω_h 不超过 $\omega_s/2$,那么原信号的频谱和各次延拓分量的谱彼此不重叠,如图 3.4-5(b)所示。这时采用一个截止频率为 $\omega_s/2$ 的理想低通滤波器,就可得到不失真的原信号谱,也就是说,可以不失真的还原出原来的连续信号。即有

$$F_s(\omega) = \begin{cases} \dfrac{1}{T}F(\omega), & |\omega| < \dfrac{\omega_s}{2} \\ 0, & |\omega| \geq \dfrac{\omega_s}{2} \end{cases} \quad (3.4-10)$$

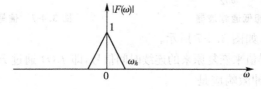

(a) 原信号频谱

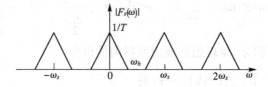

(b) 采样频率大于 2 倍固有频率

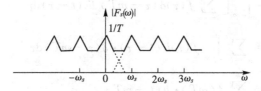

(c) 采样频率小于 2 倍固有频率

图 3.4-5 采样频率不同时的频谱

如果信号的最高频谱 ω_h 超过 $\omega_s/2$，则每个周期延拓分量都会产生频谱的交叠，称为"频谱的混叠现象"，如图 3.4-5(c)所示。发生混叠现象，是不能再恢复出原来的信号的。

因此，要想抽样后能不失真的还原出原信号，抽样频率必须大于等于 2 倍原信号最高频率分量。即 $\omega_s \geq 2\omega_h$，这就是抽样定理。

3.4.3 抽样的恢复

如果满足抽样定理，即信号谱的最高频率小于抽样频率的一半，则抽样后不会产生频谱混叠，可以重新还原信号 $f(t)$。由上述内容可知

$$F_s(\omega) = \frac{1}{T}F(\omega) \quad |\omega| < \frac{\omega_s}{2} \quad (3.4-11)$$

故将 $F_s(\omega)$ 通过以下理想低通滤波器（如图 3.4-6 所示）：

$$H(\omega) = \begin{cases} T, & |\omega| < \dfrac{\omega_s}{2} \\ 0, & |\omega| \geq \dfrac{\omega_s}{2} \end{cases} \quad (3.4-12)$$

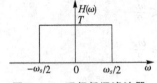

图 3.4-6 理想低通滤波器

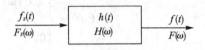

图 3.4-7 信号的恢复

就可以得到原信号频谱,如图 3.4-7 所示。

下面讨论如何由抽样值来恢复原来的连续时间信号,即 $f_s(t)$ 通过 $H(\omega)$ 系统的响应特性。

理想低通滤波器的冲激响应是

$$h(t) = \frac{1}{2\pi}\int_{-\infty}^{\infty} H(\omega) e^{j\omega t} d\omega = \frac{T}{2\pi}\int_{-\omega_s/2}^{\omega_s/2} e^{j\omega t} d\omega = \frac{\sin\left[\frac{\omega_s}{2}t\right]}{\frac{\omega_s}{2}t} = \frac{\sin\left[\frac{\pi}{T}t\right]}{\frac{\pi}{T}t} \qquad (3.4-13)$$

由 $f_s(t)$ 与 $h(t)$ 的卷积积分,得理想低通滤波器的输出为

$$\begin{aligned}
f(t) &= \int_{-\infty}^{\infty} f_s(\tau) h(t-\tau) d\tau \\
&= \int_{-\infty}^{\infty} \left[\sum_{m=-\infty}^{\infty} f(\tau)\delta(\tau-mT)\right] h(t-\tau) d\tau \\
&= \sum_{m=-\infty}^{\infty} \int_{-\infty}^{\infty} f(\tau) h(t-\tau) \cdot \delta(\tau-mT) d\tau \qquad (3.4-14) \\
&= \sum_{m=-\infty}^{\infty} f(mT) \cdot h(t-mT) \\
&= \sum_{m=-\infty}^{\infty} f(mT) \operatorname{Sa}\frac{\pi}{T}(t-mT)
\end{aligned}$$

这就是信号重建的抽样内插公式,即由信号的抽样值 $f(mT)$ 经此公式而得到连续信号 $f(t)$,而 $\operatorname{Sa}\frac{\pi}{T}(t-mT)$ 称为"内插函数",如图 3.4-8 所示,在抽样点 mT 上,函数值为 1,在其余抽样点上,函数值为零。也就是说,$f(t)$ 等于各 $f(mT)$ 乘上对应的内插函数的总和。在每一个抽样点上,只有该点所对应的内插函数不为零,这使得各抽样点上信号值不变,而抽样点之间的信号则由各加权抽样函数波形的延伸叠加而成,如图 3.4-9 所示。这个公式说明了,只要抽样频率大于或等于 2 倍信号最高频率,则整个连续信号就可以完全用它的抽样值来表示,而不会丢掉任何信息。

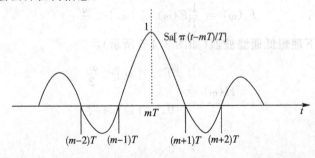

图 3.4-8 内插函数

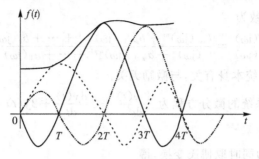

图 3.4-9 内插函数抽样

3.5 LTI 连续时间系统的频域分析

在前边的章节中,我们介绍了连续系统的时域分析方法,它是以冲激函数 $\delta(t)$ 作为基本信号的,任意输入信号都可看成是一系列冲激函数的合成,而系统的零状态响应则是输入信号与单位冲激响应的卷积,即

$$y_{zs}(t) = f(t) * h(t) \tag{3.5-1}$$

从上式我们可以看出在使用时域分析方法的时候将遇到卷积积分这样一个数学问题,利用傅里叶变换的时域卷积性质,对上式两端分别求傅里叶变换,得

$$Y(j\omega) = H(j\omega) \cdot F(j\omega) \tag{3.5-2}$$

上式中 $H(j\omega)$ 为单位冲激响应的傅里叶变换,而想要求系统的零状态响应 $y_{zs}(t)$ 只要对 $Y(j\omega)$ 求傅里叶反变换即可,这种分析方法叫作频域分析方法,它将时域的卷积问题转变成频域的乘积问题,给系统响应的求解带来了方便。

3.5.1 系统函数 $H(j\omega)$

系统单位冲激响应 $h(t)$ 表征的是系统时域特性,而 $H(j\omega)$ 表征的是系统频域特性。所以 $H(j\omega)$ 称作"系统频率响应函数",简称"频响函数"或"系统函数"。

式(3.5-2)还可以表示为

$$H(j\omega) = \frac{Y(j\omega)}{F(j\omega)} = |H(\omega)| e^{j\varphi(\omega)} \tag{3.5-3}$$

式中,$|H(\omega)|$ 是系统的幅频特性,$\varphi(\omega)$ 是系统的相频特性。式(3.5-3)表明,$H(j\omega)$ 除了可由系统单位冲激响应 $h(t)$ 表示外,还可以由系统输出、输入傅氏变换表示。由系统不同的表示形式,可以用不同的方法得到系统函数。

1. 由微分方程求解

已知 n 阶 LTI 系统的微分方程的一般表达式为

$$\begin{aligned}&\frac{d^n y(t)}{dt^n} + a_{n-1}\frac{d^{n-1} y(t)}{dt^{n-1}} + \cdots + a_1\frac{dy(t)}{dt} + a_0 y(t)\\&= b_m\frac{d^m f(t)}{dt^m} + b_{m-1}\frac{d^{m-1} f(t)}{dt^{m-1}} + \cdots + b_1\frac{dF(t)}{dt} + b_0 f(t)\end{aligned} \tag{3.5-4}$$

对上式两边取傅里叶变换得

$$\begin{aligned}&[(j\omega)^n + a_{n-1}(j\omega)^{n-1} + \cdots + a_1(j\omega) + a_0]Y(j\omega)\\&= [b_m(j\omega)^m + b_{m-1}(j\omega)^{m-1} + \cdots + b_1(j\omega) + b_0]F(j\omega)\end{aligned} \tag{3.5-5}$$

因此得到系统的频响函数为

$$H(j\omega) = \frac{Y(j\omega)}{F(j\omega)} = \frac{b_m(j\omega)^m + b_{m-1}(j\omega)^{m-1} + \cdots + b_1(j\omega) + b_0}{(j\omega)^n + a_{n-1}(j\omega)^{n-1} + \cdots + a_1(j\omega) + a_0} \quad (3.5-6)$$

上式表明 $H(j\omega)$ 只与系统本身有关，与激励无关。

例 3.5-1 已知某系统的微分方程为 $\dfrac{d^2 y(t)}{dt^2} + 3\dfrac{dy(t)}{dt} + 2y(t) = \dfrac{dF(t)}{dt} + 3f(t)$，求系统函数 $H(j\omega)$。

解：对微分方程两边同时取傅氏变换，得

$$[(j\omega)^2 + 3(j\omega) + 2]Y(j\omega) = [(j\omega) + 3]F(j\omega)$$

$$H(j\omega) = \frac{Y(j\omega)}{F(j\omega)} = \frac{(j\omega) + 3}{(j\omega)^2 + 3(j\omega) + 2}$$

2. 由转移算子求解

已知稳定系统的转移算子，将其中的 p 用 $j\omega$ 代替，可以得到系统函数。

$$H(j\omega) = H(p)|_{p=j\omega} \quad (3.5-7)$$

例 3.5-2 已知某稳定系统的转移算子 $H(p) = \dfrac{3p}{p^2 + 3p + 2}$，求系统函数。

解：

$$H(j\omega) = \frac{3p}{p^2 + 3p + 2}\bigg|_{p=j\omega} = \frac{3j\omega}{(j\omega)^2 + 3j\omega + 2}$$

3. 由 $h(t)$ 求解

先求出系统的冲激响应 $h(t)$，然后对冲激响应 $h(t)$ 求傅氏变换。

例 3.5-3 已知系统的单位冲激响应 $h(t) = 5[u(t) - u(t-2)]$，求系统函数。

解：

$$H(j\omega) = 5\left[\pi\delta(\omega) + \frac{1}{j\omega} - \left(\pi\delta(\omega) + \frac{1}{j\omega}\right)e^{-j2\omega}\right] = \frac{5}{j\omega}(1 - e^{-j2\omega})$$

4. 由频域电路系统求解

这种方法与算子电路法相似，可以利用频域电路简化运算。

例 3.5-4 如图 3.5-1 电路，$R = 1\Omega$，$C = 1F$，以 $u_c(t)$ 为输出，求系统函数。

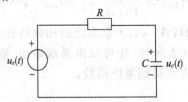

图 3.5-1 例 3.5-4 电路图

解：画电路频域模型

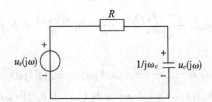

$$H(j\omega) = \frac{u_c(j\omega)}{u_s(j\omega)} = \frac{\frac{1}{j\omega_c}}{R + \frac{1}{j\omega_c}} = \frac{1}{j\omega + 1}$$

3.5.2 系统的频域响应

一、基本信号 $e^{j\omega t}$ 激励下的零状态响应

傅里叶分析是将任意信号 $f(t)$ 分解为无穷多项不同频率的虚指数信号之和,这里首先分析在基本信号 $e^{j\omega t}$ 激励下系统的零状态响应。

设线性时不变系统的单位冲激响应为 $h(t)$,当激励是角频率为 ω 的虚指数函数 $e^{j\omega t}$ 时,其零状态响应为

$$y(t) = e^{j\omega t} * h(t) \tag{3.5-8}$$

由卷积公式得:

$$y(t) = \int_{-\infty}^{\infty} h(\tau) e^{j\omega(t-\tau)} d\tau = \int_{-\infty}^{\infty} h(\tau) e^{-j\omega\tau} d\tau \cdot e^{j\omega t} \tag{3.5-9}$$

上式积分中 $\int_{-\infty}^{\infty} h(\tau) e^{-j\omega\tau} d\tau$ 正好是 $h(t)$ 的傅里叶变换,记为 $H(j\omega)$,即系统的频域响应函数,所以式(3.5-9)可记为:

$$y(t) = H(j\omega) \cdot e^{j\omega t} \tag{3.5-10}$$

这表明:激励为幅度为 1 的虚指数函数 $e^{j\omega t}$ 时,系统的响应是系数为 $H(j\omega)$ 的同频率虚指数函数。$H(j\omega)$ 反映了响应 $y(t)$ 的幅度和相位随频率变化情况,它与时间无关。这正是频域分析的基础。

二、一般信号 $f(t)$ 激励下的零状态响应

当激励为任意信号 $f(t)$ 时,由傅里叶逆变换可知:

$$f(t) = \frac{1}{2\pi} \int_{-\infty}^{\infty} F(j\omega) e^{j\omega t} d\omega = \int_{-\infty}^{\infty} \frac{F(j\omega) d\omega}{2\pi} \cdot e^{j\omega t} \tag{3.5-11}$$

任意信号可以表示为无穷多个虚指数信号 $e^{j\omega t}$ 的线性组合,其中频率为 ω 的分量是 $\frac{F(j\omega) d\omega}{2\pi} \cdot e^{j\omega t}$,该分量作用的响应是

$$H(j\omega) \cdot \frac{F(j\omega) d\omega}{2\pi} \cdot e^{j\omega t} \tag{3.5-12}$$

将所有分量的响应求和(积分),就可以得到系统的响应(零状态响应),即

$$y(t) = \int_{-\infty}^{\infty} H(j\omega) \cdot \frac{F(j\omega) d\omega}{2\pi} \cdot e^{j\omega t} = \frac{1}{2\pi} \int_{-\infty}^{\infty} H(j\omega) \cdot F(j\omega) e^{j\omega t} d\omega \tag{3.5-13}$$

上述分析过程也可用下面简单明了的方法描述:

$$e^{j\omega t} \to H(j\omega) e^{j\omega t} \tag{3.5-14}$$

根据齐次性有:

$$\frac{1}{2\pi} F(j\omega) e^{j\omega t} d\omega \to \frac{1}{2\pi} F(j\omega) H(j\omega) e^{j\omega t} d\omega \tag{3.5-15}$$

根据可加性有:

$$\int_{-\infty}^{\infty}\frac{1}{2\pi}(j\omega)e^{j\omega t}d\omega \to \int_{-\infty}^{\infty}\frac{1}{2\pi}(j\omega)H(j\omega)e^{j\omega t}d\omega \qquad (3.5-16)$$

$$f(t) \to y_{zs}(t) \qquad (3.5-17)$$

若令 $y(t)$ 的频谱函数为 $Y(j\omega)$，从上式可得：

$$Y(j\omega) = H(j\omega) \cdot F(j\omega) \qquad (3.5-18)$$

在时域分析法中有 $y_{zs}(t) = f(t) * h(t)$，则上式正是对时域卷积公式应用了傅里叶变换性质中的时域卷积定理，冲激响应 $h(t)$ 反映了系统时域特性，而频域响应 $H(j\omega)$ 则反应系统的频域特性，两者是一对傅里叶变换和傅里叶逆变换的对应关系。

例 3.5-5 某系统的微分方程为 $y'(t) + 2y(t) = f(t)$，求当 $f(t) = e^{-t}u(t)$ 时的响应 $y(t)$。

解：微分方程两边取傅里叶变换

$$j\omega Y(j\omega) + 2Y(j\omega) = F(j\omega)$$

$$H(j\omega) = \frac{Y(j\omega)}{F(j\omega)} = \frac{1}{j\omega + 2}$$

已知 $f(t) = e^{-t}u(t)$，可得 $F(j\omega) = \dfrac{1}{j\omega + 1}$，则

$$Y(j\omega) = H(j\omega) \cdot F(j\omega) = \frac{1}{(j\omega+1)(j\omega+2)} = \frac{1}{j\omega+1} - \frac{1}{j\omega+2}$$

所以

$$y(t) = (e^{-t} - e^{-2t})u(t)$$

3.5.3 系统无失真传输

在通信过程中，信号通过系统的作用之后，随之伴有两种情况的产生，即失真和不失真。所谓不失真是指信号通过系统之后，输入信号和输出信号相比，只有幅度的大小和出现的时间先后不同，而没有波形上的变化，如图 3.5-2 所示。失真是指输出波形相对输入波形的样子已经发生畸变，改变了原有波形的形状。后续介绍的滤波则是失真的典型实例。

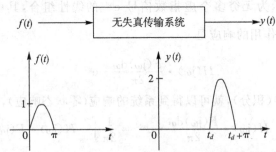

图 3.5-2 系统的无失真传输

通常失真又分为两大类：一类是线性失真，另一类为非线性失真。线性失真是幅度，相位变化，不产生新的频率成分；而非线性失真是指信号产生了新的频率成分。由于本书涉及的主要内容是有关线性的，所以下面我们将主要介绍线性失真。

如果设输入信号为 $f(t)$，经过无失真传输后，输出信号应为

$$y(t) = Kf(t - t_d) \quad (3.5-19)$$

即输出信号的幅度是输入信号的 K 倍,而输出信号在时间上要比输入信号延时了 t_d 秒。设输入信号的频谱为 $F(j\omega)$,输出信号的频谱为 $Y(j\omega)$,两者之间的频谱关系可以利用时移和线性特性得到:

$$Y(j\omega) = Ke^{-j\omega t_d}F(j\omega) \quad (3.5-20)$$

根据频率响应的定义得到:$H(j\omega) = \dfrac{Y(j\omega)}{F(j\omega)} = Ke^{-j\omega t_d}$

即它的幅频特性和相频特性分别为:

$$|H(j\omega)| = K, \varphi(\omega) = -\omega t_d \quad (3.5-21)$$

式 3.5-21 表明:为使信号无失真传输,对频率响应函数提出一定要求即可,即在全部频带范围内,幅频特性 $|H(j\omega)|$ 应为一常数,相频特性 $\varphi(\omega)$ 应为一过原点的直线,斜率为 $-t_d$。幅频和相频曲线如图 3.5-3 所示

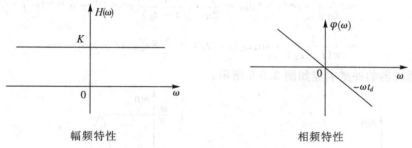

图 3.5-3 无失真系统的频率特性

式 3.5-21 是信号无失真传输的理想情况,有时可根据实际传输情况对上述条件适当放宽,如传输有限带宽的信号,只要要求在所在频带范围内满足上述条件即可。

由于系统的冲激响应 $h(t)$ 是频域响应函数 $H(j\omega)$ 的傅里叶逆变换,即

$$h(t) = K\delta(t - t_d) \quad (3.5-22)$$

从式 3.5-22 可以看出无失真传输系统的冲激响应也是冲激函数,只是较输入时的冲激函数强度扩大了 K 倍,时间延时了 t_d。

3.5.4 理想低通滤波器

滤波器是指一个系统在对不同频率成分的正弦信号有的可以通过,有的予以抑制。理想滤波器,是指让允许通过的频率成分顺利通过,而不允许的则完全抑制。如图 3.5-4 所示的频率特性的滤波器即为理想滤波器。

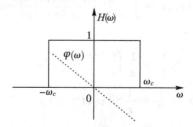

图 3.5-4 理想滤波器的频率特性

图 3.5-4 中实线表示系统的幅频特性,虚线则表示系统的相频特性。该滤波器对低于 ω_c 的频率成分无失真的传输,而高于 ω_c 的频率成分完全抑制。我们称 ω_c 为"截止角频率",使信号通过的频率范围称为"通带",阻止信号通过的频率范围叫"止带"。

通过图 3.5-4 所示,我们可以将理想滤波器的频率响应函数 $H(\mathrm{j}\omega)$ 写出来:

$$H(\mathrm{j}\omega) = \begin{cases} \mathrm{e}^{-\mathrm{j}\omega t_d}, & |\omega| < \omega_c \\ 0, & |\omega| > \omega_c \end{cases} \quad (3.5-23)$$

一、冲激响应

由于冲激响应 $h(t)$ 是频域响应函数 $H(\mathrm{j}\omega)$ 的傅里叶逆变换,因而可得理想滤波器的冲激响应为:

$$\begin{aligned} h(t) &= \frac{1}{2\pi}\int_{-\infty}^{\infty} H(\mathrm{j}\omega)\mathrm{e}^{\mathrm{j}\omega t}\mathrm{d}\omega = \frac{1}{2\pi}\int_{-\omega_c}^{\omega_c} \mathrm{e}^{-\mathrm{j}\omega t_d}\mathrm{e}^{\mathrm{j}\omega t}\mathrm{d}\omega \\ &= \frac{1}{2\pi}\int_{-\omega_c}^{\omega_c} \mathrm{e}^{\mathrm{j}\omega(t-t_d)}\mathrm{d}\omega = \frac{1}{2\pi} \cdot \frac{1}{\mathrm{j}(t-t_d)}[\mathrm{e}^{\mathrm{j}\omega_c(t-t_d)} - \mathrm{e}^{-\mathrm{j}\omega_c(t-t_d)}] \quad (3.5-24) \\ &= \frac{1}{\pi(t-t_d)} \cdot \sin\omega_c(t-t_d) = \frac{\omega_c}{\pi}\mathrm{Sa}[\omega_c(t-t_d)] \end{aligned}$$

理想滤波器的冲激响应如图 3.5-6 所示:

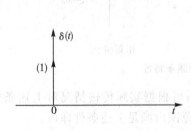

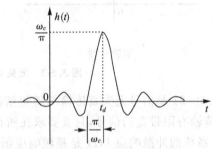

图 3.5-5 单位冲激信号　　　　图 3.5-6 单位冲激响应

由图 3.5-6 知,理想低通滤波器的冲激响应峰值比激励信号延迟了 t_d,同时可看出冲激响应 $h(t)$ 在 $t=0$ 之前就出现了。这在物理上是不满足因果关系的,因为输入信号 $\delta(t)$ 是在 $t=0$ 时刻才加入的。因而理想滤波器实际上是无法实现的。

二、阶跃响应

从时域卷积分析方法可以推导出理想滤波器的阶跃响应:

$$\begin{aligned} g(t) &= u(t) * h(t) \\ &= \int_{-\infty}^{t} h(\tau)\mathrm{d}\tau = \int_{-\infty}^{t} \frac{\omega_c}{\pi}\frac{\sin[\omega_c(\tau-t_d)]}{\omega_c(\tau-t_d)}\mathrm{d}\tau \end{aligned} \quad (3.5-25)$$

这里引入数学推导可得:

$$\begin{aligned} g(t) &= \frac{1}{2} + \frac{1}{\pi}\int_{0}^{\omega_c(t-t_d)} \frac{\sin x}{x}\mathrm{d}x \\ g(t) &= \frac{1}{2} + \frac{1}{\pi}\mathrm{Si}[\omega_c(t-t_d)] \end{aligned} \quad (3.5-26)$$

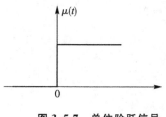

图 3.5-7 单位阶跃信号

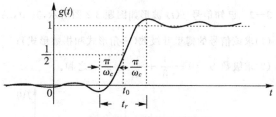

图 3.5-8 单位阶跃响应

我们定义上升时间为：输出由最小值到最大值所经历的时间，从图上看记为 t_r。

$$t_r = 2 \cdot \frac{\pi}{\omega_c} \tag{3.5-27}$$

理想滤波器的截止角频率越大（通带越宽），上升时间越小，波形越陡，反之亦然，很显然上升时间与通带宽度成反比。波形有明显失真，只要 $\omega_c < \infty$，则必有振荡，其过冲比稳态值高约 9%。这种由频率截断效应引起的振荡现象称为"吉布斯现象"。

将 $t_d + \frac{\pi}{\omega_c}$ 代入 $g(t) = \frac{1}{2} + \frac{1}{\pi}\text{Si}[\omega_c(t-t_d)]$ 中得到

$$g_{\max}(t) = \frac{1}{2} + \frac{1}{\pi}\text{Si}[\omega_c(t-t_d)] = 0.5 + \frac{1}{\pi}\text{Si}(\pi) = 1.0895$$

从上式中可以看出波形中的最大幅值与理想滤波器的通带宽度没有任何关系，这说明通带宽度只影响上升时间却无法改变响应的最大幅值。

3.5.5 物理可实现系统

就时域特性而言，一个物理可实现的系统，其冲激响应在 $t<0$ 时必须为 0，即 $h(t) = 0$，$t<0$，也就是说响应不应在激励作用之前出现。

就频域特性来说，佩利（Paley）和维纳（Wiener）证明了物理可实现的幅频特性必须满足 $\int_{-\infty}^{\infty} |H(j\omega)|^2 d\omega < \infty$ 且 $\int_{-\infty}^{\infty} \frac{|\ln|H(j\omega)||}{1+\omega^2} d\omega < \infty$，该条件称为"佩利－维纳准则"。

从该准则可看出，对于物理可实现系统，其幅频特性可在某些孤立频率点上为 0，但不能在某个有限频带内为 0。这是因为在 $|H(j\omega)| = 0$ 的频带内，$\ln|H(j\omega)| = \infty$，则不满足该准则的幅频特性，其相应的系统都是非因果的，响应将会在激励作用之前出现。

习 题 3

3－1 周期信号 $f(t)$ 的双边频谱如题 3-1 图所示，求 $f(t)$ 的三角函数表示式。

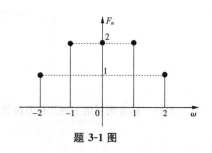

题 3-1 图

3—2 已知信号 $f(t)$ 波形如图题 3-2 图所示,其中,$A = \dfrac{1}{2}$,$T = 2$。

(1) 求该信号的傅里叶级数(三角形式和指数形式);

(2) 求级数 $S = 1 - \dfrac{1}{3} + \dfrac{1}{5} - \dfrac{1}{7} \cdots$ 之和。

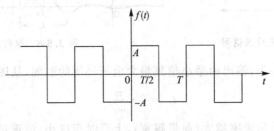

题 3-2 图

3—3 如题 3-3 图给出冲激序列 $\delta_{T_0}(t) = \sum\limits_{k=-\infty}^{\infty} \delta(t - kT_0)$。求 $\delta_{T_0}(t)$ 的指数傅里叶级数和三角傅里叶级数。

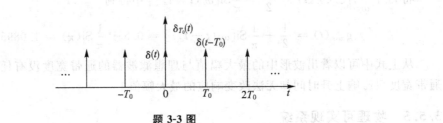

题 3-3 图

3—4 试求如题 3-4 图所示半波整流正弦脉冲的傅里叶级数($\omega_1 = \dfrac{2\pi}{T}$)。

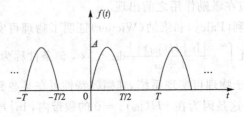

题 3-4 图

3—5 周期信号 $f(t)$ 的双边频谱如题 3-5 图所示,求其三角函数表示式。

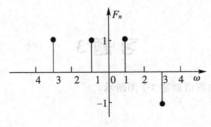

题 3-5 图

3—6 试分别利用下列几种方法证明 $u(t) \leftrightarrow \pi\delta(\omega) + \dfrac{1}{j\omega}$。

(1)利用符号函数 $\left[u(t)=\frac{1}{2}+\frac{1}{2}\mathrm{sgn}(t)\right]$；

(2)利用矩形脉冲取极限 $(\tau\to\infty)$；

(3)利用积分定理 $\left[u(t)=\int_{-\infty}^{t}\delta(\tau)\mathrm{d}\tau\right]$；

(4)利用单边指数函数取极限 $\left[u(t)=\lim_{a\to 0}\mathrm{e}^{-at},t\geqslant 0\right]$。

3-7 已知信号 $f(t)=\frac{1}{t}$，求 $F[f(t)]$。

3-8 计算下列信号的傅里叶变换。

(1) $\mathrm{e}^{\mathrm{j}t}\mathrm{sgn}(3-2t)$；(2) $\frac{\mathrm{d}}{\mathrm{d}t}\left[\mathrm{e}^{-2(t-1)}u(t)\right]$；(3) $\mathrm{e}^{2t}u(-t+1)$；

(4) $\begin{cases}\cos(\frac{\pi t}{2}), & |t|<1 \\ 0, & |t|>1\end{cases}$；(5) $\frac{2}{t^2+4}$。

3-9 已知信号 $f_1(t)\leftrightarrow F_1(\omega)=R(\omega)+\mathrm{j}X(\omega)$，$f_1(t)$ 的波形如题 3-9 图(a)所示，若有信号 $f_2(t)$ 的波形如题 3-9 图(b)所示。求 $F_2(\omega)$。

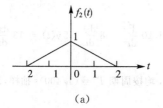

(a)　　　　　　　　　(b)

题 3-9 图

3-10 若 $f(t)$ 的傅里叶变换为 $F(\omega)=\frac{1}{2}\left[G_{2a}(\omega-\omega_0)+G_{2a}(\omega+\omega_0)\right]$，如题 3-10 图所示，求 $f(t)$ 并画图。

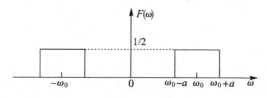

题 3-10 图

3-11 若已知 $f(t)\leftrightarrow F(\omega)$，确定下列信号的傅里叶变换：

(1) $f(1-t)$；(2) $(1-t)f(1-t)$；(3) $f(2t-5)$。

3-12 已知 $f(t)=\mathrm{e}^{-t+1}[u(t)-u(t-1)]$，求下列各信号的傅里叶变换。

(1) $f_1(t)=f(t)$；

(2) $f_2(t)=f(t)+f(-t)$；

(3) $f_3(t)=f(t)-f(-t)$；

(4) $f_4(t)=f(t)+f(t-1)$；

(5) $f_5(t)=tf(t)+f(t+2)$。

3-13 已知阶跃函数的傅里叶变换为 $u(t)\leftrightarrow\frac{1}{\mathrm{j}\omega}+\pi\delta(\omega)$；正弦、余弦函数的傅里叶变换为 $\cos(\omega_0 t)\leftrightarrow\pi[\delta(\omega+\omega_0)+\delta(\omega-\omega_0)]$，$\sin(\omega_0 t)\leftrightarrow\mathrm{j}\pi[\delta(\omega+\omega_0)-\delta(\omega-\omega_0)]$。求单边正弦 $\sin(\omega_0 t)u(t)$ 和单边余弦 $\cos(\omega_0 t)u(t)$ 的傅里叶变换。

3—14 求 $F(\omega) = \dfrac{1}{(a+\mathrm{j}\omega)^2}$ 的傅里叶逆变换。

3—15 利用傅里叶变换的对称性，求下列各信号的傅里叶变换。

(1) $\dfrac{\sin 2\pi(t-1)}{\pi(t-1)}$；

(2) $\left[\dfrac{\sin(\pi t)}{\pi t}\right]^2$；

(3) $\dfrac{2a}{a^2+t^2}, a>0$；

(4) $\dfrac{1}{a+\mathrm{j}t}$。

3—16 利用傅里叶变换的对称性，求下列频谱函数的傅里叶逆变换。

(1) $F_1(\mathrm{j}\omega) = \delta(\omega-\omega_0)$；

(2) $F_2(\mathrm{j}\omega) = 2u(\omega)$；

(3) $F_3(\mathrm{j}\omega) = u(\omega+\omega_0) - u(\omega-\omega_0)$。

3—17 信号 $f(t) = \mathrm{Sa}(100\pi t)[1+\mathrm{Sa}(100\pi t)]$，若对其进行冲激取样，求使频谱不发生混叠的最低取样频率 f_s。

3—18 已知一个零状态 LTI 系统的微分方程为 $\dfrac{\mathrm{d}^3 y}{\mathrm{d}t^3} + 10\dfrac{\mathrm{d}^2 y}{\mathrm{d}t^2} + 8\dfrac{\mathrm{d}y}{\mathrm{d}t} + 5y(t) = 13\dfrac{\mathrm{d}x}{\mathrm{d}t} + 7x(t)$，试求该系统的频率响应。

3—19 设 $f_1(t) = \cos(2\pi 50 t), f_2(t) = \cos(2\pi 350 t)$，均按周期 $T_s = (1/400)\mathrm{s}$ 抽样，试问哪个信号可不失真恢复原信号？

3—20 已知系统微分方程和激励信号如下，求系统的稳态响应。

(1) $\dfrac{\mathrm{d}y(t)}{\mathrm{d}t} + \dfrac{3}{2}y(t) = \dfrac{\mathrm{d}F(t)}{\mathrm{d}t}, f(t) = \cos 2t$；

(2) $\dfrac{\mathrm{d}^2 y(t)}{\mathrm{d}t^2} + 2\dfrac{\mathrm{d}y(t)}{\mathrm{d}t} + 3y(t) = -\dfrac{\mathrm{d}F(t)}{\mathrm{d}t} + 2f(t), f(t) = 3+\cos 2t + \cos 5t$。

拉普拉斯变换及其应用

本章将重点讨论拉普拉斯变换的定义及其收敛域、拉普拉斯变换的性质、拉普拉斯反变换、拉普拉斯变换在电路分析中的应用、系统函数 H(s)以及频率响应。在本章的最后还对系统信号流图以及梅森公式进行了介绍。

通过前面的学习可知,利用傅里叶分析方法解决信号与系统中的问题十分有效。这是因为傅里叶变换是以虚指数信号 $e^{j\omega t}$ 为基本信号,并且任意信号总可以分解为基本信号 $e^{j\omega t}$ 的线性组合,所以可结合线性系统的线性特性求出系统的频域响应(系统频域响应为系统的输入信号的傅里叶变换与系统函数的乘积),最终使系统频域响应的求解得以简化。然而,傅里叶变换存在着局限性,如工程实际中有一些信号并不满足绝对可积的条件,其傅里叶变换不存在,因此对这些信号就不能采用这种方法进行分析。另外,傅里叶反变换的求解需要计算从 $-\infty$ 到 ∞ 区间上关于 ω 的广义积分,这个积分的求解往往十分困难,甚至是不可能的,有时则需要引入一些特殊函数。此外,利用傅里叶变换法只能求解系统的零状态响应,不能求解系统的零输入响应。在需要求解系统的零输入响应时,还得利用其他方法,如时域经典法。当将信号变换的自变量不再局限于纯虚数 $j\omega$,而是推广到复数 s 时,这些问题就迎刃而解了。将信号从时域 t 变换到复频域 s 的过程,称为"信号的拉普拉斯变换",其对应的分析方法称为"s 域分析法"。拉普拉斯变换与 s 域分析法在实际工程中有着更广泛的应用。

4.1 拉普拉斯变换的定义及其收敛域

4.1.1 从傅里叶变换到拉普拉斯变换

当信号 $f(t)$ 满足狄里赫利条件并且绝对可积时,存在一对傅里叶变换,即

$$F(j\omega) = \int_{-\infty}^{\infty} f(t) e^{-j\omega t} dt \tag{4.1-1}$$

$$f(t) = \frac{1}{2\pi} \int_{-\infty}^{\infty} F(j\omega) e^{j\omega t} dt \tag{4.1-2}$$

式(4.1-1)称为"傅里叶正变换",式(4.1-2)称为"傅里叶反变换"。当函数 $f(t)$ 不满足绝对可积条件时,可采用给 $f(t)$ 乘以因子 $e^{-\sigma t}$(σ 为任意实常数)的方法,即得到一个新的时间函数 $f(t)e^{-\sigma t}$。根据函数 $f(t)$ 的具体性质恰当地选取 σ 的值,当 $t \to \infty$ 时,使函数满足条件 $\lim f(t)e^{-\sigma t} \to 0$,则函数 $f(t)e^{-\sigma t}$ 就满足绝对可积条件,此时函数 $f(t)e^{-\sigma t}$ 的傅里叶变换一定存在。可见,通过乘以 $e^{-\sigma t}$ 可以使函数 $f(t)e^{-\sigma t}$ 收敛,故称 $e^{-\sigma t}$ 为"收敛因子"。

设函数 $f(t)e^{-\sigma t}$ 满足狄里赫利条件且绝对可积(这可通过恰当地选取 σ 的值来达到),则根据式(4.1-1)有

$$F(j\omega) = \int_{-\infty}^{\infty} f(t) e^{-\sigma t} e^{-j\omega t} dt = \int_{-\infty}^{\infty} f(t) e^{-(\sigma+j\omega)t} dt \qquad (4.1-3)$$

在式(4.1-3)中令 $s = \sigma + j\omega$,s 为一复数变量,称为"复频率"。σ 的单位为 $1/s$,ω 的单位为 rad/s。此时,式(4.1-3)可写作

$$F(j\omega) = \int_{-\infty}^{\infty} f(t) e^{-st} dt$$

由于上式中的积分变量为 t,故积分结果必为复变量 s 的函数,故应将 $F(j\omega)$ 改写为 $F_b(s)$,即

$$F_b(s) = \int_{-\infty}^{\infty} f(t) e^{-st} dt \qquad (4.1-4)$$

复变量函数 $F_b(s)$ 称为"时间函数 $f(t)$ 的双边拉普拉斯变换"。$F_b(s)$ 又称为"$f(t)$ 的象函数",$f(t)$ 为 $F_b(s)$ 的原函数。

利用式(4.1-2)可推导出求 $F_b(s)$ 反变换的公式,即

$$f(t) e^{-\sigma t} = \frac{1}{2\pi} \int_{-\infty}^{\infty} F_b(s) e^{j\omega t} d\omega \qquad (4.1-5)$$

对上式等号两边同乘以 $e^{\sigma t}$,并考虑到 $e^{\sigma t}$ 不是 ω 的函数可置于积分号内。于是,得

$$f(t) = \frac{1}{2\pi} \int_{-\infty}^{\infty} F_b(s) e^{\sigma t} e^{j\omega t} d\omega = \frac{1}{2\pi} \int_{-\infty}^{\infty} F_b(s) e^{(\sigma+j\omega)t} d\omega = \frac{1}{2\pi} \int_{-\infty}^{\infty} F_b(s) e^{st} d\omega$$

$$(4.1-6)$$

式(4.1-6)中,$s = \sigma + j\omega$,故 $ds = jd\omega$,且当 $\omega = -\infty$ 时,$s = \sigma - j\infty$;当 $\omega = \infty$ 时,$s = \sigma + j\infty$。将以上这些关系代入式(4.1-6),即得

$$f(t) = \frac{1}{2\pi j} \int_{\sigma-j\infty}^{\sigma+j\infty} F_b(s) e^{st} ds \qquad (4.1-7)$$

式(4.1-7)称为"双边拉普拉斯反变换",可从已知的象函数 $F_b(s)$ 求与之对应的原函数 $f(t)$。式(4.1-4)与式(4.1-7)构成了双边拉普拉斯变换对。

4.1.2 单边拉氏变换及其收敛域

若将信号 $f(t)$ 输入系统的时刻视为 $t=0$ 的时刻(称为"起始时刻"),那么在 $t<0$ 的时间内有 $f(t)=0$,则双边拉普拉斯变换可以简写作

$$F(s) = \int_{0_-}^{\infty} f(t) e^{-st} dt \qquad (4.1-8)$$

复变量函数 $F(s)$ 称为"时间函数 $f(t)$ 的单边拉普拉斯变换"。一般简记为 $F(s) = L[f(t)]$,其中 $L[\cdot]$ 表示对括号内的函数 $f(t)$ 进行单边拉普拉斯变换。$F(s)$ 为 $f(t)$ 的象函数,$f(t)$ 为 $F(s)$ 的原函数。

单边拉普拉斯反变换可写作

$$f(t) = \left[\frac{1}{2\pi j} \int_{\sigma-j\infty}^{\sigma+j\infty} F(s) e^{st} ds\right] u(t) \qquad (4.1-9)$$

可以通过式(4.1-9)从已知的象函数 $F(s)$ 求与之对应的原函数 $f(t)$,一般简记为 $f(t) = L^{-1}[F(s)]$,其中 $L^{-1}[\cdot]$ 表示对括号内的象函数 $F(s)$ 进行单边拉普拉斯反变换。式(4.1-8)与式(4.1-9)构成了单边拉普拉斯变换对,记为 $f(t) \leftrightarrow F(s)$。

由于工程上常用信号为因果信号(即有始信号),故这里主要讨论和应用单边拉普拉斯

变换,经常将单边拉普拉斯变换简称为"拉普拉斯变换"或"拉氏变换"。下面章节所提到的拉普拉斯变换均指单边拉普拉斯变换。

上节已经指出,当信号 $f(t)$ 乘以收敛因子 $e^{-\sigma t}$ 后,所得新的时间函数 $f(t)e^{-\sigma t}$ 就有满足绝对可积条件的可能性,但是否一定满足,则还要视 $f(t)$ 的性质与 σ 值的大小而定。这就是说,不是所有的 σ 值都能使信号 $f(t)$ 都存在拉普拉斯变换。使 $f(t)e^{-\sigma t}$ 满足绝对可积条件的 σ 取值范围称为"收敛域"。在收敛域内,信号 $f(t)$ 的拉普拉斯变换存在,在收敛域外拉普拉斯变换不存在,即

$$\lim_{t\to\infty} f(t)e^{-\sigma t} = 0 \quad \sigma > \sigma_0 \qquad (4.1-10)$$

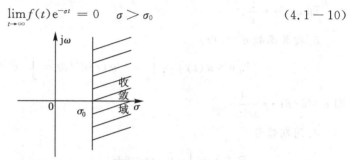

图 4.1-1　$F(s)$ 的收敛域图

式(4.1-10)中,σ_0 值指出了函数 $f(t)e^{-\sigma t}$ 的收敛条件。σ_0 的值由函数 $f(t)$ 的性质确定。根据 σ_0 的值,可将 s 平面(复频率平面)分为两个区域,如图 4.1-1 所示。通过 σ_0 点且垂直于 σ 轴的直线称为"收敛轴(收敛边界)",它是两个区域的分界线,σ_0 称为"收敛坐标"。收敛轴以右的区域(不包括收敛轴在内)即为收敛域,收敛轴以左的区域(包括收敛轴在内)则为非收敛域。下面对几种基本信号的收敛域问题进行讨论。

1. 单位脉冲信号 $\delta(t)$

$$\lim_{t\to\infty} \delta(t)e^{-\sigma t} = 0$$

可见,欲使上式成立,则必须有 $\sigma > -\infty$,故其收敛域为全 s 平面,此时 $\sigma_0 = -\infty$。

2. 单位阶跃信号 $u(t)$

$$\lim_{t\to\infty} u(t)e^{-\sigma t} = 0$$

可见,欲使上式成立,则必须有 $\sigma > 0$。故其收敛域为 s 平面的右半平面。

3. 指数信号 $e^{-2t}u(t)$

$$\lim_{t\to\infty} e^{-2t}e^{-\sigma t} = 0$$

可见,欲使上式成立,则必须有 $2+\sigma > 0$,即 $\sigma > -2$。

工程实际中的信号都是有始信号,只要把 σ 的值选取的足够大,式(4.1-10)总是可以满足的,所以它们的拉普拉斯变换都是存在的。本书仅讨论和应用单边拉普拉斯变换,其收敛域必定存在,故在后面的讨论中,一般不再说明函数是否收敛,也不再讨论其收敛域的问题。

4.1.3　常用信号的拉氏变换

本节将求解一些常用信号的拉普拉斯变换,即将式(4.1-8)的拉普拉斯变换式对常用信号进行计算。

1. 单位冲激信号 $\delta(t)$

$$L[\delta(t)] = \int_0^\infty \delta(t)e^{-st}dt = 1$$

即 $\delta(t) \leftrightarrow 1$。

2. 单位阶跃信号 $u(t)$

$$L[u(t)] = \int_0^\infty u(t)e^{-st}dt = \int_0^\infty e^{-st}dt = \frac{1}{s}$$

即 $u(t) \leftrightarrow \dfrac{1}{s}$。

3. 指数函数 $e^{-s_0 t}u(t)$

$$L[e^{-s_0 t}u(t)] = \int_{0_-}^\infty e^{-s_0 t}u(t)e^{-st}dt = \int_{0_-}^\infty e^{-(s+s_0)t}dt = \frac{1}{s+s_0}$$

即 $e^{-s_0 t}u(t) \leftrightarrow \dfrac{1}{s+s_0}$。

4. 周期信号

$$F_T(s) = \int_0^\infty f_T(t)e^{-st}dt$$

$$= \int_0^T f_T(t)e^{-st}dt + \int_T^{2T} f_T(t)e^{-st}dt + \cdots = \sum_{n=0}^\infty \int_{nT}^{(n+1)T} f_T(t)e^{-st}dt$$

令 $t = t + nT$，则

$$\sum_{n=0}^\infty e^{-nsT} \int_0^T f_T(t)e^{-st}dt = \frac{1}{1-e^{-sT}} \int_0^T f_T(t)e^{-st}dt$$

实际上，根据拉普拉斯变换与傅里叶变换之间的关系，如果信号 $f(t)$ 的收敛域包含虚轴，则只要将傅里叶变换中的 $j\omega$ 换成 s 即可得到拉普拉斯变换；反之可得到信号 $f(t)$ 的傅里叶变换。如果拉普拉斯变换的收敛域不包含虚轴，则必须通过计算拉氏变换的积分式进行求解。

为了便于学习与使用，下面将一些常用信号的拉普拉斯变换列于表 4.1-1 中。

表 4.1-1 常用信号拉普拉斯变换表

$f(t)u(t)$	$F(s)$	$f(t)u(t)$	$F(s)$
$\delta(t)$	1	$\sin \omega t$	$\dfrac{\omega}{s^2+\omega^2}$
$\delta^n(t)$	s^n	$\cos \omega t$	$\dfrac{s}{s^2+\omega^2}$
$u(t)$	$1/s$	$e^{-\alpha t}\sin \omega t$	$\dfrac{\omega}{(s+\alpha)^2+\omega^2}$
t	$1/s^2$	$e^{-\alpha t}\cos \omega t$	$\dfrac{s+\alpha}{(s+\alpha)^2+\omega^2}$
t^n	$\dfrac{n!}{s^{n+1}}$	$t\sin \omega t$	$\dfrac{2\omega s}{(s^2+\omega^2)^2}$

续表

$e^{-\alpha t}$	$\dfrac{1}{s+\alpha}$	$t\cos\omega t$	$\dfrac{s^2-\omega^2}{(s^2+\omega^2)^2}$
$te^{-\alpha t}$	$\dfrac{1}{(s+\alpha)^2}$	$\sum_{n=0}^{\infty}\delta(t-nT)$	$\dfrac{1}{1-e^{-sT}}$
$t^n e^{-\alpha t}$	$\dfrac{n!}{(s+\alpha)^{n+1}}$	$\sum_{n=0}^{\infty}f(t-nT)$	$\dfrac{F(s)}{1-e^{-sT}}$
$e^{j\omega t}$	$\dfrac{1}{s+j\omega}$	$\sum_{n=0}^{\infty}u(t-nT)-u(t-nT-\tau),T>\tau$	$\dfrac{1-e^{-s\tau}}{s(1-e^{-sT})}$

4.2 拉普拉斯变换的性质

由于拉普拉斯变换是傅里叶变换在复频域(s域)中的推广,因而拉普拉斯变换也具有与傅里叶变换相应的一些性质。这些性质反映了信号的时域特性与s域特性的关系,利用它们可使求解拉普拉斯正、反变换变得简便。

一、线性

若$f_1(t)\leftrightarrow F_1(s),\sigma>\sigma_1,f_2(t)\leftrightarrow F_2(s),\sigma>\sigma_2$,则

$$a_1 f_1(t)+a_2 f_2(t)\leftrightarrow a_1 F_1(s)+a_2 F_2(s),\sigma>\max(\sigma_1,\sigma_2) \quad (4.2-1)$$

式中,a_1、a_2均为常数。

式(4.2-1)的证明过程为:

$$\begin{aligned} L[a_1 f_1(t)+a_2 f_2(t)] &= \int_0^{\infty}[a_1 f_1(t)+a_2 f_2(t)]e^{-st}dt \\ &= a_1\int_0^{\infty}f_1(t)e^{-st}dt+a_2\int_0^{\infty}f_2(t)e^{-st}dt \\ &= a_1 F_1(s)+a_2 F_2(s) \end{aligned}$$

例 4.2-1 求信号$f(t)=\delta(t)+u(t)$的拉普拉斯变换。

解:因为

$$\delta(t)\leftrightarrow 1,\sigma>-\infty$$
$$u(t)\leftrightarrow \frac{1}{s},\sigma>0$$

利用线性可得,

$$f(t)=\delta(t)+u(t)\leftrightarrow 1+\frac{1}{s},\sigma>0。$$

二、尺度变换

若$f(t)\leftrightarrow F(s),\sigma>\sigma_0$,且有实常数$a>0$,则

$$f(at)\leftrightarrow \frac{1}{a}F\left(\frac{s}{a}\right),\sigma>a\sigma_0 \quad (4.2-2)$$

式(4.2-2)的证明过程为:

$$L[f(at)]=\int_{0_-}^{\infty}f(at)e^{-st}dt$$

令 $\tau = at$，则

$$L[f(at)] = \int_{0_-}^{\infty} f(\tau) e^{-(\frac{s}{a})\tau} d\left(\frac{\tau}{a}\right)$$

$$= \frac{1}{a} \int_{0_-}^{\infty} f(\tau) e^{-(\frac{s}{a})\tau} d\tau = \frac{1}{a} F\left(\frac{s}{a}\right)$$

故可得
$$f(at) \leftrightarrow \frac{1}{a} F\left(\frac{s}{a}\right)$$

证毕。

例 4.2-2 如图 4.2-1，信号 $f(t)$ 的拉氏变换 $F(s) = \dfrac{e^{-s}}{s^2}(1 - e^{-s} - se^{-s})$，求图中信号 $y(t)$ 的拉氏变换 $Y(s)$。

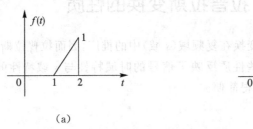

图 4.2-1 例 4.2-2 图

解：由于
$$y(t) = 4f(0.5t)$$

由尺度变换性质可得，
$$Y(s) = 4 \times 2F(2s)$$
$$= \frac{8e^{-2s}}{(2s)^2}(1 - e^{-2s} - 2se^{-2s})$$
$$= \frac{2e^{-2s}}{s^2}(1 - e^{-2s} - 2se^{-2s})。$$

三、时移特性

若 $f(t) \leftrightarrow F(s)$，$\sigma > \sigma_0$，且有实常数 $t_0 > 0$，则
$$f(t - t_0)u(t - t_0) \leftrightarrow e^{-st_0} F(s), \sigma > \sigma_0 \qquad (4.2-3)$$

式(4.2-3)的证明过程为：
$$L[f(t - t_0)u(t - t_0)] = \int_{0_-}^{\infty} f(t - t_0)u(t - t_0) e^{-st} dt$$
$$= \int_{t_0}^{\infty} f(t - t_0) e^{-st} dt$$

令 $\tau = t - t_0$，则有 $t = \tau + t_0$，$dt = d\tau$，代入上式得：
$$L[f(t - t_0)u(t - t_0)] = \int_{0_-}^{\infty} f(\tau) e^{-st_0} e^{-s\tau} d\tau$$
$$= e^{-st_0} F(s)$$

故可得
$$f(t - t_0)u(t - t_0) \leftrightarrow e^{-st_0} F(s)$$

证毕。

由于许多信号经常是由常用信号经过时间平移后的线性叠加构成的,所以可以运用时间平移性质与 4.1.3 节中常用信号的拉普拉斯变换求得这些信号的拉氏变换。

若一个信号同时存在时移和尺度变换,则

$$L[f(at-b)u(at-b)] = \frac{1}{a}F\left(\frac{s}{a}\right)e^{-\frac{b}{a}s}, (a>0, b>0)$$

例 4.2-3 如图 4.2-2 所示,求图 4.2-2 信号的单边拉氏变换。

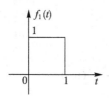 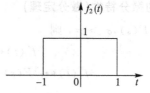

图 4.2-2 例 4.2-3 图

解:由于 $f_1(t) = u(t) - u(t-1)$,$f_2(t) = u(t+1) - u(t-1)$
根据拉氏变换的时移性质,可得

$$F_1(s) = \frac{1}{s}(1 - e^{-s})$$

由于求的是单边的拉氏变换,故得

$$F_2(s) = F_1(s)。$$

例 4.2-4 如图 4.2-3 所示,已知 $f_1(t) \leftrightarrow F_1(s)$,求 $f_2(t) \leftrightarrow F_2(s)$。

解:由图 4.2-3 可知

$$f_2(t) = f_1(0.5t) - f_1[0.5(t-2)]$$

利用尺度变换的性质可得

$$f_1(0.5t) \leftrightarrow 2F_1(2s)$$

利用拉氏变换的时移性质,可得

$$f_1[0.5(t-2)] \leftrightarrow 2F_1(2s)e^{-2s}, f_2(t) \leftrightarrow 2F_1(2s)(1-e^{-2s})。$$

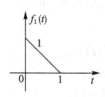 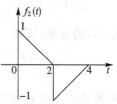

图 4.2-3 例 4.2-4 图

四、复频移特性

若 $f(t) \leftrightarrow F(s)$,$\sigma > \sigma_0$,且有复常数 $s_a = \sigma_a + j\omega_a$,则

$$f(t)e^{s_a t} \leftrightarrow F(s-s_a), \sigma > \sigma_0 + \sigma_a \tag{4.2-4}$$

例 4.2-5 已知因果信号 $f(t)$ 的象函数 $F(s) = \dfrac{s}{s^2+1}$,求 $e^{-t}f(3t-2)$ 的象函数。

解:由时移性质可得

$$f(t-2) \leftrightarrow e^{-2t}F(s)$$

由尺度变换性质可得
$$f(3t-2) \leftrightarrow \frac{1}{3}e^{-2/3 s}F(s/3)$$

由复频移性质,并化简可得
$$e^{-t}f(3t-2) \leftrightarrow \frac{s+1}{(s+1)^2+9}e^{-\frac{2}{3}(s+1)}。$$

五、时域的微分特性(微分定理)

若 $f(t) \leftrightarrow F(s), \sigma > \sigma_0$,则
$$f'(t) \leftrightarrow sF(s) - f(0_-) \tag{4.2-5}$$
$$f''(t) \leftrightarrow s^2 F(s) - sF(s) - sf(0_-) - f'(0_-)$$
$$\dots$$
$$f^{(n)}(t) \leftrightarrow s^n F(s) - \sum_{m=0}^{n-1} s^{n-1-m} f^{(m)}(0_-) \tag{4.2-6}$$

上述各象函数的收敛域至少是 $\sigma > \sigma_0$。

若 $f(t)$ 为因果信号,则 $f^n(t) \leftrightarrow s^n F(s)$。

式(4.2-5)和式(4.2-6)的证明过程为:

根据拉普拉斯变换的定义,有
$$L[f'(t)] = \int_0^\infty f'(t) e^{-st} dt$$

对上式进行分部积分,可得
$$L[f'(t)] = f(t)e^{-st}\Big|_0^\infty - \left[\int_0^\infty -sf(t)e^{-st}\right]dt$$
$$= -f(0) + sF(s)$$

故可得
$$f'(t) \leftrightarrow sF(s) - f(0_-)$$

同理可得
$$L[f''(t)] = \int_0^\infty f''(t)e^{-st}dt = \int_0^\infty \frac{d}{dt}[f'(t)]e^{-st}dt$$

引用式(4.2-5)的结果,可得
$$L[f''(t)] = s[sF(s) - f(0_-)] - f'(t)\Big|_{t=0_-}$$
$$= s^2 F(s) - sf(0_-) - f'(0_-)$$

依此类推,可推导出 n 阶导数的拉普拉斯变换公式(4.2-6)。

例 4.2-6 求 $\delta(t)$ 高阶数 $\delta^{(n)}(t)$ 的拉氏变换。

解:因为
$$\delta(t) \leftrightarrow 1,$$

并且 $\delta(t)$ 及其各阶导数在 0_- 的值均为零,所以,根据微分性质可得,
$$\delta^{(n)}(t) \leftrightarrow s^n$$

例 4.2-7 已知 $f_1(t) = \frac{d}{dt}[e^{-2t}u(t)]$,$f_2(t) = \left(\frac{d}{dt}e^{-2t}\right)u(t)$,求 $f_1(t)$ 和 $f_2(t)$ 的单边拉氏变换。

解:(1)求 $f_1(t)$ 的单边拉氏变换。由于

$$f_1(t) = \frac{\mathrm{d}}{\mathrm{d}t}[e^{-2t}u(t)] = \delta(t) - 2e^{-2t}u(t)$$

故根据线性得

$$F_1(s) = L[f_1(t)] = 1 - \frac{2}{s+2} = \frac{s}{s+2}$$

若应用时域微分性质求解,则有

$$F_1(s) = sL[e^{-2t}u(t)] - e^{-2t}u(t)\big|_{t=0_-} = \frac{s}{s+2}$$

(2) 求 $f_2(t)$ 的单边拉氏变换。由于

$$f_2(t) = \left(\frac{\mathrm{d}}{\mathrm{d}t}e^{-2t}\right)u(t) = -2e^{-2t}u(t)$$

因此得

$$F_2(s) = L[f_2(t)] = \frac{-2}{s+2}$$

六、时域积分特性(积分定理)

若 $f(t) \leftrightarrow F(s)$, $\sigma > \sigma_0$, 则

$$\left(\int_{-\infty}^{t}\right)^n f(x)\mathrm{d}x \leftrightarrow \frac{1}{s^n}F(s) + \sum_{m=1}^{n}\frac{1}{s^{n-m+1}}f^{(-m)}(0_-),$$

如果 $f(t)$ 是因果信号,则上式可化简为

$$\left(\int_{0_-}^{t}\right)^n f(x)\mathrm{d}x \leftrightarrow \frac{1}{s^n}F(s) \tag{4.2-7}$$

其收敛域至少是 $\sigma > \sigma_0$ 与 $\sigma > 0$ 相重叠的部分。

例 4.2-8 已知 $f(t) = t^2 u(t)$, 求 $f(t)$ 的拉普拉斯变换 $F(s)$。

解: 因为 $f(t)$ 可由 $u(t)$ 两次积分得到,即

$$\int_0^t u(x)\mathrm{d}x = tu(t)$$

$$\left(\int_0^t\right)^2 u(x)\mathrm{d}x = \int_0^t xu(x)\mathrm{d}x = \frac{t^2}{2}u(t)$$

由此,可得

$$t^2 u(t) = 2\left(\int_0^t\right)^2 u(x)\mathrm{d}x$$

因为 $u(t) \leftrightarrow \frac{1}{s}$, 根据拉氏变换的时域积分性质,可得

$$t^2 u(t) \leftrightarrow \frac{2}{s^3}$$

七、卷积定理

1. 时域卷积定理

若因果函数 $f_1(t) \leftrightarrow F_1(s)$, $\sigma > \sigma_1$, $f_2(t) \leftrightarrow F_2(s)$, $\sigma > \sigma_2$, 则

$$f_1(t) * f_2(t) \leftrightarrow F_1(s)F_2(s) \tag{4.2-8}$$

其收敛域至少是 $F_1(s)$ 和 $F_2(s)$ 收敛域的公共部分。

式(4.2-8)的证明过程为:
$$L[f_1(t)*f_2(t)] = \int_0^\infty \int_{-\infty}^\infty f_1(\tau)u(\tau)f_2(t-\tau)u(t-\tau)d\tau e^{-st}dt$$

交换积分次序
$$L[f_1(t)*f_2(t)] = \int_0^\infty f_1(\tau)\left[\int_0^\infty f_2(t-\tau)u(t-\tau)e^{-st}dt\right]d\tau$$

令 $x=t-\tau, t=x+\tau$,积分区间:$\int_{-\tau}^\infty$,同$\int_0^\infty$

所以,
$$L[f_1(t)*f_2(t)] = \int_0^\infty f_1(\tau)e^{-s\tau}\left[\int_0^\infty f_2(x)e^{-sx}dx\right]d\tau$$
$$= F_1(s)F_2(s)$$

故可得
$$f_1(t)*f_2(t) \leftrightarrow F_1(s)F_2(s)$$

证毕。

时域卷积定理说明时域是卷积运算,对应的复频域是乘积运算。应用此性质可以方便地求得卷积运算。

2. 复频域(s域)卷积定理

若因果函数 $f_1(t) \leftrightarrow F_1(s), \sigma > \sigma_1, f_2(t) \leftrightarrow F_2(s), \sigma > \sigma_2$,则

$$f_1(t)f_2(t) \leftrightarrow \frac{1}{2\pi j}\int_{c-j\infty}^{c+j\infty} F_1(\eta)F_2(s-\eta)d\eta, \sigma > \sigma_1+\sigma_2, \sigma_1 < c < \sigma-\sigma_2 \quad (4.2-9)$$

式(4.2-9)对积分路线的限制比较严格,而且积分运算也比较复杂,因此复频域卷积定理应用较少。

八、s域微分性质和积分性质

1. s域微分

若 $f(t) \leftrightarrow F(s), \sigma > \sigma_0$,则

$$(-t)f(t) \leftrightarrow \frac{dF(s)}{ds} \quad (4.2-10)$$

$$(-t)^n f(t) \leftrightarrow \frac{d^n F(s)}{ds^n} \quad 4.2-11$$

2. s域积分

若 $f(t) \leftrightarrow F(s), \sigma > \sigma_0$,则

$$\frac{f(t)}{t} \leftrightarrow \int_s^\infty F(\eta)d\eta \quad (4.2-12)$$

微分性质和积分性质求得的象函数其收敛域不变。

式(4.2-12)的证明过程为:
$$F(s) = \int_{-\infty}^\infty f(t) \cdot e^{-st}dt$$

两边同时对 s 进行积分:
$$\int_s^\infty F(s)ds = \int_s^\infty \left[\int_{-\infty}^\infty f(t) \cdot e^{-st}dt\right]ds$$

交换积分次序:

$$\int_s^\infty F(s)\mathrm{d}s = \int_{-\infty}^\infty f(t)\Big[\int_s^\infty \mathrm{e}^{-st}\mathrm{d}s\Big]\mathrm{d}t$$

$$= \int_{-\infty}^\infty f(t)\Big[-\frac{1}{t}\mathrm{e}^{-st}\Big|_s^\infty\Big]\mathrm{d}t$$

$$= \int_{-\infty}^\infty \frac{f(t)}{t}\cdot \mathrm{e}^{-st}\mathrm{d}t$$

故可得

$$\frac{f(t)}{t} \leftrightarrow \int_s^\infty F(\eta)\mathrm{d}\eta$$

证毕。

微分特性的证明与积分特性类似，对拉氏变换式求对 s 的导数即可。

利用微分性质可以对常用信号 $f(t)$ 乘以 t 的新信号求取拉氏变换。而利用积分性质可以方便地对常用信号 $f(t)$ 除以 t 的新信号求取拉氏变换。

例 4.2-9 已知 $f(t)=t^2\mathrm{e}^{-2t}u(t)$，求 $f(t)$ 的拉普拉斯变换。

解：由常用信号的拉氏变换，可知

$$\mathrm{e}^{-2t}u(t) \leftrightarrow \frac{1}{s+2}$$

利用 s 域微分性质可得

$$t^2\mathrm{e}^{-2t}u(t) \leftrightarrow \frac{\mathrm{d}^2}{\mathrm{d}s^2}\Big(\frac{1}{s+2}\Big) = \frac{2}{(s+2)^3}$$

九、初值定理和终值定理

初值定理和终值定理常用于由 $F(s)$ 直接求 $f(0_+)$ 和 $f(\infty)$，而不必求出原函数 $f(t)$。

1. 初值定理

设函数 $f(t)$ 不含 $\delta(t)$ 及其各阶导数（即 $F(s)$ 为真分式，若 $F(s)$ 为假分式化为真分式），则

$$f(0_+) = \lim_{t\to 0_+} f(t) = \lim_{s\to\infty} sF(s) \qquad (4.2-13)$$

式(4.2-13)的证明过程为：

$$sF(s) - f(0_-) = L\Big(\frac{\mathrm{d}f(t)}{\mathrm{d}t}\Big)$$

$$= \int_{0_-}^\infty \frac{\mathrm{d}f(t)}{\mathrm{d}t}\mathrm{e}^{-st}\mathrm{d}t$$

$$= \int_{0_-}^{0_+} \frac{\mathrm{d}f(t)}{\mathrm{d}t}\mathrm{e}^{-st}\mathrm{d}t + \int_{0_+}^\infty \frac{\mathrm{d}f(t)}{\mathrm{d}t}\mathrm{e}^{-st}\mathrm{d}t$$

在 $(0_-,0_+)$ 区间 $\mathrm{e}^{-st}=1$，故

$$= f(0_+) - f(0_-) + \int_{0_+}^\infty \frac{\mathrm{d}f(t)}{\mathrm{d}t}\mathrm{e}^{-st}\mathrm{d}t$$

所以

$$sF(s) = f(0_+) + \int_{0_+}^\infty \frac{\mathrm{d}f(t)}{\mathrm{d}t}\mathrm{e}^{-st}\mathrm{d}t$$

$$\lim_{s\to\infty}\Big[\int_{0_+}^\infty \frac{\mathrm{d}f(t)}{\mathrm{d}t}\mathrm{e}^{-st}\mathrm{d}t\Big] = \int_{0_+}^\infty \frac{\mathrm{d}f(t)}{\mathrm{d}t}\Big[\lim_{s\to\infty}\mathrm{e}^{-st}\Big]\mathrm{d}t = 0$$

故可得

$$f(0_+) = \lim_{t \to 0_+} f(t) = \lim_{s \to \infty} sF(s)$$

证毕。

2.终值定理

若当 $t \to \infty$ 时 $f(t)$ 存在,并且 $f(t) \leftrightarrow F(s)$, $\sigma > \sigma_0$ 且 $\sigma_0 < 0$,则

$$f(\infty) = \lim_{s \to 0} sF(s) \tag{4.2-14}$$

式(4.2-14)成立,要求函数 $f(t)$ 及其导数 $f'(t)$ 存在,并存在拉普拉斯变换。$f(t)$ 的终值存在还要求 $F(s)$ 的所有极点均位于左半开平面或是在原点处的单极点,以保证 $f(t)$ 收敛。

例 4.2-10 已知 $f(t)$ 的拉普拉斯变换是 $F(s) = \dfrac{2s}{s^2 + 2s + 2}$,求 $f(t)$ 的初值和终值。

解:由初值定理,可得

$$f(0_+) = \lim_{s \to \infty} sF(s) = \lim_{s \to \infty} \frac{2s^2}{s^2 + 2s + 2} = 2$$

由终值定理,可得

$$f(\infty) = \lim_{s \to 0} sF(s) = \lim_{s \to 0} \frac{2s^2}{s^2 + 2s + 2} = 0$$

例 4.2-11 已知 $F(s) = \dfrac{2s}{s+1}$,求 $f(0_+)$ 的值。

解:对 $F(s)$ 进行因式分解,可得

$$F(s) = \frac{2s}{s+1} = -\frac{2}{s+1} + 2$$

由初值定理,可得

$$f(0_+) = \lim_{s \to \infty}[sF(s) - 2s] = \lim_{s \to \infty}\left[s\left(2 - \frac{2}{s+1}\right) - 2s\right]$$

$$\lim_{s \to \infty} \frac{-2s}{s+1} = \lim_{s \to \infty} \frac{-2}{1 + \dfrac{1}{s}} = -2$$

所以

$$f(0_+) = -2。$$

最后,将上述拉普拉斯变换的性质进行归纳,如表 4.2-1 所示,方便查阅。

表 4.2-1 拉普拉斯变换的基本性质

序号	性质名称	$f(t)u(t)$	$F(s)$
1	线 性	$a_1 f_1(t) + a_2 f_2(t)$	$a_1 F_1(s) + a_2 F_2(s)$
2	尺度变换	$f(at), a > 0$	$\dfrac{1}{a} F\left(\dfrac{s}{a}\right)$
3	时移性	$f(t - t_0)u(t - t_0), t_0 > 0$	$e^{-st_0} F(s)$
4	频移性	$f(t) e^{s_a t}$	$F(s - s_a)$
5	时域积分	$\left(\int_{-\infty}^{t}\right)^n f(x) dx$	$\dfrac{1}{s^n} F(s) + \sum_{m=1}^{n} \dfrac{1}{s^{n-m+1}} f^{(-m)}(0_-)$
6	时域微分	$f^n(t)$	$s^n F(s) - \sum_{m=0}^{n-1} s^{n-1-m} f^{(m)}(0_-)$

续表

7	复频域微分	$(-t)^n f(t)$	$\dfrac{d^n F(s)}{ds^n}$
8	复频域积分	$\dfrac{f(t)}{t}$	$\int_s^\infty F(\eta)d\eta$
9	时域卷积	$f_1(t) * f_2(t)$	$F_1(s)F_2(s)$
10	复频域卷积	$f_1(t)f_2(t)$	$\dfrac{1}{2\pi j}\int_{c-j\infty}^{c+j\infty} F_1(\eta)F_2(s-\eta)d\eta$
11	初值定理	$f(0_+) = \lim\limits_{t\to 0_+} f(t) = \lim\limits_{s\to\infty} sF(s)$	
12	终值定理	$f(\infty) = \lim\limits_{s\to 0} sF(s)$	

4.3 拉普拉斯反变换

在 4.2 节中讨论了如何由时域信号 $f(t)$ 求解其象函数 $F(s)$ 的方法。这节将讨论由已知的象函数 $F(s)$ 求解与之对应的原函数 $f(t)$，这个过程称为"拉普拉斯反变换"。求拉普拉斯反变换，通常有两种方法：部分分式展开法和留数定理法（围线积分法）。

4.3.1 部分分式展开法

由于工程应用中系统响应的象函数 $F(s)$ 通常都是复变量 s 的两个有理多项式之比，是 s 的一个有理分式，即

$$F(s) = \dfrac{b_m s^m + b_{m-1}s^{m-1} + \ldots + b_1 s^1 + b_0}{a_n s^n + a_{n-1}s^{n-1} + \ldots + a_1 s^1 + a_0} \tag{4.3-1}$$

式中，$a_0, a_1, \cdots, a_{n-1}, a_n$ 和 $b_1, b_2, \cdots, b_m$ 等均为实系数；m 和 n 均为正整数。

欲将 $F(s)$ 展开成部分分式，首先应将式（4.3-1）化成真分式。即当 $m \geqslant n$ 时，应先用除法将 $F(s)$ 表示成一个 s 的多项式 $P(s)$ 与一个有理真分式之和，即 $F(s) = P(s) + \dfrac{B(s)}{A(s)}$，式中 $\dfrac{B(s)}{A(s)}$ 为真分式，其中的分母多项式 $A(s)$ 称为"$F(s)$ 的特征多项式"，其根称为"特征根"，也称为"固有频率"。拉普拉斯反变换与特征根的形式有关。由 4.2 节例 4.2.6 可知，$P(s)$ 的拉普拉斯反变换是冲激函数的各阶导数与冲激函数本身。在下面的分析中，均按 $F(s) = \dfrac{B(s)}{A(s)}$ 是真分式的情况讨论。

1. $F(s)$ 有单极点（特征根为单根）

由于 $A(s)=0$ 的根为单根（单实根与单复根），其 n 个根 $p_1, p_2, \cdots, p_n$ 都互不相等，则 $F(s)$ 可以展开为如下形式的部分分式。

$$F(s) = \dfrac{B(s)}{A(s)} = \dfrac{K_1}{s - p_1} + \dfrac{K_2}{s - p_2} + \cdots + \dfrac{K_i}{s - p_i} + \cdots + \dfrac{K_n}{s - p_n} = \sum_{i=1}^n \dfrac{K_i}{s - p_i} \tag{4.3-2}$$

式中，K_i $(i=1,2,\cdots,n)$ 为待定常数。

待定常数 K_i 按如下方法求出：将式（4.3-2）等号两端同乘以 $(s-p_i)$ 得

$$(s-p_i)F(s) = \frac{(s-p_i)B(s)}{A(s)} = \frac{K_1(s-p_i)}{s-p_1} + \frac{K_2(s-p_i)}{s-p_2} + \cdots + \frac{K_i(s-p_i)}{s-p_i} + \cdots$$
$$+ \frac{K_n(s-p_i)}{s-p_n} \tag{4.3-3}$$

当 $s \to p_i$ 时，由于各根均不相等，故等号右端除 K_i 一项外均趋于零，于是得

$$K_i = (s-p_i)F(s)\big|_{s=p_i} = \lim_{s \to p_i}\left[\frac{(s-p_i)B(s)}{A(s)}\right] \tag{4.3-4}$$

由(4.3-2)式可求得原函数为

$$f(t) = K_1 e^{p_1 t} + K_2 e^{p_2 t} + \cdots + K_n e^{p_n t} = \sum_{i=1}^{n} K_i e^{p_i t} u(t) \tag{4.3-5}$$

例 4.3-1 已知象函数 $F(s) = \dfrac{s^2+s+2}{s^3+3s^2+2s}$，求其原函数 $f(t)$。

解：因为

$$A(s) = s^3 + 3s^2 + 2s = s(s+1)(s+2) = 0$$

可知 $F(s)$ 含有三个单极点，分别为 $p_1 = 0, p_2 = -1, p_3 = -2$。根据式(4.3-2)可得 $F(s)$ 的部分分式为

$$F(s) = \frac{s^2+s+2}{s(s+1)(s+2)} = \frac{K_1}{s+0} + \frac{K_2}{s+1} + \frac{K_3}{s+2}$$

上式中，待定系数 K_1、K_2 和 K_3 分别为

$$K_1 = \frac{s^2+s+2}{s(s+1)(s+2)}(s+0)\bigg|_{s=0} = 1$$

$$K_2 = \frac{s^2+s+2}{s(s+1)(s+2)}(s+1)\bigg|_{s=-1} = -2$$

$$K_3 = \frac{s^2+s+2}{s(s+1)(s+2)}(s+2)\bigg|_{s=-2} = 2$$

故可得

$$F(s) = \frac{1}{s} - \frac{2}{s+1} + \frac{2}{s+2}$$

$F(s)$ 的拉普拉斯反变换为

$$f(t) = u(t) - 2e^{-t}u(t) + 2e^{-2t}u(t) = (1 - 2e^{-t} + 2e^{-2t})u(t)$$

例 4.3-2 求象函数 $F(s) = \dfrac{2s^2+6s+6}{(s+2)(s^2+2s+2)}$，利用部分分式展开法求原函数 $f(t)$。

解：因为

$$A(s) = (s+2)(s^2+2s+2) = (s+2)(s+1+j)(s+1-j) = 0$$

可知 $F(s)$ 含有一个单实极点为 $p_1 = -2$，和一对共轭极点 $p_2 = -1-j$，$p_3 = -1+j = p_2^*$，共轭极点也是单极点，与单实根的处理方法是一样的。根据式(4.3-2)可得 $F(s)$ 的部分分式为

$$F(s) = \frac{2s^2+6s+6}{(s+2)(s+1+j)(s+1-j)} = \frac{K_1}{s+2} + \frac{K_2}{s+1+j} + \frac{K_3}{s+1-j}$$

上式中，待定系数 K_1、K_2 和 K_3 分别为

$$K_1 = \frac{2s^2+6s+6}{(s+2)(s+1+j)(s+1-j)}(s+2)\Big|_{s=-2} = 1$$

$$K_2 = \frac{2s^2+6s+6}{(s+2)(s+1+j)(s+1-j)}(s+1+j)\Big|_{s=-1-j} = \frac{1}{2}+j\frac{1}{2} = \frac{1}{\sqrt{2}}e^{j\pi/4}$$

$$K_3 = \frac{2s^2+6s+6}{(s+2)(s+1+j)(s+1-j)}(s+1-j)\Big|_{s=-1+j} = \frac{1}{2}-j\frac{1}{2} = \frac{1}{\sqrt{2}}e^{-j\pi/4}$$

$$= K_2^*$$

可见 K_3 与 K_2 也是互为共轭的。

故可得

$$F(s) = \frac{1}{s+2} + \frac{1}{\sqrt{2}}e^{j\pi/4}\frac{1}{s+1+j} + \frac{1}{\sqrt{2}}e^{-j\pi/4}\frac{1}{s+1-j}$$

$F(s)$ 的拉普拉斯反变换为

$$f(t) = e^{-2t}u(t) + \frac{1}{\sqrt{2}}e^{j\pi/4}e^{-(1+j)t}u(t) + \frac{1}{\sqrt{2}}e^{-j\pi/4}e^{-(1-j)t}u(t)$$

$$= \left\{e^{-2t} + \frac{1}{\sqrt{2}}e^{-t}\left[e^{j(t-\pi/4)} + e^{-j(t-\pi/4)}\right]\right\}u(t) = \left[e^{-2t} + \sqrt{2}e^{-t}\cos(t-\pi/4)\right]u(t)$$

例 4.3-3 若已知象函数 $F(s) = \dfrac{s}{s^2+4}$，利用部分分式展开法求拉普拉斯反变换对应的原函数 $f(t)$。

解：由

$$A(s) = s^2 + 4(s+j2)(s-j2) = 0$$

可知 $F(s)$ 含有两个单极点，分别为 $p_1 = -j2$，$p_2 = j2 = p_1^*$，这是单虚根的情况。根据式 (4.3-2)，将 $F(s)$ 部分分式展开为

$$F(s) = \frac{s}{s^2+4} = \frac{s}{(s+j2)(s-j2)} = \frac{K_1}{s+j2} + \frac{K_2}{s-j2}$$

上式中，待定系数 K_1、K_2 和 K_3 分别为

$$K_1 = \frac{s}{(s+j2)(s-j2)}(s+j2)\Big|_{s=-j2} = \frac{1}{2}$$

$$K_2 = \frac{s}{(s+j2)(s-j2)}(s-j2)\Big|_{s=j2} = \frac{1}{2} = K_1^*$$

故可得

$$F(s) = \frac{1}{2}\frac{1}{s+j2} + \frac{1}{2}\frac{1}{s-j2}$$

$F(s)$ 的拉普拉斯反变换为

$$f(t) = \frac{1}{2}e^{-j2t}u(t) + \frac{1}{2}e^{j2t}u(t) = \cos(2t)u(t)$$

2. $F(s)$ 有重极点（特征根为重根）

如果 $A(s)=0$ 的 n 个根中，$s=p_1$ 为 r 重根，而其余的 $n-r$ 个根都不等于 p_1，那么 $F(s)$ 可以展开成式 (4.3-6) 的形式

$$F(s) = \frac{B(s)}{A(s)} = \frac{K_{11}}{(s-p_1)^r} + \frac{K_{12}}{(s-p_1)^{r-1}} + \cdots + \frac{K_{1m}}{(s-p_1)^{r+1-m}} + \cdots$$

$$+\frac{K_{1r}}{s-p_1}+\frac{B_2(s)}{A_2(s)}=F_1(s)+F_2(s) \tag{4.3-6}$$

为了求得 K_{11}，可给上式等号两端同乘以 $(s-p_1)^r$，即

$$(s-p_1)^r F(s) = K_{11} + (s-p_1)K_{12} + \cdots + (s-p_1)^{m-1}K_{1m} + \cdots$$
$$+ (s-p_1)^{r-1}K_{1r} + (s-p_1)^r \frac{B_2(s)}{A_2(s)} \tag{4.3-7}$$

令 $s=p_1$，得

$$K_{11} = \left[(s-p_1)^r F(s)\right]\big|_{s=p_1} \tag{4.3-8}$$

为了求得 K_{12}，可将式(4.3-7)对 s 求一阶导数，即

$$\frac{\mathrm{d}}{\mathrm{d}s}\left[(s-p_1)^r F(s)\right] = 0 + K_{12} + \cdots + (m-1)(s-p_1)^{m-2}K_{1m} + \cdots$$
$$+ (r-1)(s-p_1)^{r-2}K_{1r} + \frac{\mathrm{d}}{\mathrm{d}s}\left[\frac{B_2(s)}{A_2(s)}(s-p_1)^r\right] \tag{4.3-9}$$

令 $s=p_1$，即可得 K_{12} 的求解公式为

$$K_{12} = \frac{\mathrm{d}}{\mathrm{d}s}\left[(s-p_1)^r F(s)\right]\big|_{s=p_1} \tag{4.3-10}$$

依此类推，可得

$$K_{1m} = \frac{1}{(m-1)!}\frac{\mathrm{d}^{m-1}}{\mathrm{d}s^{m-1}}\left[(s-p_1)^r F(s)\right]\big|_{s=p_1} \tag{4.3-11}$$

式中 $m=1,2,\cdots,r$。

由表 4.1-1 可知 $L^{-1}[t^n e^{-\alpha t} u(t)] = \dfrac{n!}{(s+\alpha)^{n+1}}$，所以式(4.3-6)中部分展开式对应的原函数为

$$L\left[\frac{K_{1m}}{(s-p_1)^{r+1-m}}\right] = \frac{K_{1m}}{(r-m)!}t^{r-m}e^{p_1 t}u(t)$$

于是可得式(4.3-6)中重根部分象函数 $F_1(s)$ 对应的原函数 $f_1(t)$ 为

$$f_1(t) = \left[\sum_{m=1}^{r}\frac{K_{1m}}{(r-m)!}t^{r-m}\right]e^{p_1 t}u(t) \tag{4.3-12}$$

例 4.3-4 已知象函数 $F(s) = \dfrac{s+2}{(s+1)^2(s+3)s}$，利用拉普拉斯反变换求其原函数 $f(t)$。

解：由

$$(s+1)^2(s+3)s = 0$$

可知 $F(s)$ 含有一个二重极点 $p_1=-1$ 和两个单极点为 $p_2=-3, p_3=0$。根据式(4.3-6)，将 $F(s)$ 部分分式展开为

$$F(s) = \frac{K_{11}}{(s+1)^2} + \frac{K_{12}}{s+1} + \frac{K_2}{s+3} + \frac{K_3}{s}$$

上式中，待定系数 K_1、K_2 和 K_3 分别为

$$K_{11} = \frac{s+2}{(s+1)^2(s+3)s}(s+1)^2\big|_{s=-1} = -\frac{1}{2}$$

$$K_{12} = \frac{\mathrm{d}}{\mathrm{d}s}\frac{s+2}{(s+1)^2(s+3)s}(s+1)^2\big|_{s=-1} = -\frac{3}{4}$$

$$K_2 = \frac{s+2}{(s+1)^2(s+3)s}(s+3)|_{s=-3} = \frac{1}{12}$$

$$K_3 = \frac{s+2}{(s+1)^2(s+3)s}(s+0)|_{s=0} = \frac{2}{3}$$

故可得

$$F(s) = -\frac{1}{2}\frac{1}{(s+1)^2} - \frac{3}{4}\frac{1}{s+1} + \frac{1}{12}\frac{1}{s+3} + \frac{2}{3}\frac{1}{s}$$

$F(s)$ 的拉普拉斯反变换为

$$f(t) = (-\frac{1}{2}te^{-t} - \frac{3}{4}e^{-t} + \frac{1}{12}e^{-3t} + \frac{2}{3})u(t)。$$

例 4.3-5 求 $F(s) = \dfrac{\frac{1}{3}}{s^2(s^2+4)}$ 的原函数 $f(t)$。

解：由

$$s^2(s^2+4) = 0$$

可知 $F(s)$ 包含一个二重根为 $p_1 = 0$，和两个单极点 $p_2 = -\mathrm{j}2$，$p_3 = \mathrm{j}2 = p_2^*$。根据式 (4.3-6)，将 $F(s)$ 部分分式展开为

$$F(s) = \frac{K_{11}}{s^2} + \frac{K_{12}}{s} + \frac{K_2}{s+\mathrm{j}2} + \frac{K_3}{s-\mathrm{j}2}$$

上式中，待定系数 K_1、K_2 和 K_3 分别为

$$K_{11} = \frac{\frac{1}{3}}{s^2(s^2+4)}s^2|_{s=0} = \frac{1}{12}$$

$$K_{12} = \frac{\mathrm{d}}{\mathrm{d}s}\left[\frac{\frac{1}{3}}{s^2(s^2+4)}s^2\right]|_{s=0} = 0$$

$$K_2 = \frac{\frac{1}{3}(s+\mathrm{j}2)}{s^2(s+\mathrm{j}2)(s-\mathrm{j}2)}|_{s=-\mathrm{j}2} = \frac{-\mathrm{j}}{48} = \frac{1}{48}e^{-\mathrm{j}\frac{\pi}{2}}$$

$$K_3 = K_2^* = \frac{1}{48}e^{\mathrm{j}\frac{\pi}{2}}$$

故可得

$$F(s) = \frac{1}{12}\frac{1}{s^2} + \frac{0}{s} + \frac{1}{48}e^{-\mathrm{j}\frac{\pi}{2}}\frac{1}{s+\mathrm{j}2} + \frac{1}{48}e^{\mathrm{j}\frac{\pi}{2}}\frac{1}{s-\mathrm{j}2}$$

$F(s)$ 的拉普拉斯反变换为

$$f(t) = (\frac{1}{12}t + \frac{1}{48}e^{-\mathrm{j}\frac{\pi}{2}}e^{-\mathrm{j}2t} + \frac{1}{48}e^{\mathrm{j}\frac{\pi}{2}}e^{\mathrm{j}2t})u(t) = \frac{1}{12}\left[t - \frac{1}{2}\sin(2t)\right]u(t)$$

4.3.2 围线积分法

拉普拉斯反变换式为 $f(t) = \dfrac{1}{2\pi\mathrm{j}}\displaystyle\int_{\sigma-\mathrm{j}\infty}^{\sigma+\mathrm{j}\infty} F(s)e^{st}\mathrm{d}s$，$t > 0$ 这是一个复变函数的线积分，其积分路径是 s 平面内平行于 $\mathrm{j}\omega$ 轴的 $\sigma = c_1 > \sigma_0$ 的直线 AB（亦即直线 AB 必须在收敛轴以右）。从复变函数论知，可将求此线积分的问题，转化为求 $F(s)$ 的全部极点在一个闭合回线内部

的全部留数的代数和。这种方法称为"留数法",也称"围线积分法"。以下分两种情况介绍留数的具体求法。

(1)若 p_i 为单根,则其留数为

$$\text{Res}[p_i] = F(s)e^{st}(s-p_i)|_{s=p_i} \qquad (4.3-13)$$

(2)若 p_i 为 m 阶重根,则其留数为

$$\text{Res}[p_i] = \frac{1}{(m-1)!}\frac{d^{m-1}}{ds^{m-1}}F(s)e^{st}(s-p_i)^m|_{s=p_i} \qquad (4.3-14)$$

若 $F(s)$ 含有重阶极点,此时用留数法求拉普拉斯反变换更加方便简单。

例 4.3-6 已知 $F(s) = \dfrac{s+2}{(s+1)^2(s+3)s}$,用留数法求原函数 $f(t)$。

解: 由

$$A(s) = (s+1)^2(s+3)s = 0$$

可知 $F(s)$ 含一个二阶极点 $p_1 = -1$,和两个单极点 $p_2 = -3, p_3 = 0$。根据式(4.3-13),(4.3-14)可求得各极点上的留数为

$$\text{Res}[p_1] = \frac{1}{(2-1)!}\frac{d^{2-1}}{ds^{2-1}}\left[\frac{s+2}{(s+1)^2(s+3)s}e^{st}(s+1)^2\right]|_{s=-1}$$

$$= \frac{d}{ds}\left[\frac{s+2}{(s+3)s}e^{st}\right]|_{s=-1} = \frac{s+2}{(s+3)s}te^{st}|_{s=-1} + \frac{s(s+3)-(s+2)(2s+3)}{s^2(s+3)^2}e^{st}|_{s=-1}$$

$$= -\frac{1}{2}te^{-t} - \frac{3}{4}e^{-t}$$

$$\text{Res}[p_2] = \frac{s+2}{(s+1)^2(s+3)s}e^{st}(s+3)|_{s=-3} = \frac{1}{12}e^{-3t}$$

$$\text{Res}[p_3] = \frac{s+2}{(s+1)^2(s+3)s}e^{st}(s+0)|_{s=0} = \frac{2}{3}$$

$F(s)$ 的拉普拉斯反变换为

$$f(t) = \sum_{i=1}^{3}\text{Res}[p_i] = \text{Res}[p_1] + \text{Res}[p_2] + \text{Res}[p_3]$$

$$= \left(-\frac{1}{2}te^{-t} - \frac{3}{4}e^{-t} + \frac{1}{12}e^{-3t} + \frac{2}{3}\right)u(t)$$

4.4 电路的 s 域元件模型

研究集总参数电路问题的基本依据是基尔霍夫定律(KVL 和 KCL 方程)和电路元件端电压与通过电流之间关系的方程(VCR 方程)。电路中的无源元件主要为电阻 R,电容 C,电感 L,耦合电感元件等。

根据线性性质,KCL 方程 $\sum i(t) = 0$ 和 KVL 方程 $\sum u(t) = 0$ 的 s 域模型为

$$\sum I(s) = 0 \qquad (4.4-1)$$

$$\sum U(s) = 0 \qquad (4.4-2)$$

因此,关于电路分析的各种方法(结点法、割集法、网孔法、回路法)、各种定理(齐次定理、叠加定理、等效电源定理、替代定理、互易定理等)以及电路的各种等效变换方法与原则,

均适用于复频域电路的分析。

对于线性时不变二端元件 R、L、C、互感，若假设其电压 $u(t)$ 和电流 $i(t)$ 为关联参考方向，其相应的象函数分别为 $U(s)$ 和 $I(s)$，那么根据拉普拉斯变换的性质可以得到他们的 s 域模型。

1. 电阻 R

电阻元件的时域电路模型如图 4.4-1(a)所示，其时域伏安关系为

$$u(t) = Ri(t) \tag{4.4-3}$$

或

$$i(t) = Gu(t) \tag{4.4-4}$$

对以上两式求拉普拉斯变换，即得复频域伏安关系为

$$U(s) = RI(s) \tag{4.4-5}$$

或

$$I(s) = GU(s) \tag{4.4-6}$$

其复频域电路模型如图 4.4-1(b)所示。

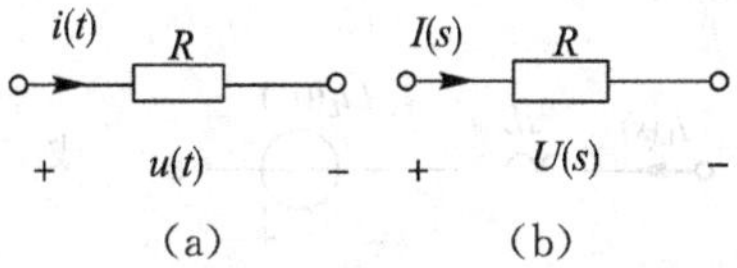

图 4.4-1　电阻元件时域模型与复频域模型

2. 电容 C

电容元件的时域电路模型如图 4.4-2(a)所示，其时域伏安关系为

$$i(t) = C\frac{\mathrm{d}u(t)}{\mathrm{d}t} \tag{4.4-7}$$

或

$$u(t) = u(0_-) + \frac{1}{C}\int_{0_-}^{t} i(\tau)\mathrm{d}\tau \tag{4.4-8}$$

式中，$u(0_-)$ 为 $t=0_-$ 时刻电容 C 上的初始电压。对以上两式求拉普拉斯变换，即得其复频域伏安关系为

$$I(s) = CsU(s) - Cu(0_-) \tag{4.4-9}$$

或

$$U(s) = \frac{1}{s}u(0_-) + \frac{1}{Cs}I(s) \tag{4.4-10}$$

根据上两式即可画出电容元件的复频域电路模型。并联电路模型，如图 4.4-2(b)；串联电路模型，如图 4.4-2(c)。

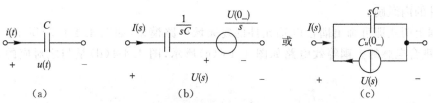

图 4.4-2　电容元件时域模型与复频域模型

3. 电感 L

电感元件的时域电路模型如图 4.4-3(a)所示,其时域伏安关系为

$$u(t) = L\frac{di(t)}{dt} \quad (4.4-11)$$

或

$$i(t) = i(0_-) + \frac{1}{L}\int_0^t u(\tau)d\tau \quad (4.4-12)$$

式中,$i(0_-)$ 为 $t=0_-$ 时刻电感 L 中的初始电流。对上两式求拉普拉斯变换,即得其复频域伏安关系为

$$U(s) = LsI(0_-) - Li(0_-) \quad (4.4-13)$$

或

$$I(s) = \frac{1}{s}i(0_-) + \frac{1}{Ls}U(s) \quad (4.4-14)$$

根据上两式即可画出电感元件的复频域电路模型,分别如图 4.4-3(b)、(c)所示,前者为串联电路模型,后者为并联电路模型。

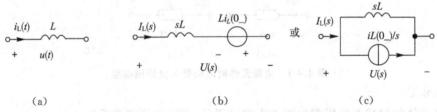

图 4.4-3 电感元件时域模型与复频域模型

4. 耦合电感元件

耦合电感元件的时域电路模型如图 4.4-4(a)所示,其时域伏安关系为

$$u_1(t) = L_1\frac{di_1(t)}{dt} + M\frac{di_2(t)}{dt} \quad (4.4-15)$$

$$u_2(t) = M\frac{di_1(t)}{dt} + L_2\frac{di_2(t)}{dt} \quad (4.4-16)$$

对式(4.4-15)和(4.4-16)求拉普拉斯变换,得其复频域伏安关系

$$U_1(s) = L_1sI_1(s) - L_1i_1(0_-) + MsI_2(s) - Mi_2(0_-) \quad (4.4-17)$$

$$U_2(s) = MsI_1(s) - Mi_1(0_-) + L_2sI_2(s) - L_2i_2(0_-) \quad (4.4-18)$$

式(4.4-17)和(4.4-18)中,$U_1(s)=L[u_1(t)]$,$U_2(s)=L[u_2(t)]$,$I_1(s)=L[i_1(t)]$,$I_2(s)=L[i_2(t)]$;$i_1(0_-)$,$i_2(0_-)$ 分别为电感 L_1,L_2 中的初始电流;Ms 为耦合电感元件的复频域互感抗;$L_1i_1(0_-)$,$L_2i_2(0_-)$,$Mi_1(0_-)$,$Mi_2(0_-)$ 均表示为附加的独立电压源,均为耦合电感元件的内激励。

根据上两式即可画出耦合电感元件的复频域电路模型,如图 4.4-4(b)所示。图 4.4-4(a)所示耦合电感的去耦等效电路如图 4.4-4(c)所示,图 4.4-4(d)是与之对应的 s 域电路模型。

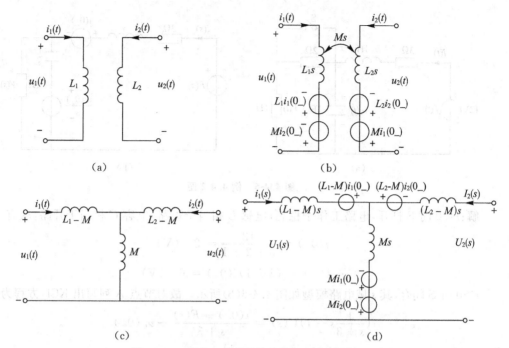

图 4.4-4 耦合电感时域模型与复频域模型

例 4.4-1 如图 4.4-5(a)所示电路中,激励 $u_s(t)=2\sin(2t)u(t)$ V,求零状态响应 $i_R(t)$。

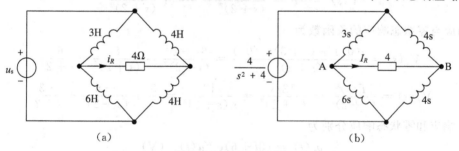

图 4.4-5 例 4.4-1 图

解:图 4.4-5(a)所示电路对应的 s 域模型如图 4.4-5(b)所示,AB 支路以外的二端口网络的戴维南等效电路的开路电压和等效阻抗分别为

$$U_{AB}(s) = \frac{1}{6}U_S(s)$$

$$Z_i(s) = 4s$$

于是可得到 AB 支路电流

$$I_R(s) = \frac{1}{6(s+1)(s^2+4)}$$

$$= \frac{1}{30}\left[\frac{1}{s+1} - \frac{s}{s^2+4} + \frac{2}{2(s^2+4)}\right]$$

所以,$i_R = L^{-1}[I_R(s)] = \dfrac{1}{30}\left[e^{-t} - \cos(2t) + \dfrac{1}{2}\sin(2t)\right]u(t)$ A

例 4.4-2 如图 4.4-6 所示电路,系统的输入为 $f(t)$,系统输出为 $v(t)$。已知在 $t<0$ 时 S 打开,电路已工作于稳态。在 $t=0$ 时闭合 S,求 $t>0$ 时零输入响应、零状态响应、全响应。

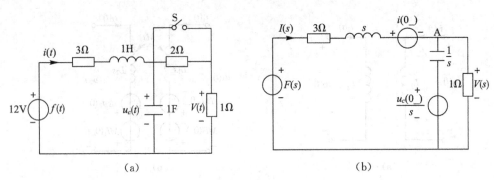

图 4.4-6 例 4.4-2 图

解：$t<0$ 时 S 打开，电路工作于稳态，电感 L 相当于短路，电容 C 相当于开路，故有

$$i(0_-) = \frac{12}{3+2+1} = 2 \quad (\text{V})$$

$$u_C(0_-) = (2+1)i(0_-) = 6 \quad (\text{V})$$

$t>0$ 时 S 闭合，其 s 域电路模型如图 4.4-6(b) 所示。故对节点 A 列写出 KCL 方程为

$$\left(\frac{1}{s+3}s+1\right)V(s) = \frac{i(0_-)+F(s)}{s+3} + u_C(0_-)$$

故

$$V(s) = \frac{i(0_-)+(s+3)u_C(0_-)}{(s+2)^2} + \frac{F(s)}{(s+2)^2}$$

输入响应与零状态响应的象函数为

$$V_x(s) = \frac{i(0_-)+(s+3)u_C(0_-)}{(s+2)^2} = \frac{6s+20}{(s+2)^2} = \frac{8}{(s+2)^2} + \frac{6}{s+2}$$

$$V_f(s) = \frac{F(s)}{(s+2)^2} = \frac{12/s}{(s+2)^2} = \frac{12}{s(s+2)^2} = \frac{3}{s} + \frac{-6}{(s+2)^2} + \frac{-3}{s+2}$$

零输入响应和零状态响应分别为

$$v_x(t) = (8t+6)\mathrm{e}^{-2t}u(t) \quad (\text{V})$$

$$v_f(t) = [3-(6t+3)\mathrm{e}^{-2t}]u(t) \quad (\text{V})$$

全响应为

$$v(t) = v_x(t) + v_f(t) = [3-(2t+3)\mathrm{e}^{-2t}]u(t) \quad (\text{V})$$

例 4.4-3 已知 $R_1=5\Omega, R_2=10\Omega, L_1=L_2=1\text{H}, M=0.5\text{H}, u_s(t)=2u(t)\text{V}, i_1(0_-)=0.2\text{A}, i_2(0_-)=0.1\text{A}$，电路如图 4.4-7(a) 所示。求 $t>0$ 时的响应 $v_1(t)$ 和 $v_2(t)$。

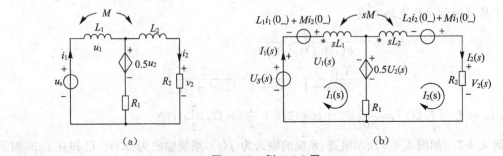

图 4.4-7 例 4.4-3 图

解:电路的 s 域模型如图 4.4-7(b)所示,其中 $U_s(s)=2/s$。电路的网孔方程为

$$(sL_1+R_1)I_1(s)+(sM-R_1)I_2(s)=U_s(s)+L_1i_1(0_-)+Mi_2(0_-)-0.5V_2(s)$$
$$(sM-R_1)I_1(s)+(sL_2+R_2+R_1)I_2(s)=L_2i_2(0_-)+Mi_1(0_-)+0.5V_2(s)$$

其中,$V_2(s)=R_2I_2(s)$
代入已知数整理得

$$(s+5)I_1(s)+0.5sI_2(s)=\frac{2}{s}+0.25$$

$$(0.5s-5)I_1(s)+(s+10)I_2(s)=0.2$$

解得

$$I_1(s)=\frac{0.15s^2+4.5s+20}{0.75s\left(s+\frac{10}{3}\right)(s+20)}$$

$$I_2(s)=\frac{0.075s^2+1.25s+10}{0.75s\left(s+\frac{10}{3}\right)(s+20)}$$

所以

$$V_1(s)=-L_1i_1(0_-)-Mi_2(0_-)+sL_1I_1(s)+sMI_2(s)=\frac{0.8}{s+\frac{10}{3}}+\frac{0.2}{s+20}$$

$$V_2(s)=R_2I_2(s)=\frac{2}{s}-\frac{1.6}{s+\frac{10}{3}}+\frac{0.6}{s+20}$$

对上式进行拉氏反变换得

$$v_1(t)=(0.8e^{-\frac{10}{3}t}+0.2e^{-20t})\text{V}$$

$$v_2(t)=(2-1.6e^{-\frac{10}{3}t}+0.6e^{-20t})\text{V}$$

4.5 连续时间系统的 s 域分析

4.5.1 拉普拉斯变换求解微分方程

描述 n 阶系统的微分方程的一般形式为

$$\sum_{i=0}^{n}a_iy^{(i)}(t)=\sum_{j=0}^{m}b_jf^{(j)}(t) \tag{4.5-1}$$

系统的初始状态为 $y(0_-),y^{(1)}(0_-),\cdots,y^{(n-1)}(0_-)$。对式(4.5-1)的微分方程两边同时进行拉普拉斯变换,其中对响应 $y(t)$ 求拉普拉斯变换,可得

$$y^{(i)}(t)\leftrightarrow s^iY(s)-\sum_{p=0}^{i-1}s^{i-1-p}y^{(p)}(0_-) \tag{4.5-2}$$

若 $f(t)$ 在 $t=0$ 时接入系统,则 $f(t)$ 为因果信号,其拉普拉斯变换为

$$f^{(j)}(t)\leftrightarrow s^jF(s) \tag{4.5-3}$$

因此,可得式(4.5-1)微分方程的复频域的形式如式(4.5-4)所示,

$$\left[\sum_{i=0}^{n} a_i s^i\right] Y(s) - \sum_{i=0}^{n} a_i \left[\sum_{p=0}^{i-1} s^{i-1-p} y^{(p)}(0_-)\right] = \left[\sum_{j=0}^{m} b_j s^j\right] F(s) \quad (4.5-4)$$

$$Y(s) = \frac{\sum_{i=0}^{n} a_i \left[\sum_{p=0}^{i-1} s^{i-1-p} y^{(p)}(0_-)\right]}{\sum_{i=0}^{n} a_i s^i} + \frac{\sum_{j=0}^{m} b_j s^j}{\sum_{i=0}^{n} a_i s^i} F(s)$$

$$= \frac{M(s)}{A(s)} + \frac{B(s)}{A(s)} F(s) = Y_x(s) + Y_f(s) \quad (4.5-5)$$

式(4.5-5)中,右边求和式的第一项只与系统的初始状态有关,因此是系统零输入响应在复频域对应的形式,记作 $Y_x(s)$,第二项只与系统的输入信号有关,因此是系统零状态响应在复频域的对应形式,记作 $Y_f(s)$。通过对 $Y_x(s)$ 和 $Y_f(s)$ 求拉普拉斯的反变换,就可以得到零输入响应 $y_x(t)$ 与零状态响应 $y_f(t)$。

例 4.5-1 描述某 LTI 系统的微分方程为 $y''(t) + 5y'(t) + 6y(t) = 2f'(t) + 6f(t)$,已知初始状态 $y(0_-) = 1, y'(0_-) = -1$,输入信号 $f(t) = 5\cos(t)u(t)$,求系统的全响应 $y(t)$。

解: 对输入信号 $f(t)$ 进行拉普拉斯变换得

$$F(s) = \frac{5s}{s^2 + 1}$$

对微分方程两边进行拉普拉斯变换,并代入初值,得

$$Y(s) = \frac{sy(0_-) + y'(0_-) + 5y(0_-)}{s^2 + 5s + 6} + \frac{2(s+3)}{s^2 + 5s + 6} F(s)$$

$$= \frac{2}{s+2} + \frac{-1}{s+3} + \frac{-4}{s+2} + \frac{\sqrt{5}e^{-j26.6°}}{s-j} + \frac{\sqrt{5}e^{j26.6°}}{s+j}$$

$$= \frac{s+4}{(s+2)(s+3)} + \frac{2}{s+2} \cdot \frac{5s}{s^2+1}$$

对上式进行拉普拉斯反变换,得

$$y(t) = \overbrace{[2e^{-2t} u(t) - e^{-3t} u(t)}^{y_x(t)} \overbrace{- 4e^{-2t} u(t) + 2\sqrt{5}\cos(t - 26.6°)}^{y_f(t)}] u(t)$$

4.5.2 系统函数 $H(s)$

系统函数 $H(s)$ 定义为系统的响应 $y_f(t)$ 与其激励 $f(t)$ 的拉普拉斯变换之比,即

$$H(s) = \frac{Y_f(s)}{F(s)} \quad (4.5-6)$$

式(4.5-6)中的 $Y_f(s)$ 与 $F(s)$ 分别是响应 $y_f(t)$ 和激励 $f(t)$ 的拉普拉斯变换,$H(s)$ 称为"复频域系统函数",简称"系统函数"。通过拉普拉斯变换的卷积定理也可推出 $H(s)$ 是系统单位冲激响应 $h(t)$ 的拉普拉斯变换。

对于线性时不变系统,其输入输出关系为

$$y_f(t) = f(t) * h(t) \quad (4.5-7)$$

根据拉普拉斯变换的时域卷积定理性质,可得

$$Y_f(s) = F(s) \cdot H(s) \quad (4.5-8)$$

由式(4.5−8)可以推出系统函数式(4.5−6),此外,由式(4.5−7)和式(4.5−8)可以看出,
$$H(s) = L[h(t)] \qquad (4.5-9)$$

因为 $H(s)$ 是响应与激励的两个象函数之比,所以 $H(s)$ 与系统的激励和响应无关,它只与系统本身的结构与元件参数有关。系统函数和单位冲激响应的关系,是系统的复频域与时域特性之间的桥梁。系统函数的研究在系统理论中占有十分重要的地位。由于系统函数 $H(s)$ 描述了系统本身的特性,所以在复频域对系统特性的研究,就归结为对 $H(s)$ 的研究。

4.5.3　$H(s)$ 的零、极点分布决定系统 $h(t)$ 的时域特性

对于连续系统其系统函数可表示为

$$H(s) = \frac{b_m s^m + b_{m-1} s^{m-1} + \ldots + b_j s^j + \ldots b_1 s + b_0}{s^n + a_{n-1} s^{n-1} + \ldots + a_i s^i + \ldots + a_1 s + a_0} = \frac{B(s)}{A(s)} \qquad (4.5-10)$$

式中 $a_i(i=0,1,2,\ldots,n)$,$b_j(j=0,1,2,\ldots,m)$ 都是实常数,其中 $a_n=1$。

$A(s)$ 与 $B(s)$ 都是关于 s 的有理式,其中 $A(s)=0$ 的根 $p_1,p_2,\ldots,p_n$ 称为"系统函数的极点",$B(s)=0$ 的根 $s_1,s_2,\ldots,s_m$ 称为"系统函数的零点"。在复平面上将零极点分别用对应符号画出,此图称为"零极点分布图"。其中零点在图中用圆圈(〇)表示,极点用叉号(×)表示,若是多重极点或是零点应该在旁边标上数字用来表示重数。下面举例进行说明。

例 4.5-2　某连续系统的系统函数如下,画出此系统的零极点图。
$$H(s) = \frac{2(s+2)}{(s+1)^2(s^2+1)}$$

解:由 $A(s)=(s+1)^2(s^2+1)=0$,

可知此系统包含一对共轭单极点 $p_{1,2}=\pm j$,和一个二重极点 $p_3=-1$。

由 $B(s)=2(s+2)=0$,

可知此系统包含一个一阶零点 $s_1=-2$。

分别采用对应符号将零极点在复平面画出,可得系统的零极点分布图,如图 4.5-1 所示。

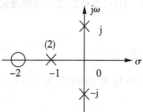

图 4.5-1　例 4.5-2 所示系统零极点分布图

例 4.5-3　已知 $H(s)$ 的零、极点分布图如图 4.5-2 示,并且 $h(0_+)=2$,求 $H(s)$ 的表达式。

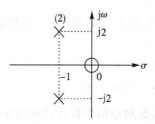

图 4.5-2　例 4.5-3 中 H(s) 的零、极点分布图

解: 根据零极点分布图可得

$$H(s) = \frac{Ks}{(s+1)^2 + 4} = \frac{Ks}{s^2 + 2s + 5}$$

根据初值定理,有

$$h(0_+) = \lim_{s \to \infty} sH(s) = \lim_{s \to \infty} \frac{Ks^2}{s^2 + 2s + 5} = K = 2$$

所以 $H(s)$ 的表达式为

$$H(s) = \frac{2s}{s^2 + 2s + 5}$$

$H(s)$ 的极点分布确定了单位冲激响应 $h(t)$ 的时域波形模式,而其零点的分布会影响单位冲激响应 $h(t)$ 的幅度和相位。下面先对 $H(s)$ 的极点分布对应 $h(t)$ 的时域波形的影响进行分析,暂不考虑其幅度与相位的变化(即不考虑零点的影响)。$H(s)$ 的极点按位置进行分类,可分为 3 类:左半开平面,虚轴上和右半开平面。再按极点的类型又可将每种极点分为实极点,共轭复极点和重极点。图 4.5-3 对单极点的几种情况的分布图进行了描述。

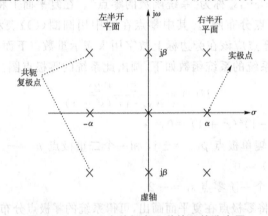

图 4.5-3 $H(s)$ 为单极点几种情况的分布图

1. 极点在左半开平面

(1) 单阶实极点 $p_i = -\alpha, \alpha > 0$。

即 $H(s) = \dfrac{1}{s+\alpha}$,那么对应的单位冲激响应为 $h(t) = e^{-\alpha t}u(t)$,其幅度随时间的增加而减小,系统稳定。

(2) 高阶实极点 $p_i = -\alpha, \alpha > 0$。

当极点为二阶时,$H(s) = \dfrac{1}{(s+\alpha)^2}$,那么对应的单位冲激响应 $h(t) = te^{-\alpha t}u(t)$,其幅度随时间的增加而减小,系统稳定,更高阶的重极点,与此情况相同。当极点为 r 阶的重极点,$h(t)$ 对应的形式含有 $K_i t^i e^{-\alpha t}u(t)$ $(i = 0, 1, 2, \cdots, r-1)$,由此可见,高阶极点对应的 $h(t)$ 幅度随时间的增加而减小,系统稳定。

(3) 单阶共轭复极点 $p_i = -\alpha \pm j\beta, \alpha > 0$。

即 $H(s) = \dfrac{\beta}{(s+\alpha)^2 + \beta^2}$,那么对应的单位冲激响应 $h(t) = e^{-\alpha t}\sin(\beta t)u(t)$,其幅值随时间的增加而减小,系统稳定。

(4)高阶共轭复极点 $p_i = -\alpha \pm j\beta, \alpha > 0$。

当极点为二阶时,$H(s) = \dfrac{2\beta(s+\alpha)}{[(s+\alpha)^2 + \beta^2]^2}$,那么对应的单位冲激响应为 $h(t) = te^{-\alpha t}\sin(\beta t)u(t)$,当极点为 r 阶的重极点,$h(t)$ 对应的形式含有 $t^i e^{-\alpha t}\sin(\beta t + \theta)u(t)$,$(i=0,1,2,\cdots,r-1)$,由此可见,高阶极点对应的 $h(t)$ 随时间的增加而减小,系统稳定。

2. 极点在虚轴上

(1)单阶实极点 $p_i = 0$。

即 $H(s) = \dfrac{1}{s}$,那么对应的单位冲激响应 $h(t) = u(t)$,其随时间的增加维持不变,故系统临界稳定。

(2)高阶实极点 $p_i = 0$。

当极点为二阶时,$H(s) = \dfrac{1}{s^2}$,那么对应的单位冲激响应 $h(t) = tu(t)$,当极点为 r 阶重极点,对应的 $h(t)$ 中含有 $t^i u(t)$,$(i=0,1,2,\cdots,r-1)$,由此可见,高阶极点对应的 $h(t)$ 随时间的增加而增加,系统不稳定。

(3)单阶共轭复极点 $p_i = j\beta$。

即 $H(s) = \dfrac{\beta}{s^2 + \beta^2}$,那么对应的单位冲激响应为 $h(t) = \sin(\beta t)u(t)$,其随时间的变化而振荡,系统临界稳定。

(4)高阶共轭复极点 $p_i = j\beta$。

当极点为二阶时,$H(s) = \dfrac{2\beta s}{(s^2 + \beta^2)^2}$,那么对应的单位冲激响应为 $h(t) = t\sin(\beta t)u(t)$,当极点为 r 阶重极点对应的 $h(t)$ 对应形式中含有 $t^i \sin(\beta t + \theta)u(t)$,$(i=0,1,2,\cdots,r-1)$。由此可见,高阶极点对应的 $h(t)$ 随时间的增加而增加,系统不稳定。

3. 极点右半开平面

(1)单阶实极点 $p_i = \alpha, \alpha > 0$。

即 $H(s) = \dfrac{1}{s-\alpha}$,那么对应的单位冲激响应 $h(t) = e^{\alpha t}u(t)$,其随时间的增加而增加,系统不稳定。

(2)高阶实极点 $p_i = \alpha, \alpha > 0$。

当极点为二阶重极点时,$H(s) = \dfrac{1}{(s-\alpha)^2}$,那么对应的单位冲激响应 $h(t) = te^{\alpha t}u(t)$,当极点为 r 阶的重极点,$h(t)$ 对应的形式含有 $K_i t^i e^{\alpha t} u(t)$ $(i=0,1,2,\cdots,r-1)$,由此可见,高阶极点对应的 $h(t)$ 随时间的增加而增加,系统不稳定。

(3)单阶共轭复极点 $p_i = \alpha \pm j\beta, \alpha > 0$。

即 $H(s) = \dfrac{\beta}{(s-\alpha)^2 + \beta^2}$,那么对应的单位冲激响应为 $h(t) = e^{\alpha t}\sin(\beta t)u(t)$,其随时间的增加而增加,系统稳定。

(4)高阶共轭复极点 $p_i = \alpha \pm j\beta, \alpha > 0$。

当极点为二阶重极点时,$H(s) = \dfrac{\beta}{((s-\alpha)^2 + \beta^2)^2}$,那么对应的单位冲激响应 $h(t)$

$= t\mathrm{e}^{\alpha t}\sin(\beta t)u(t)$,当极点为 r 阶的重极点时,$h(t)$ 对应的形式含有 $K_i t^i \mathrm{e}^{\alpha t}\sin(\beta t+\theta)u(t)$ $(i=0,1,2,\cdots,r-1)$,由此可见,高阶极点对应的 $h(t)$ 随时间的增加而增加,系统不稳定。

$H(s)$ 的零点分布只影响 $h(t)$ 波形的幅度和相位,不影响 $h(t)$ 的时域波形模式。但 $H(s)$ 零点阶次变化,则不仅影响 $h(t)$ 的波形幅度和相位,还可能使其波形中出现冲激函数 $\delta(t)$。

例 4.5-4 分别画出下列各系统函数的零、极点分布图及冲激响应 $h(t)$ 的波形。

(1) $H(s)=\dfrac{s+1}{(s+1)^2+2^2}$ (2) $H(s)=\dfrac{s}{(s+1)^2+2^2}$ (3) $H(s)=\dfrac{(s+1)^2}{(s+1)^2+2^2}$

解: 所给 3 个系统函数的极点均相同,即均为 $p_1=-1+\mathrm{j}2, p_2=-1-\mathrm{j}2=p_1^*$,但零点是各不相同的。

(1) $h(t)=L^{-1}\left[\dfrac{s+1}{(s+1)^2+2^2}\right]=\mathrm{e}^{-t}\cos(2t)u(t)$

(2) $h(t)=L^{-1}\left[\dfrac{s}{(s+1)^2+2^2}\right]=L^{-1}\left[\dfrac{s+1}{(s+1)^2+2^2}-\dfrac{1}{2}\dfrac{2}{(s+1)^2+2^2}\right]$

$\qquad = \mathrm{e}^{-t}\cos 2t\, u(t)-\dfrac{1}{2}\mathrm{e}^{-t}\sin(2t)u(t)$

$\qquad = \dfrac{\sqrt{5}}{2}\mathrm{e}^{-t}\cos(2t+26.57°)u(t)$

(3) $h(t)=L^{-1}\left[\dfrac{(s+1)^2}{(s+1)^2+2^2}\right]=L^{-1}\left[1-2\dfrac{2}{(s+1)^2+2^2}\right]$

$\qquad \delta(t)-2\mathrm{e}^{-t}\sin(2t)u(t)$

$\qquad = \delta(t)-2\mathrm{e}^{-t}\cos\left(2t-\dfrac{\pi}{2}\right)u(t)$

它们的零、极点分布及其波形分别如图 4.5-4(a),(b),(c)所示。从上述分析结果和图 4.5-4 可以看出,当零点从 -1 移到原点 0 时,$h(t)$ 的波形幅度与相位发生了变化;当 -1 处的零点由一阶变为二阶时,则不仅 $h(t)$ 波形的幅度和相位发生了变化,而且其中还出现了冲激函数 $\delta(t)$。

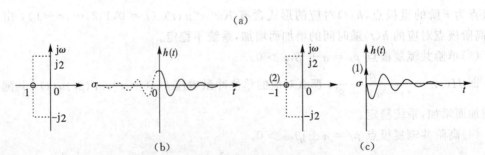

图 4.5-4 例 4.5-4 系统函数的零、极点分布及冲激响应波形

4.5.4　$H(s)$的零、极点分布对系统的稳定性的影响

若系统对有界激励 $f(t)$ 产生的零状态响应 $y_f(t)$ 也是有界的,则称系统是有界输入有界输出(BIBO)稳定系统,简称"稳定系统"。

即当有激励 $|f(t)| \leqslant M_f$ 时,则有零状态响应 $|y_f(t)| \leqslant M_y$,式中 M_f 和 M_y 均为有界的正实常数,则称系统为稳定系统。

可以证明,连续系统具有稳定性的必要与充分条件,在时域中是系统的单位冲激响应 $h(t)$ 绝对可积,即

$$\int_{-\infty}^{\infty} |h(t)| \, dt < \infty \qquad (4.5-11)$$

式(4.5-11)的证明过程为:设激励 $f(t)$ 为有界,即

$$|f(t)| \leqslant M_f$$

式中,M_f 为有界的正实常数。

又因有

$$y(t) = f(t) * h(t) = \int_{-\infty}^{\infty} h(\tau) f(t-\tau) d\tau$$

故有

$$|y_f(t)| = \left| \int_{-\infty}^{\infty} h(\tau) f(t-\tau) d\tau \right| \leqslant \int_{-\infty}^{\infty} |h(\tau)| |f(t-\tau)| d\tau \leqslant M_f \int_{-\infty}^{\infty} |h(\tau)| d\tau$$

由上式看出,若满足

$$\int_{-\infty}^{\infty} |h(\tau)| d\tau < \infty$$

则一定有 $|y_f(t)| \leqslant M_y$,即 $y_f(t)$ 也一定有界。式中 M_y 为有界的正实常数。

式(4.5-11)得证。

系统的稳定性由系统的单位冲激响应决定,因此描述的是系统本身的特性,它只取决于系统的结构与参数,与系统的激励和初始状态均无关。

若系统为因果系统,则式(4.5-11)可写为

$$\int_0^{\infty} |h(t)| dt < \infty \qquad (4.5-12)$$

对于稳定系统,它的 $H(s)$ 的极点必须全部位于 s 平面的左半开平面上,即必须有 $\sigma < 0$。在时域中,若满足 $\lim_{t \to \infty} h(t) =$ 有限值,则系统是临界稳定的。因此,对于临界稳定系统,它的 $H(s)$ 的极点必须全部位于 s 平面的左半闭平面上,即必须有 $\text{Re}[s] = \sigma \leqslant 0$,且位于 $j\omega$ 轴上的极点必须是单阶的。

因 $H(s)$ 的极点为其分母多项式 $A(s) = 0$ 的根,故系统的稳定与否,就归结为 $A(s) = 0$ 的根是否均有负的实部,即 $\sigma < 0$。数学上称根均具有负实部的多项式为霍尔维茨多项式(Hurwitz Polynomial),简写为 H·P。故系统的稳定性又可以通过罗斯-霍尔维茨准则进行判定,简称"罗斯准则"。

将多项式 $A(s)$ 的系数排列为如下阵列——罗斯阵列

第1行 a_n a_{n-2} a_{n-4} ⋯

第2行 a_{n-1} a_{n-3} a_{n-5} ⋯

第3行 c_{n-1} c_{n-3} c_{n-5} ⋯

第4行 d_{n-1} d_{n-3} d_{n-5} ⋯

第3行由第1,2行按下列规则计算得到：

$$c_{n-1}=-\frac{1}{a_{n-1}}\begin{vmatrix}a_n & a_{n-2}\\ a_{n-1} & a_{n-3}\end{vmatrix},\ c_{n-3}=-\frac{1}{a_{n-1}}\begin{vmatrix}a_n & a_{n-4}\\ a_{n-1} & a_{n-5}\end{vmatrix} \qquad (4.5-13)$$

第4行由第2,3行按同样方法得到。

$$d_{n-1}=-\frac{1}{c_{n-1}}\begin{vmatrix}a_{n-1} & a_{n-3}\\ c_{n-1} & c_{n-3}\end{vmatrix},\ d_{n-3}=-\frac{1}{c_{n-1}}\begin{vmatrix}a_{n-1} & a_{n-5}\\ c_{n-1} & c_{n-5}\end{vmatrix} \qquad (4.5-14)$$

一直排到第 $n+1$ 行。

罗斯准则指出：若第一列元素具有相同的符号，则 $A(s)=0$ 所有的根均在左半开平面。若第一列元素出现符号改变，则符号改变的总次数就是右半平面根的个数。

例 4.5-5 试用罗斯－霍尔维茨准则确定具有下列特征方程系统的稳定性。

(1) $s^3+20s^2+9s+200=0$ (2) $s^4+8s^3+18s^2+16s+5=0$

解：(1)式的罗斯阵列为

$$\begin{array}{lll} s^3 & 1 & 9 \\ s^2 & 20 & 200 \\ s^1 & -1 & \\ s^0 & 200 & \end{array}$$

第一列的符号变化两次，系统有两个极点在右半开平面图，系统不稳定。

(2)式的罗斯阵列为

$$\begin{array}{lll} s^4 & 1 & 8 & 5 \\ s^3 & 8 & 16 & \\ s^2 & 15 & 5 & \\ s^1 & 13.5 & & \\ s^0 & 5 & & \end{array}$$

第一列的元素的符号没有变化，系统的极点均在左半开平面，系统稳定。

4.6 系统的频率响应

4.6.1 正弦稳态响应

因为只有在稳定的系统中才有可能存在稳态响应，所以研究系统正弦稳态响应问题的前提是，系统必须具有稳定性。

对于稳定系统，当正弦激励信号 $f(t)=F_m\cos(\omega_0 t)u(t)$ 在 $t=0$ 时刻作用于系统时，经过无穷长的时间(实际上只需要有限长时间)后，系统即达到稳定工作状态。此时系统中的所有瞬态响应已衰减为零，只剩有稳态响应，此稳态响应即为系统的正弦稳态响应。

设系统为稳定系统且为零状态,其系统函数为

$$H(s) = \frac{B(s)}{A(s)} = \frac{B(s)}{s^n + a_{n-1}s^{n-1} + \cdots + a_1 s + a_0} = \frac{B(s)}{(s-p_1)(s-p_2)\cdots(s-p_j)\cdots(s-p_n)}$$

式中,$p_j(j=1,2,\cdots,n)$ 为 $H(s)$ 的单阶极点(这里以单阶极点为例来研究)。系统的激励 $f(t)$ 为正弦信号,且在 $t=0$ 时刻开始作用于系统,即

$$f(t) = F_m \cos(\omega_0 t) u(t)$$

式中,ω_0 为正弦激励信号 $f(t)$ 的角频率。$f(t)$ 的象函数为

$$F(s) = \frac{F_m s}{s^2 + \omega_0^2} = \frac{F_m s}{(s-j\omega_0)(s+j\omega_0)}$$

于是得系统零状态响应的象函数为

$$Y_f(s) = H(s)F(s) = H(s)\frac{F_m s}{(s-j\omega_0)(s+j\omega_0)} = \frac{B(s)}{A(s)} \frac{F_m s}{(s-j\omega_0)(s+j\omega_0)} \tag{4.6-1}$$

或

$$Y_f(s) = \frac{B(s)F_m s}{(s-p_1)(s-p_2)\cdots(s-p_j)\cdots(s-p_n)(s-j\omega_0)(s+j\omega_0)}$$

$$= \frac{K_1}{s-p_1} + \frac{K_2}{s-p_2} + \cdots + \frac{K_j}{s-p_j} + \cdots + \frac{K_n}{s-p_n} + \frac{C_1}{s-j\omega_0} + \frac{C_2}{s+j\omega_0}$$

$$= \left[\sum_{j=1}^{n} \frac{K_j}{s-p_j}\right] + \frac{C_1}{s-j\omega_0} + \frac{C_2}{s+j\omega_0} \tag{4.6-2}$$

式(4.6-2)中的 K_j $(j=1,2,\cdots,n)$,C_1,C_2 均为部分分式的系数,其值由 $H(s)$ 与 $F(s)$ 共同决定。下面对 C_1,C_2 进行求解。

$$C_1 = H(s)\frac{F_m s}{(s-j\omega_0)(s+j\omega_0)}(s-j\omega_0)\Big|_{s=j\omega_0} = H(j\omega_0)\frac{F_m j\omega_0}{2j\omega_0} = \frac{1}{2}F_m |H(j\omega_0)| e^{j\varphi(\omega_0)}$$

$$C_2 = H(s)\frac{F_m s}{(s-j\omega_0)(s+j\omega_0)}(s+j\omega_0)\Big|_{s=-j\omega_0} = H(-j\omega_0)\frac{F_m(-j\omega_0)}{-2j\omega_0}$$

$$= \frac{1}{2}F_m H(-j\omega_0) = \frac{1}{2}F_m |H(-j\omega_0)| e^{j\varphi(-\omega_0)}$$

因为幅频特性 $|H(j\omega)|$ 是偶函数,而相频特性 $\varphi(\omega)$ 是奇函数,所以

$$C_2 = \frac{1}{2}F_m |H(j\omega_0)| e^{-j\varphi(\omega_0)} = C_1^*$$

将 C_1 和 C_2 代入式(4.6-2)得

$$Y_f(s) = \left[\sum_{j=1}^{n} \frac{K_j}{s-p_j}\right] + \frac{1}{2}F_m |H(j\omega_0)| e^{j\varphi(\omega_0)} \frac{1}{s-j\omega_0} + \frac{1}{2}F_m |H(j\omega_0)| e^{-j\varphi(\omega_0)} \frac{1}{s+j\omega_0}$$

对上式进行拉普拉斯反变换得到系统零状态响应的时域解为

$$Y_f(t) = \left[\sum_{j=1}^{n} K_j e^{p_j t}\right] + \frac{1}{2}F_m |H(j\omega_0)| \left[e^{j\varphi(\omega_0)} e^{j\omega_0 t} + e^{-j\varphi(\omega_0)} e^{-j\omega_0 t}\right]$$

$$= \left[\sum_{j=1}^{n} K_j e^{p_j t}\right] + F_m |H(j\omega_0)| \cos[\omega_0 t + \varphi(\omega_0)] \tag{4.6-3}$$

式(4.6-3)中,$H(j\omega_0)$ 和 $\varphi(j\omega_0)$ 分别为系统的幅频特性 $|H(j\omega)|$ 与相频特性 $\varphi(\omega)$ 在

$\omega = \omega_0$ 频率上的函数值。

由于系统为稳定的,其极点一定在左半开平面,因而必有 $\text{Re}[p_j] = \sigma_j < 0$,故式(4.6-3)等号右边的和式 $[\sum_{j=1}^{n} K_j e^{p_j t}] + F_m |H(j\omega_0)| \cos[\omega_0 t + \varphi(\omega_0)]$ 将随着 $t \to \infty$ 而趋近于零。故当 $t \to \infty$ 时,亦即当系统达到稳定工作状态时,系统的零状态响应 $y_f(t)$ 中就只存在正弦稳态响应,记为 $y_s(t)$。即系统的正弦稳态响应为

$$y_s(t) = F_m |H(j\omega_0)| \cos[\omega_0 t + \varphi(\omega_0)] \qquad (4.6-4)$$

系统的正弦稳态响应 $f_s(t)$ 仍为与激励 $f(t)$ 同频率(ω_0)的正弦函数,但振幅增大为原信号的 $|H(j\omega_0)|$ 倍,相位增加了 $\varphi(\omega_0)$。

例 4.6-1 已知系统函数 $H(s)$ 的零、极点分布如图 4.6-1 所示,且知 $h(0_+) = 2$,输入信号 $f(t) = \sin\left(\frac{\sqrt{3}}{2} t\right) u(t)$,求正弦稳态响应 $y_s(t)$。

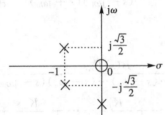

图 4.6-1 例 4.6-1 中系统函数零、极点分布图

解: 由图 4.6-1 可写出

$$H(s) = K \frac{s}{(s+1+j\frac{\sqrt{3}}{2})(s+1-j\frac{\sqrt{3}}{2})} = K \frac{s}{(s+1)^2 + (\frac{\sqrt{3}}{2})^2}$$

根据初值定理有

$$\lim_{t \to 0_+} h(t) = h(0_+) = \lim_{s \to \infty} s H(s) = \lim_{s \to \infty} s \frac{Ks}{(s+1)^2 + (\frac{\sqrt{3}}{2})^2} = K = 2$$

$$H(s) = 2 \times \frac{s}{(s+1)^2 + \left(\frac{\sqrt{3}}{2}\right)^2}$$

由输入信号 $f(t) = \sin(\frac{\sqrt{3}}{2} t) u(t)$,可知 $\omega_0 = \frac{\sqrt{3}}{2}$,所以 $H(j\omega_0) = H(j\frac{\sqrt{3}}{2})$,

$$H(j\frac{\sqrt{3}}{2}) = H(s)|_{s=j\frac{\sqrt{3}}{2}} = \frac{2j\frac{\sqrt{3}}{2}}{(j\frac{\sqrt{3}}{2}+1)^2 + (\frac{\sqrt{3}}{2})^2} = \frac{j\sqrt{3}}{1+j\sqrt{3}} = \frac{\sqrt{3}}{2} e^{j\pi/6}$$

故得系统的正弦稳态响应为

$$y_s(t) = \frac{\sqrt{3}}{2} \sin(\frac{\sqrt{3}}{2} t + \pi/6)$$

4.6.2 $H(s)$ 的零、极点分布与频响特性的关系

系统函数的零极点分布对系统的频域响应也有影响,对于稳定和临界稳定系统(即

$H(s)$ 的收敛域包括 $j\omega$ 轴),可令 $H(s)$ 中的 $s=j\omega$,求得 $H(j\omega)$。即

$$H(j\omega) = H(s)\big|_{s=j\omega} = \frac{b_m(j\omega)^m + \cdots + b_i(j\omega)^i + \cdots + b_1 j\omega + b_0}{a_n(j\omega)^n + \cdots + a_j(j\omega)^j + \cdots + a_1 j\omega + a_0} \quad (4.6-5)$$

$H(j\omega)$ 一般为 $j\omega$ 的复变函数,故可写为 $H(j\omega) = |H(j\omega)|e^{j\varphi(\omega)}$。

$H(j\omega)$ 和 $\varphi(\omega)$ 分别称为"系统的幅频特性与相频特性"。它们可用解析法或图解法求得。将式(4.6-5)等号右端的分子分母分解因式得

$$H(j\omega) = |H(j\omega)|e^{j\varphi(\omega)} = \frac{b_m(j\omega-z_1)(j\omega-z_2)\ldots(j\omega-z_i)\ldots(j\omega-z_m)}{a_n(j\omega-p_1)(j\omega-p_2)\ldots(j\omega-p_j)\ldots(j\omega-p_n)}$$

$$= H_0 \frac{\prod_{i=1}^{m}(j\omega-z_i)}{\prod_{j=1}^{n}(j\omega-p_j)} \quad (4.6-6)$$

式(4.6-6)中,$H_0 = \dfrac{b_m}{a_n}$。

在 s 平面上,任意复数都可以用有向线段来表示。设 $(j\omega-z_i) = B_i e^{j\psi_i}$, $(j\omega-p_j) = A_j e^{j\theta_j}$。其中极点 p_j 可以用图 4.6-2(a)所示的矢量图表示,$(j\omega-p_j) = A_j e^{j\theta_j}$ 可以用图 4.6-2(b)所示的矢量图表示。故当 ω 沿 $j\omega$ 轴变化时,即可根据上式求得 $|H(j\omega)|$ 与 $\varphi(\omega)$。

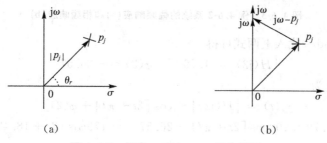

图 4.6-2 极点 p_j 和 $j\omega - p_j$ 的矢量图

于是式(4.6-6)可写为

$$H(j\omega) = |H(j\omega)|e^{j\varphi(\omega)} = H_0 \frac{\prod_{i=1}^{m} B_i e^{j\psi_i}}{\prod_{j=1}^{n} A_j e^{j\theta_j}} \quad (4.6-7)$$

故得系统的幅频与相频特性为

$$|H(j\omega)| = H_0 \frac{B_1 B_2 \ldots B_i \ldots B_m}{A_1 A_2 \ldots A_j \ldots A_n} \quad (4.6-8)$$

$$\varphi(\omega) = \sum_{i=1}^{m}\psi_i - \sum_{j=1}^{n}\theta_j = (\psi_1+\psi_2+\ldots+\psi_i+\ldots+\psi_m) - (\theta_1+\theta_2+\ldots+\theta_j+\ldots+\theta_n) \quad (4.6-9)$$

例 4.6-2 已知 $H(s) = 4 \times \dfrac{s}{s^2+2s+2}$ (1)用解析法求幅频与相频特性 $H(j\omega)$ 和 $\varphi(\omega)$,并画出曲线;(2)已知正弦激励 $f(t) = 100\cos(2t+\pi/4)u(t)$,求正弦稳态响应 $y_s(t)$;(3)用图解法求 $H(j2)$,$\varphi(2)$。

解:

(1) $H(j\omega) = H(s)|_{s=j\omega} = \dfrac{4j\omega}{(j\omega)^2 + 2j\omega + 2} = \dfrac{4\omega e^{j\frac{\pi}{2}}}{2 - \omega^2 + j2\omega}$

故得

$$|H(j\omega)| = \dfrac{4\omega}{\sqrt{(2-\omega^2)^2 + (2\omega)^2}}$$

$$\varphi(\omega) = \dfrac{\pi}{2} - \arctan\dfrac{2\omega}{2-\omega^2}$$

根据上两式画出的曲线如图 4.6-3 (a),(b)所示,可见为一带通滤波器。

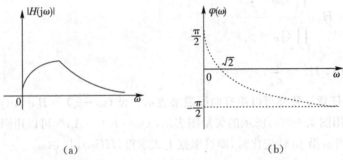

图 4.6-3 例 4.6-2 系统的幅频响应(a)和相频响应(b)

(2) 将 $\omega = 2$ rad/s 代入上两式可得

$$|H(j2)| = 1.79 \quad \varphi(2) = -26.57°$$

故得正弦稳态响应为

$$y_s(t) = |H(j2)| F_m \cos[2t + \pi/4 + \varphi(2)]$$
$$= 1.79 \times 100\cos[2t + \pi/4 - 26.57°] = 179\cos(2t + 18.43°)$$

(3) $H(s) = 4 \times \dfrac{s}{(s+1+j)(s+1-j)}$

由 $A(s) = (s+1+j)(s+1-j)$ 可知,系统含有一个零点:$z_1 = 0$ 和两个极点:$p_1 = -1-j, p_2 = -1+j$。

$$H(j\omega) = |H(j\omega)|e^{j\varphi(\omega)} = 4 \times \dfrac{j\omega}{(j\omega+1+j)(j\omega+1-j)}$$

当 $\omega = 2$ rad/s 时,可画出零、极点矢量因子,如图 4.6-4 所示。于是由图 4.6-4 得:

$$B_1 = 2 \quad \psi_1 = \pi \quad A_1 = \sqrt{2} \quad \theta_1 = \pi/4 \quad A_2 = \sqrt{10} \quad \theta_2 = 71.57°$$

故得

$$|H(js)| = 4 \times \dfrac{B_1}{A_1 A_2} \quad \varphi(2) = \psi_1 - (\theta_1 - \theta_2) = -26.57°$$

$$= 4 \times \dfrac{2}{\sqrt{2} \cdot \sqrt{10}}$$

$$= 1.79$$

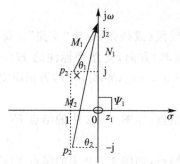

图 4.6-4 例 4.6-2 系统的零、极点矢量因子

4.7 连续时间系统的信号流图

信号流图是用有向的线图描述方程变量之间因果关系的一种图,用它描述系统比方框图更加简便。信号流图首先由 Mason 在 1953 年提出,应用非常广泛。

4.7.1 信号流图的概念

系统的信号流图是由结点与有向支路构成的能表征系统功能与信号流动方向的图,简称"信号流图"或"流图",用它来描述系统比方框图更加直观和简洁,而且可以用梅森公式将信号流图与系统函数联系起来,有利于系统的分析与模拟。

例如,图 4.7-1(a)所示的系统框图,可用图 4.7-1(b)来表示,图(b)即为图(a)的信号流图。图(b)中的小圆圈"○"代表变量,有向支路代表一个子系统及信号传输方向,支路上标注的 $H(s)$ 代表支路(子系统)的传输函数。这样,根据图 4.7-1(b),同样可写出系统各变量之间的关系,即 $Y(s)=F(s)H(s)$。

$F(s) \longrightarrow \boxed{H(s)} \longrightarrow Y(s)$ 　　　$F(s) \circ \xrightarrow{H(s)} \circ Y(s)$

(a) 　　　　　　　　　　　(b)

图 4.7-1 连续系统框图

4.7.2 信号流图的常用术语

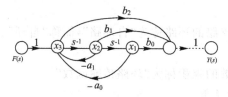

图 4.7-2 连续系统信号流图

结合图 4.7-2 对信号流图中常用的术语进行介绍。

1. 结点

表示系统变量(即信号)的点,如图 4.7-2 中的点 $F(s),x_1,x_2,x_3,Y(s)$;或者说每一个结点代表一个变量。该图中共有 5 个变量,故共有 5 个结点。

2. 支路

连接两个结点之间的有向线段(或线条)称为"支路"。每一条支路代表一个子系统,支路的方向表示信号的传输(或流动)方向,支路旁标注的 $H(s)$ 代表支路(子系统)的传输函数。例如图 4.7-2 中的 $1, s^{-1}, -a_1, -a_0, b_2, b_1, b_0$ 均为相应支路的传输函数。

3. 源点

仅有出支路没有入支路的结点,如图 4.7-2 中的结点 $F(s)$。源点也称"激励结点"。

4. 汇点

仅有入支路没有出支路的结点,如图 4.7-2 中的结点 $Y(s)$,也可称为"响应结点"。

5. 混合结点

若在一个结点上既有输入支路,又有输出支路,则这样的结点即为混合结点,如图 4.7-2 中的结点,x_1, x_2, x_3。

6. 通路

从任一结点出发,沿支路箭头方向(不能是相反方向)连续地经过各相连支路而到达另一结点的路径称为"通路"。

7. 环路

若通路的起始结点就是通路的终止结点,而且除起始结点外,该通路与其余结点相遇的次数不多于1,则这样的通路称为"闭合通路"或"环路",也称"回路"。如图 4.7-2 中共有两个环路:
$x_3 \to s^{-1} \to x_2 \to -a_1 \to x_3, x_3 \to s^{-1} \to x_2 \to s^{-1} \to x_1 \to -a_0 \to x_3$。

8. 开通路

与任一结点相遇的次数不多于1的通路称为"开通路",它的起始结点与终止结点不是同一结点。

9. 前向开通路

从激励结点至响应结点的开通路,简称"前向通路"。如图 4.7-2 中共有 3 条前向通路:

$F(s) \to 1 \to x_3 \to b_2 \to Y(s)$;

$F(s) \to 1 \to x_3 \to s^{-1} \to x_2 \to b_1 \to Y(s)$;

$F(s) \to 1 \to x_3 \to s^{-1} \to x_2 \to x_1 \to b_0 \to Y(s)$。

10. 互不接触的环路

没有公共结点的两个环路称为"互不接触的环路"。在图 4.7-2 中不存在互不接触的环路。

11. 自环路

只有一个结点和一条支路的环路称为"自环路",简称"自环"。

12. 环路传输函数

环路中各支路传输函数的乘积称为"环路传输函数"。

13. 前向开通路的传输函数

前向开通路中各支路传输函数的乘积,称为"前向开通路的传输函数"。

4.7.3 模拟图与信号流图的转换

在模拟框图中有 3 种基本运算单元:加法器、数乘器、积分器。加法器在信号流图中用结点"o"表示对流入结点的信号具有相加(求和)的作用,如图 4.7-3 中的结点 $Y(s)$ 即是。而数乘器与积分器在信号流图中用相应的支路增益来代替。模拟框图与信号流图都可用来表示系统,它们两者之间可以相互转换,如图 4.7-3 所示。

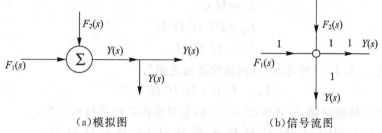

(a) 模拟图　　　　　　　　(b) 信号流图

图 4.7-3　加法器的模拟图与信号流图

信号流图实际上是线性代数方程组的图示形式,即用图把线性代数方程组表示出来。有了系统的信号流图,利用梅森公式,就可以很容易地求得系统函数 $H(s)$。这要比从解线性代数方程组求 $H(s)$ 容易得多。

4.7.4　梅森公式(Mason's Formula)

从系统的信号流图直接求系统函数 $H(s) = \dfrac{Y(s)}{F(s)}$ 的计算公式,称为"梅森公式"。

$$H(s) = \frac{1}{\Delta} \sum_i p_i \Delta_i \tag{4.7-1}$$

此公式的证明甚繁,在此略去。现从应用角度对此公式予以说明。Δ 称为"信号流图的特征行列式"。

式(4.7-1)中

$$\Delta = 1 - \sum_j L_j + \sum_{m,n} L_m L_n - \sum_{p,q,r} L_p L_q L_r + \cdots \tag{4.7-2}$$

$\sum_j L_j$ 为所有不同回路的增益之和;

$\sum_{m,n} L_m L_n$ 为所有两两不接触回路的增益乘积之和;

$\sum_{p,q,r} L_p L_q L_r$ 为所有三三不接触回路的增益乘积之和;后面依此类推。

i 表示由源点到汇点的第 i 条前向通路的标号;

P_i 是由源点到汇点的第 i 条前向通路增益;

Δ_i 称为"第 i 条前向通路特征行列式的余因子"。

例 4.7-1　图 4.7-4 所示系统。求系统函数 $H(s) = \dfrac{Y(s)}{F(s)}$。

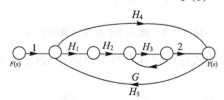

图 4.7-4　例 4.7-1 图

解:从图 4.7-4 中可以看出该信号流图具有三个回路,两条前向通路。其中,三个回路的增益分别为:

$$L_1 = H_3 G$$
$$L_2 = 2H_1 H_2 H_3 H_5$$
$$L_3 = H_1 H_4 H_5$$

两两不接触回路有 L_1 和 L_3 一种情况,其回路的增益之积为:

$$L_1 L_3 = H_3 G \cdot H_1 H_4 H_5$$

没有三三及以上的不接触回路,故可得图 4.7-4 的信号流图的特征行列式为:

$$\Delta = 1 - (H_3 G + 2H_1 H_2 H_3 H_5 + H_1 H_4 H_5) + H_3 G H_1 H_4 H_5$$

两条前向通路的增益分别为:

$$p_1 = 2H_1 H_2 H_3$$
$$p_2 = H_1 H_4$$

p_1 前向通路的余因子为:

$$\Delta_1 = 1,$$

p_2 前向通路的余因子为:

$$\Delta_2 = 1 - GH_3$$

将以上各项代入到式(4.7-1)和(4.7-2)中,可得系统函数 $H(s)$ 为

$$H(s) = \frac{1}{\Delta}(p_1 \Delta_1 + p_2 \Delta_2)$$

例 4.7-2 试画出图 4.7-5 所示框图表示系统的信号流图,其中 $H(s) = \frac{Y(s)}{F(s)} = 2$。并用梅森公式求子系统函数 $H_1(s)$。

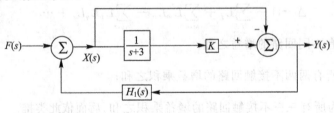

图 4.7-5 例 4.7-2 图

解:所画出的信号流图如图 4.7-6 所示。下面用梅森公式求 $H(s)$。

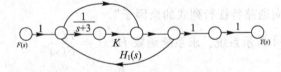

图 4.7-6 图 4.7-5 对应的信号流图

从图 4.7-6 中可以看出该信号流图具有两个回路,两条前向通路。其中,两个回路的增益分别为:

$$L_1 = H_1(s) \frac{K}{s+3}$$
$$L_2 = -H_1(s)$$

两个回路的增益之和为：
$$\sum_j L_j = L_1 + L_2 = H_1(s)\frac{K-s-3}{s+3}$$

没有两两及以上的不接触回路，故可得图 4.7-6 的信号流图的特征行列式为：
$$\Delta = 1 - \sum_j L_j = 1 - H_1(s)\frac{K-s-3}{s+3} = \frac{s+3-H_1(s)(K-s-3)}{s+3}$$

两条前向通路的增益分别为：
$$p_1 = 1 \times (-1) \times 1 \times 1 = -1$$
$$p_2 = 1 \times \frac{1}{s+3} \times K \times 1 \times 1 = \frac{K}{s+3}$$

p_1 前向通路的余因子为：
$$\Delta_1 = 1$$

p_2 前向通路的余因子为：
$$\Delta_2 = 1$$

将以上各项代入到式(4.7-1)和(4.7-2)中，可得系统函数 $H(s)$ 为：
$$H(s) = \frac{1}{\Delta}\sum_i p_i \Delta_i = \frac{\dfrac{K-s-3}{s+3}}{\dfrac{s+3-H_1(s)(K-s-3)}{s+3}} = 2$$

对上式求解，可得子系统函数 $H_1(s)$ 为：
$$H_1(s) = \frac{-(3s+9-K)}{2(s+3-K)}$$

习 题 4

4-1 求下列各时间函数 $f(t)$ 的象函数 $F(s)$。

(1) $f(t) = 1 - e^{-t}$；　　(2) $f(t) = \sin(\omega t + \varphi)u(t)$；

(3) $f(t) = e^{-at}(1-at)u(t)$；　　(4) $f(t) = \dfrac{1}{a}(1-e^{-at})u(t)$；

(5) $f(t) = t^2 u(t)$；　　(6) $f(t) = (t+2)u(t) + 3\delta(t)$；

(7) $f(t) = t\cos(\omega t)u(t)$；　　(8) $f(t) = (e^{-at} + at - 1)u(t)$。

4-2 利用常用函数（如 $u(t)$、$e^{-at}u(t)$、$\sin(\beta t)u(t)$、$\cos(\beta t)u(t)$ 等）的象函数及拉普拉斯变换的性质，求下列函数的拉普拉斯变换 $F(s)$。

(1) $e^{-t}u(t) - e^{-|t-2|}u(t-2)$；　　(2) $\sin(\pi t)[u(t) - u(t-1)]$；

(3) $\delta(4t-2)$；　　(4) $\sin\left(2t - \dfrac{\pi}{4}\right)u(t)$；

(5) $\int_0^t \sin(\pi x)\,dx$；　　(6) $\dfrac{d^2}{dt^2}[\sin(\pi t)u(t)]$。

4-3 求下列函数拉普拉斯反变换 $f(t)$ 的初值和终值。

(1) $F(s) = \dfrac{1-e^{-2t}}{s^2(s^2+4)}$；　　(2) $F(s) = \dfrac{s^3+s^2+2s+1}{(s+1)(s+3)(s+5)}$；

(3) $F(s) = \dfrac{1}{s+2}$；　　　　　　(4) $F(s) = \dfrac{s^4+1}{s^2(s+2)}$；

(5) $F(s) = \dfrac{s^2+s}{2s^2+2s+1}$。

4-4 求下列象函数 $F(s)$ 的原函数 $f(t)$。

(1) $F(s) = \dfrac{s+1}{s^2+5s+6}$；　　　　　(2) $F(s) = \dfrac{2s^2+s+2}{s(s^2+1)}$；

(3) $F(s) = \dfrac{1}{s^2+3s+2}$；　　　　　(4) $F(s) = \dfrac{4}{s(s+2)^2}$；

(5) $F(s) = \dfrac{s^3+s^2+6s}{s^2+6s+8}$；　　　　(6) $F(s) = \dfrac{1}{s^2(s+1)^2}$。

4-5 如题 4-5(a)图所示电路，已知激励 $f(t)$ 的波形如题 4-5(b)图所示。求响应 $v(t)$，并画出 $v(t)$ 的波形。

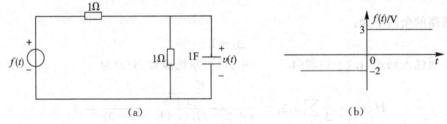

题 4-5 图

4-6 题 4-6 图所示电路，已知 $f_1(t) = f_2(t) = u(t)$ V，$u_c(0_-) = 0$，$i_L(0_-) = 0$。求电阻上的零状态响应 $v(t)$。

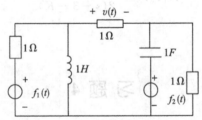

题 4-6 图

4-7 题 4-7 图所示电路，$f(t) = u(t)$V，$u_c(0_-) = 1$V，$I(0_-) = 2$A，用 s 域分析求响应 $v(t)$。

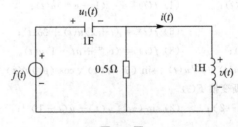

题 4-7 图

4-8 设系统微分方程为 $y''(t) + 4y'(t) + 3y(t) = 2f'(t) + f(t)$，已知 $y(0_-) = 1$，$y'(0_-) = 1$，$f(t) = e^{-2t}u(t)$，试用拉氏变换法求零输入响应和零状态响应。

4-9 描述某连续系统的微分方程为 $y''(t) + 3y'(t) + 2y(t) = 2f'(t) + 6f(t)$，已知 $y(0_-) = 2$，$y'(0_-) = 1$，$f(t) = u(t)$。求该系统的零输入响应和零状态响应。

4-10 已知 LTI 系统的微分方程 $y''(t)+5y'(t)+6y(t)=3f(t)$，试求其阶跃响应 $g(t)$ 和冲激响应 $h(t)$。

4-11 已知系统的微分方程为 $y''(t)+5y'(t)+6y(t)=2f'(t)+8f(t)$，激励为 $f(t)=e^{-t}u(t)$，起始状态为 $y(0_-)=3$、$y'(0_-)=2$。求系统的全响应 $y(t)$，并指出零输入响应 $y_{zi}(t)$、零状态响应 $y_{zs}(t)$。

4-12 画出下列系统的零极点分布图，并指出系统的稳定性。

(1) $H(s)=\dfrac{(s+1)^2}{s^2+1}$； (2) $H(s)=\dfrac{s^2}{(s+2)(s^2+2s-3)}$；

(3) $H(s)=\dfrac{s-2}{s(s+1)}$； (4) $H(s)=\dfrac{2(s^2+4)}{s(s+2)(s^2+1)}$；

(5) $H(s)=\dfrac{16}{s^2(s+4)}$。

4-13 某连续时间系统的系统函数 $H(s)$ 的零点、极点分布如题 4-13 图(a)和(b)，所示，且已知当 $s\to\infty$ 时，$H(\infty)=1$。

(1) 求出系统函数 $H(s)$ 的表达式。

(2) 写出幅频响应 $|H(j\omega)|$ 的表达式。

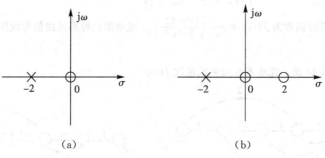

题 4-13 图

4-14 题 4-14 图所示连续系统的系数如下，判断该系统是否稳定。

(1) $a_0=2, a_1=3$；

(2) $a_0=-2, a_1=-3$；

(3) $a_0=2, a_1=-3$。

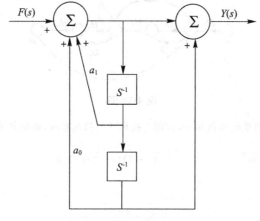

题 4-14 图

4-15 题 4-15 图所示为反馈系统,已知 $G(s) = \dfrac{s}{s^2+4s+4}$,$K$ 为常数。为使系统稳定,试确定 K 值的范围。

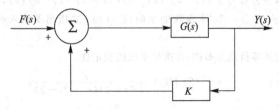

题 4-15 图

4-16 在系统的稳定性研究中,有时还应用"罗斯(Routh)判据或准则",利用它可确定多项式的根是否都位于 s 左半平面。这里只说明对二、三阶多项式的判据。二阶多项式 $s^2+\alpha s+\beta$ 的根都位于 s 左半平面的充分必要条件是:$\alpha>0,\beta>0$;对三阶多项式 $s^3+\alpha s^2+\beta s+\gamma$ 的根都位于 s 左半平面的充分必要条件是:$\alpha>0,\beta>0,\gamma>0$,且 $\alpha\beta>\gamma$。根据上述结论,试判断下列各表达式的根是否都位于 s 左半平面。

(1) s^2-5s+6;   (2) $s^2+22s+9$;   (3) $s^3+s^2+25s+11$;

(4) s^3+18s^2+2s;   (5) $s^3-s^2-25s+11$。

4-17 已知某系统函数为 $H(s) = \dfrac{5(s+1)}{s(s+2)(s+5)}$,试画出三种形式的信号流图。

4-18 求题图 4-18 所示连续系统的系统函数 $H(s)$。

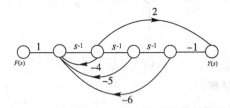 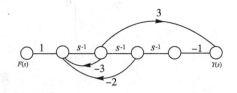

题 4-18 图

4-19 用梅森公式求题 4-19 图所示信号流图的系统函数 $H = \dfrac{Y}{F}$。

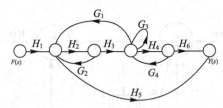

题 4-19 图

4-20 已知连续系统的系统函数如下,试用直接形式模拟此系统,画出其方框图。

(1) $\dfrac{s-1}{(s+1)(s+2)(s+3)}$;   (2) $\dfrac{s^2+4s+5}{(s+1)(s+2)(s+3)}$。

第 5 章 离散时间系统的时域分析

在本书第 1 章中指出信号可以分为连续时间信号与离散时间信号两大类，与之对应的系统则分别为连续时间系统与离散时间系统。为了叙述简便，本章统一将离散时间信号、离散时间系统简称为"离散信号"、"离散系统"。前面的章节中，所讨论的系统均属于连续系统，本章主要讨论离散系统。虽然在严格的数学定义上，连续信号与模拟信号并不等同，同样离散信号与数字信号也不完全一致。但在实际的系统中，连续系统一般也称为"模拟系统"，而离散系统也称为"数字系统"。与模拟信号相比，数字信号在处理、传输方面有着诸多的优势，且随着数字信号处理理论以及数字集成电路制造技术的快速发展，数字系统的应用越来越广泛，很多之前使用模拟技术实现的系统也转而使用数字技术来实现，比如播放器、电话系统、电视系统，等等，尤其在通信领域，数字通信系统正在逐步取代模拟通信系统。

需要注意的是，我们不应该把连续系统与离散系统作为两种完全不同的系统看待，其实两者间的联系是较为紧密的，可以视离散信号 $f(n)$ 是与之对应的连续信号 $f(t)$ 经抽样以后所获得的抽样信号 $f(nT)$（$T=1$，这里的"1"是一个归一化的值，表示抽样间隔）。将离散信号统一记为 $f(n)$ 不仅可以使书写更为简便，也可以把变量推广到非时间变量，使分析方法具有更为普遍的意义。

5.1 序列及其运算

5.1.1 序列的描述

离散时间信号在数学上是用离散的数值序列 $f(n)$ 来表示的，但相反，序列不一定就代表离散时间信号。序列的变量 n 并不一定代表时间 nT，而只是表明在序列中前后位置的顺序，因此原则上不能把离散信号和序列等同起来。在电路系统或通信系统中，信号一般为时间的函数，因此本章不把离散信号与序列作严格的区分。另外为了书写更为简便，序列 $f(n)$ 也经常用 f_n 表示。

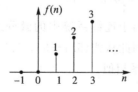

图 5.1-1 离散信号图形

离散信号也常用图形描述，如图 5.1-1 所示。为了更清楚的表示在各个定义点的取值，用顶点为一实心圆点的有限长度的线段表示取值大小。表征变量 n 的横坐标虽然是一条连续的直线,但是仅在整数值点上才有定义,在非整数值点上是没有定义的,也就是说不能认为相当于在非整数值点上 $f(n)$ 的取值为零。

5.1.2 典型序列

1. 单位序列 $\delta(n)$

$$\delta(n) = \begin{cases} 1, n = 0 \\ 0, n \neq 0 \end{cases} \quad (5.1-1)$$

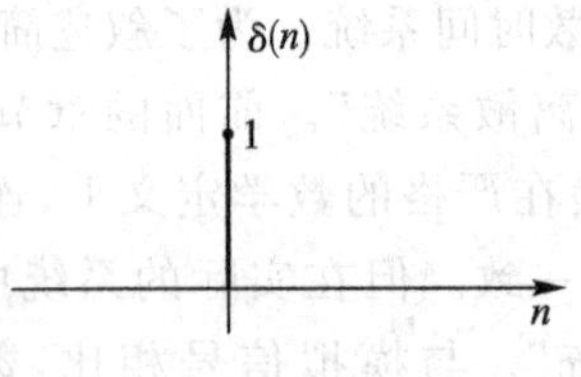

图 5.1-2 单位序列

该序列只有在 $n=0$ 时取值为 1,在其他时刻取值均为 0。单位序列也称为"单位(样值)函数"。它在离散系统中的作用类似于单位冲激信号 $\delta(t)$ 在连续系统中的作用。注意两者之间的区别:$\delta(t)$ 的 0 点的取值趋于无穷大,而 $\delta(n)$ 在 0 点的值是有限的、确定的,值为 1。

2. 单位阶跃序列 $u(n)$

$$u(n) = \begin{cases} 1, n \geqslant 0 \\ 0, n < 0 \end{cases} \quad (5.1-2)$$

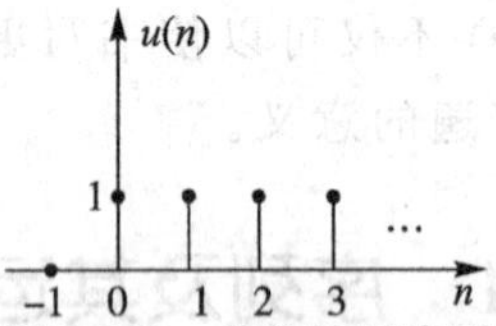

图 5.1-3 单位阶跃序列

单位阶跃序列 $u(n)$ 类似于连续系统中的 $u(t)$,需要注意的是,$u(t)$ 在 $t=0$ 时刻发生跃变,因此一般不予以定义(特殊情况下,定义为 0.5),而 $u(n)$ 在 $n=0$ 时刻的定义是明确的,$u(0)=1$。

单位阶跃序列 $u(n)$ 与单位序列 $\delta(n)$ 的关系:

$$\delta(n) = u(n) - u(n-1) = \nabla u(n) \quad (5.1-3)$$

$$u(n) = \delta(n) + \delta(n-1) + \delta(n-2) + \cdots$$

$$= \sum_{i=0}^{\infty} \delta(n-i) \xrightarrow{i=-i+n} \sum_{i=-\infty}^{n} \delta(i) \quad (5.1-4)$$

式(5.1-3)中的差分运算相当于连续系统中的微分运算;而式(5.1-4)中的求和运算相当于连续系统中的积分运算。因此从式(5.1-3),(5.1-4)中可以看出,$\delta(n)$ 与 $u(n)$ 之间的关系与 $\delta(t)$ 与 $h(t)$ 之间的关系相似。

例 5.1-1 试用单位序列和单位阶跃序列分别表示矩形序列 $f(n) = \begin{cases} 1, 0 \leqslant n \leqslant N-1 \\ 0, 其他 \end{cases}$。

解:根据题意可画出矩形序列的图形:

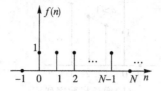

图 5.1-4 矩形序列

观察图 5.1-4 所示的矩形序列,易得到 $f(n) = u(n) - u(n-N)$

而
$$u(n) = \sum_{i=0}^{\infty} \delta(n-i)$$

所以
$$f(n) = u(n) - u(n-N)$$
$$= \sum_{i=0}^{\infty} \delta(n-i) - \sum_{i=0}^{\infty} \delta(n-N-i)$$
$$= \sum_{i=0}^{\infty} \delta(n-i) - \sum_{i=N}^{\infty} \delta(n-i)$$
$$= \sum_{i=0}^{N-1} \delta(n-i)$$

3. 单位斜变序列 $R(n)$

$$R(n) = nu(n) = \begin{cases} n, & n \geqslant 0 \\ 0, & n < 0 \end{cases} \quad (5.1-5)$$

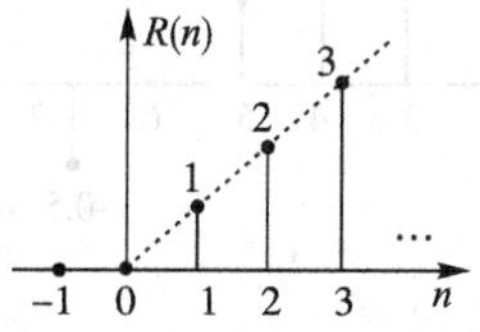

图 5.1-5 单位斜变序列

单位斜变序列 $R(n)$ 与单位阶跃序列 $u(n)$ 的关系:

$$R(n) = n \cdot u(n) = \sum_{i=-\infty}^{n} u(i-1) \quad (5.1-6)$$

单位斜变序列 $R(n)$ 与单位阶跃序列 $u(n)$ 的关系与连续信号中单位斜边信号 $R(t)$ 与单位阶跃信号 $u(t)$ 的关系类似,不过需要注意的是等式右边是对 $u(n-1)$ 进行求和,而非 $u(n)$,因为 $R(n)$ 在 0 时刻的值为 0。

4. 单边指数序列 $a^n u(n)$ (a 为实数)

序列根据 a 取值的不同而呈现不同的变化趋势。当 $0 < a < 1$ 时,序列单调衰减;当 $a > 1$ 时,序列单调增长;当 $a = 1$ 时,序列变为单位阶跃序列;当 $-1 < a < 0$ 时,序列振荡指数衰减;当 $a > -1$ 时,序列振荡指数增长;当 $a = -1$ 时,序列呈等幅振荡。具体波形见图 5.1-6。

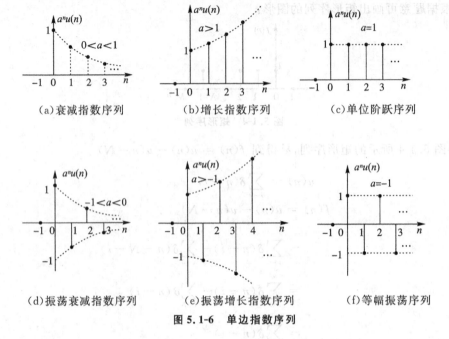

(a)衰减指数序列　　　　(b)增长指数序列　　　　(c)单位阶跃序列

(d)振荡衰减指数序列　　(e)振荡增长指数序列　　(f)等幅振荡序列

图 5.1-6　单边指数序列

5. 正弦序列 $\sin(\omega_0 n)$

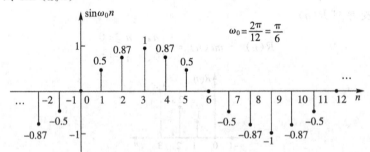

图 5.1-7　正弦序列

式中 ω_0 称为正弦序列的"数字角频率",也称为"数字频率"。如果从模拟信号经过模数转换后得到数字信号这个角度出发,数字角频率表示相邻两个采样点之间的角度差,单位 rad,因此 ω_0 反映了正弦振荡序列的振荡速率的大小。正弦信号 $\sin(\cdot)$ 的周期是 2π 弧度,而正弦序列相邻两点之间的弧度差为 ω_0,如果正弦序列是关于变量 n 的周期信号,根据序列的定义,若 $\dfrac{2\pi}{\omega_0}$ 是整数,正弦序列的周期 N 为整数 $\dfrac{2\pi}{\omega_0}$;若 $\dfrac{2\pi}{\omega_0}$ 不是整数,令 $\dfrac{2\pi}{\omega_0}=\dfrac{p}{q}$,如果 $\dfrac{p}{q}$ 是有理数,则正弦序列还是周期的,其周期 N 大于 $\dfrac{2\pi}{\omega_0}$,且等于 $\dfrac{p}{q}$(p、q 都为正整数)化为最简形式的最小公倍数,如果 $\dfrac{p}{q}$ 不是有理数,则正弦序列就不是周期的。例如序列 $\sin\left(\dfrac{\pi}{10}n\right)$ 就是一个周期序列,其周期 $N=20$。

与正弦序列相对应的还有余弦序列 $\cos(\omega_0 n)$,这里不再赘述。

6. 复指数序列 e^{sn}, $s = \sigma + j\omega$

序列的取值与连续信号类似,也可以取复数值,此时也称为"复序列"。复序列中,复指数序列是最基本的一种序列其表达式为。

$$e^{sn} = e^{(\sigma+j\omega)n} = e^{\sigma n}e^{j\omega n} = e^{\sigma n}[\cos(\omega n) + j\sin(\omega n)] \quad (5.1-7)$$

由上式可见,复指数序列 e^{sn} 是一个幅值按指数规律变化的振荡序列。其中 s 的实部 σ 反映了序列包络或幅值的变化规律,而虚部 ω 则反映了序列的振荡速率。

7. 任意序列 $f(n)$

在连续信号分析中,任意信号 $f(t)$ 都可以用单位冲激信号 $\delta(t)$ 来进行表示,在离散信号中,也有类似的性质。可以用单位序列 $\delta(n)$ 表示任意序列 $f(n)$。

为了简化分析过程,不妨先令 $f(n) = u(n)$,然后再对 $u(n)$ 逐点进行分解,分解过程如图 5.1-8 所示:

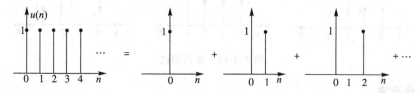

图 5.1-8 序列的分解

由上图不难得到分解过程:

$$u(n) = \delta(n) + \delta(n-1) + \delta(n-2) + \cdots$$
$$= u(0)\delta(n) + u(1)\delta(n-1) + u(2)\delta(n-2) + \cdots \quad (5.1-8)$$

将式(5.1-8)推广到一般信号 $f(n)$,则可得到

$$f(n) = f(0)\delta(n) + f(1)\delta(n-1) + f(2)\delta(n-2) + \cdots$$
$$= \sum_{i=-\infty}^{\infty} f(i)\delta(n-i) \quad (5.1-9)$$

式(5.1-9)表明任意信号 $f(n)$ 均可以分解为乘以不同系数的单位序列的移位序列 $f(i)\delta(n-i)$ 之和,单位序列移位序列前的系数 $f(i)$ 为序列 $f(n)$ 在 i 点的取值。式(5.1-9)对应的运算又称为"离散信号的卷积和运算",详见本章 5.5 节。

5.1.3 序列的运算

离散信号的运算与连续信号具有很多相似之处,只是离散信号中变量变成了离散的值。

一、序列的加减

序列相加或相减只需将两个序列序号相同的数值进行相加或相减即可。

$$f_1(n) \pm f_2(n) = \{\cdots f_1(-1) \pm f_2(-1), f_1(0) \pm f_2(0), f_1(1) \pm f_2(1) \cdots\}$$
$$(5.1-10)$$

序列的相加与相减如图 5.1-9 及 5.1-10 所示。

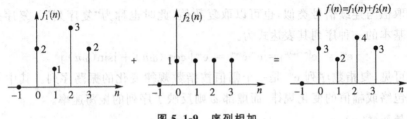

图 5.1-9 序列相加

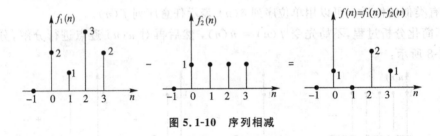

图 5.1-10 序列相减

二、序列相乘

序列相乘只需将两个序列序号相同的数值进行相乘即可。即

$$f_1(n) \times f_2(n) = \{\cdots f_1(-1)f_2(-1), f_1(0)f_2(0), f_1(1)f_2(1)\cdots\}$$

(5.1-11)

序列的相乘如图 5.1-11 所示。

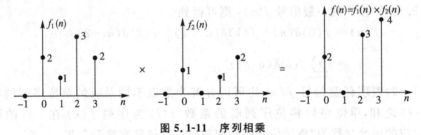

图 5.1-11 序列相乘

三、序列的延时

序列的延时是将序列整体在横坐标上移动一定的距离,如序列 $f(n-i)$ 是序列 $f(n)$ 整体移动 i 个单位之后的序列。$i>0$ 时右移,$i<0$ 左移。序列延时通常又称为"序列移位"。

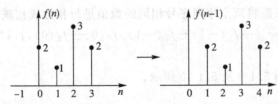

图 5.1-12 序列的延时

四、序列的差分运算

微分方程与差分方程有一定的相似之处,实际上,计算机在求解微分方程解的时候,都是先把微分方程转换成相应的差分方程,然后再进行求解。在转换的过程中,微分计算 $y'(t)$ 会被近似为相应的差分运算 $y(n)-y(n-1)$。这里定义一阶后向差分为:

$$\nabla f(n) = f(n) - f(n-1) \tag{5.1-12}$$

上式中"∇"称为"后向差分算子",与之对应的"Δ"称为"前向差分算子"。

二阶后向差分定义为:

$$\begin{aligned}\nabla^2 f(n) &= \nabla[\nabla f(n)] = \nabla[f(n) - f(n-1)] \\ &= \nabla f(n) - \nabla f(n-1) \\ &= f(n) - 2f(n-1) + f(n-2)\end{aligned} \tag{5.1-13}$$

同理,一阶前向差分定义为:

$$\Delta f(n) = f(n+1) - f(n) \tag{5.1-14}$$

二阶前向差分定义为:

$$\begin{aligned}\Delta^2 f(n) &= \Delta[\Delta f(n)] = \Delta[f(n+1) - f(n)] \\ &= \Delta f(n+1) - \Delta f(n) \\ &= f(n+2) - 2f(n+1) + f(n)\end{aligned} \tag{5.1-15}$$

更高阶的差分运算结果请读者按照上述定义式自行推导得出。

5.2 离散系统数学模型的建立与求解

在实际的系统中,大部分系统属于由连续系统和离散系统所组成的混合系统,因为原始的信号一般都属于连续信号,比如语音、图像信号等,因此系统的前端子系统是一个连续系统;而在信号的处理或传输环节采用了数字化处理,此时对应的子系统是一个离散系统。

5.2.1 离散系统的描述

分析一个系统,首要的任务就是要建立这个系统的数学模型,即用适当的数学工具所建立的数学结构,通过数学模型来描述这个系统。如前所述,连续系统在时域中是用微分方程来描述的,而离散系统在时域中是通过差分方程来描述的。下面通过一个例子来说明如何用差分方程来描述系统:

例 5.2-1 某人在年初向银行存了 A 元钱,银行年利率为 a,每年产生的利息收益作为本金自动存入,则经过 N 年后,本息和共计为多少元(年初统计)?

解:由题意可知,本息和应为 N 的函数,N 是一个正整数。

存入的当年相当于 $N=0$。

设 N 年后的本息和为 $y(N)$,则第 $N-1$ 年的本息和则为 $y(N-1)$。

由题意可得到两者之间的关系式

$$y(N) - y(N-1) = ay(N-1) \tag{5.2-1}$$

即第 N 年初的本息和应为第 $N-1$ 年初的本息和与当年所产生的利息之和。

整理式(5.2-1)可得

$$y(N) - (1+a)y(N-1) = 0 \tag{5.2-2}$$

根据式(5.2-2)可以得到 $y(N)$ 的解析式为

$$y(N) = C(1+a)^N \tag{5.2-3}$$

上式中 C 是一个待解的常系数，需要代入已知条件才能确定其大小。根据题意及前述分析过程，不难得到初始条件应为 $y(0) = A$，把 $y(0) = A$ 带入式(5.2-3)，可解得 $C=A$，因此得到最终解为

$$y(N) = A(1+a)^N \tag{5.2-4}$$

通过上述分析可以看出，方程解 $y(N)$ 的形式取决于年利率 a，而初始存入的金额 A 是作为条件来求解析式中的系数之用。

式(5.2-2)就是一个典型的差分方程。通过观察可以发现，差分方程其实就是由未知序列 $y(n)$ 及其移位序列 $y(n-i)$（i 为整数）所构成的方程，差分方程表示了离散序列中相邻几个数据之间满足的数学关系，满足方程的序列就是差分方程的解。如果系统是线性时不变的离散系统，则对应的差分方程中各序列前的系数是常数，且方程具有如下的结构：

$$\sum_{i=0}^{N} a_i y(n-i) = \sum_{j=0}^{M} b_j f(n-j) \tag{5.2-5}$$

或

$$\sum_{i=0}^{N} a_i y(n+i) = \sum_{j=0}^{M} b_j f(n+j) \tag{5.2-6}$$

其中 $y(n)$ 是响应序列（未知序列），$f(n)$ 为激励序列，这样的方程称为"常系数线性差分方程"。本书讨论的差分方程皆为此种类型，后面不再作特别说明。式(5.2-5)式包含了序列 $y(n)$、$f(n)$ 以及它们的减序(右移)序列 $y(n-1)$、$f(n-1)$ 等，这样的方程称为"后向差分方程"；式(5.2-6)式包含了序列 $y(n)$、$f(n)$ 以及它们的增序(左移)序列 $y(n+1)$、$f(n+1)$ 等，这样的方程称为"前向差分方程"。同一个系统可以用后向差分方程描述，也可以用前向差分方程描述，两者本质是一致的(本书主要采用后向差分方程)，区别仅在于求解响应 $y(n)$ 中系数时对初始值的要求。初始值的个数取决于差分方程的阶次。差分方程与微分方程类似，也有阶次的概念，把响应序列 $y(n)$ 的最大移位量定义为差分方程的阶次。在式(5.2-5)及式(5.2-6)中响应序列 $y(n)$ 的最大移位量为 N，因此其阶次均为 N 阶。

5.2.2 差分方程的求解

这里讨论的是常系数线性差分方程。常见的解法有以下几种：

一、迭代法

迭代法是通过带入初始值逐次计算出各点取值的方法。比如对于二阶差分方程，如果已知 $y(0),y(1)$ 以及激励 $f(n)$，则可以通过方程式依次计算出 $y(2),y(3),y(4)\cdots$ 或 $y(-1),y(-2),y(-3)\cdots$ 依次类推就可以把所有点的值都计算出来。可以看出，这种方法分析过程简单，很合适通过计算机运算而获得各点取值。缺点是一般很难获得完整的解析式，即函数 $y(n)$ 与变量 n 之间的关系式。

例 5.2-2 描述某系统的差分方程为 $y(n) - 2y(n-1) = f(n)$，$f(n) = u(n)$，$y(0) = 1$，求 $y(n)$。

解：将系统方程整理为

$$y(n) = f(n) + 2y(n-1)$$

代入已知条件，则有

$$y(1) = u(1) + 2y(0) = 1 + 2 \times 1 = 3$$
$$y(2) = u(2) + 2y(1) = 1 + 2 \times 3 = 7$$
$$y(3) = u(3) + 2y(2) = 1 + 2 \times 7 = 15$$
$$y(4) = u(4) + 2y(3) = 1 + 2 \times 15 = 31$$
$$\cdots\cdots$$

通过观察，可以得到 $y(n)$ 的解析式

$$y(n) = 2^{n+1} - 1, \; n \geqslant 0$$

上面的例题可以通过观察得到 $y(n)$ 的解析式是因为系统差分方程和激励形式比较简单，如果系统方程或激励复杂一点，则很难得到闭合解。

例 5.2-3 描述某系统的差分方程为 $y(n) - 2y(n-1) + y(n-2) = f(n)$，$f(n) = u(n)$，$y(0) = y(1) = 1$，求 $y(n)$。

解：将系统方程整理为

$$y(n) = f(n) + 2y(n-1) - y(n-2)$$

代入已知条件，则有

$$y(2) = u(2) + 2y(1) - y(0) = 1 + 2 \times 1 - 1 = 2$$
$$y(3) = u(3) + 2y(2) - y(1) = 1 + 2 \times 2 - 1 = 4$$
$$y(4) = u(4) + 2y(3) - y(2) = 1 + 2 \times 4 - 2 = 7$$
$$y(5) = u(5) + 2y(4) - y(3) = 1 + 2 \times 7 - 4 = 9$$
$$\cdots\cdots$$

通过分析可以看出，很难得到闭合解。

二、时域经典法

差分方程的时域经典法分析过程与连续系统微分方程的时域经典法分析过程相似，都是分别求出齐次解 $y_h(n)$ 和特解 $y_p(n)$，得到全解 $y(n) = y_h(n) + y_p(n)$ 的一般表达式后，再代入初始条件来解其中的待定系数。

离散系统差分方程一般表达式为：

$$y(n) + a_1 y(n-1) + \cdots + a_N y(n-N) = b_0 f(n) + b_1 f(n-1) + \cdots + b_M f(n-M)$$
$$(5.2-7)$$

1. 齐次解

当差分方程中激励 $f(n)$ 以及其移位序列 $f(n-j)$ 前的系数 b_j 均为零时，此时的差分方程就称为"齐次方程"，形式如下：

$$y(n) + a_1 y(n-1) + \cdots + a_N y(n-N) = 0 \quad (5.2-8)$$

此方程的解称为"齐次解"。

先从简单的一阶齐次方程入手分析齐次解的一般形式。不妨设一阶齐次方程为

$$y(n) + ay(n-1) = 0$$

将其改写为分数形式

$$\frac{y(n)}{y(n-1)} = -a$$

由上式可以看出 $y(n)$ 是一个等比序列,公比为 $-a$,把 $-a$ 称为"特征根",因此可得到 $y(n)$ 的解析式 $y(n) = c(-a)^n$,其中 c 为常数,可由 $y(n)$ 在具体某个点的取值(即初始条件)计算得出。

可见 $y(n)$ 是一个指数序列。我们可以把这个结论推广到高阶差分方程。高阶差分方程一般具有多个特征根(假设无重根),每个特征根对应一个指数序列,而高阶差分方程的齐次解即是这些指数序列的线性组合,即 $y(n) = \sum c_i a_i^n$。

现在我们回到式(5.2-8)所给出的一般齐次差分方程中进行求解,
$$y(n) + a_1 y(n-1) + \cdots + a_N y(n-N) = 0$$
先写出对应的特征方程
$$\lambda^N + a_{N-1} \lambda^{N-1} + \cdots + a_0 = 0 \tag{5.2-9}$$

上式的根 $\lambda_i (i=1,2,\cdots,N)$ 称为"差分方程的特征根"。这里需要注意的是,特征根的形式不同,齐次解的形式也不同。

下面讨论3种基本形式的特征根及对应的齐次解:

(1) 特征根为互不相同的单实根

若 λ_i 均为实根,且 $\lambda_1 \neq \lambda_2 \neq \cdots \neq \lambda_N$,则差分方程齐次解的形式为
$$y_h(n) = c_1 (\lambda_1)^n + c_2 (\lambda_2)^n + \cdots c_N (\lambda_N)^n \tag{5.2-10}$$

如果原系统差分方程为齐次差分方程,那么式(5.2-10)中常数 c_i 通过代入初始条件确定;如果原系统差分方程为非齐次差分方程,那么在计算齐次解的时候是不能代入初始条件来确定式(5.2-10)中常数 c_i 的。因为初始条件一般是针对全解的,而这里只是得到了齐次解,仅是全解的一部分,因此不能用全解的条件代入到齐次解的表示式中来解其中的待定系数,而必须要再进一步计算出特解,然后根据齐次解和特解得到全解的表达式,再代入初始条件来确定齐次解中的待定系数。下面的分析过程同上。

(2) 存在共轭复根

为了便于分析问题,不妨令 λ_1, λ_2 为一对共轭复根。其余均为互异的单实根。

令 $\lambda_{1,2} = a \pm jb = re^{\pm j\varphi}$,则
$$y_h(n) = c_1 (\lambda_1)^n + c_2 (\lambda_2)^n + \sum_{i=3}^{N} c_i (\lambda_i)^n$$
$$= y_{h1}(n) + \sum_{i=3}^{N} c_i (\lambda_i)^n$$
$$y_{h1}(n) = c_1 (\lambda_1)^n + c_2 (\lambda_2)^n = c_1 (re^{j\varphi})^n + c_2 (re^{-j\varphi})^n$$
$$= c_1 r^n e^{j\varphi n} + c_2 r^n e^{-j\varphi n} = r^n (c_1 e^{j\varphi n} + c_2 e^{-j\varphi n})$$

对于共轭复根 λ_1, λ_2,其系数 c_1, c_2 也是共轭的,即有 $c_{1,2} = c \pm jd$,代入上式得
$$y_{h1}(n) = r^n [(c+jd)e^{j\varphi n} + (c-jd)e^{-j\varphi n}]$$
$$= r^n [(c+jd)e^{j\varphi n} + (c-jd)e^{-j\varphi n}]$$
$$= r^n [(c+jd)(\cos \varphi n + j\sin \varphi n) + (c-jd)(\cos \varphi n - j\sin \varphi n)]$$
$$= r^n (2c \times \cos \varphi n - 2d \times \sin \varphi n)$$
$$= r^n (P\cos \varphi n + Q\sin \varphi n)$$

$$= Ar^n\cos(\varphi n - \theta) \qquad (5.2-11)$$

从上式可以看出共轭复根所对应的齐次响应部分为一个变幅振荡序列，包络以指数规律变化。共轭复根的模决定了包络的变化，辐角决定了振荡的频率。

(3) 存在重根

特征根 λ 为 r 重根时，则齐次解形式为

$$y_h(n) = (c_0 + c_1 n + \cdots + c_{r-2} n^{r-2} + c_{r-1} n^{r-1})\lambda^n \qquad (5.2-12)$$

例 5.2-4 已知某系统差分方程 $y(n) + 5y(n-1) + 6y(n-2) = 0$，初始条件 $y(0) = 3$，$y(1) = -8$，求 $y(n)$。

解：

特征方程

$$\lambda^2 + 5\lambda + 6 = 0$$

特征根

$$\lambda_1 = -2, \lambda_2 = -3$$

齐次解

$$y(n) = c_1(-2)^n + c_2(-3)^n$$

由初始条件定 c_2, c_1，代入 $y(0) = 3, y(1) = -8$

$$y(0) = c_1(-2)^0 + c_2(-3)^0 = c_1 + c_2 = 3$$
$$y(n) = c_1(-2)^1 + c_2(-3)^1 = -2c_1 - 3c_2 = -8$$

解得：$c_1 = 1, c_2 = 2$。

$$\therefore y(n) = (-2)^n + 2(-3)^n \quad n \geqslant 0$$

例 5.2-5 已知二阶差分方程 $y(n) + 2y(n-1) + 5y(n-2) = 0$，求 $y(n)$。

解：

特征方程

$$\lambda^2 + 2\lambda + 5 = 0$$

特征根

$$\lambda_{1,2} = -1 \pm j4 \approx 4.1e^{\pm j1.8}$$

齐次解

$$y(n) = 4.1^n(c_1 \cos 1.8n + c_2 \sin 1.8n)$$

由初始条件确定 c_1, c_2。

例 5.2-6 求解二阶差分方程 $y(n) + 2y(n-1) + y(n-2) = 0$，已知初始条件 $y(0) = 1$，$y(1) = -3$，求 $y(n)$。

解：

特征方程

$$\lambda^2 + 2\lambda + 1 = 0$$

特征根

$$\lambda_{1,2} = -1$$

齐次解

$$y(n) = (c_0 + c_1 n)(-1)^n$$

由初始条件定 c_2, c_1，代入 $y(0) = 1, y(1) = -3$

$$y(0) = (c_0 + c_1 \times 0)(-1)^0 = c_0 = 1$$
$$y(1) = (c_0 + c_1)(-1)^1 = -(c_0 + c_1) = -3$$

解得：$c_0 = 1, c_1 = 2$。

$$\therefore y(n) = (1 + 2n)(-1)^n$$

2. 特解 $y_p(n)$

特解的形式与激励的形式有关，表 5.2-1 列出了几种典型的激励信号 $f(n)$ 所对应的特解 $y_p(n)$。根据激励信号 $f(n)$ 确定特解 $y_p(n)$ 的一般形式后(含系数)，将特解 $y_p(n)$ 代入原差分方程，根据方程左右两边平衡求出 $y_p(n)$ 中的系数，就得到了方程的特解。

表 5.2-1 不同的激励所对应的特解

激励 $f(n)$	特解 $y_p(n)$
A（常数）	P（常数）
n^m	$p_m n^m + p_{m-1} n^{m-1} + \cdots p_1 n + p_0$（特征根均不为 0）
	$n^r(p_m n^m + p_{m-1} n^{m-1} + \cdots p_1 n + p_0)$（有 r 重为 0 特征根）
a^n	pa^n（a 不等于特征根）
	pna^n（a 等于特征单根）
$\cos(\beta n)$ 或 $\sin(\beta n)$	$p_1 \cos(\beta n) + p_2 \sin(\beta n)$（特征根不等于 $e^{\pm j\beta}$）
$a^n \cos(\beta n)$ 或 $a^n \sin(\beta n)$	$a^n [p_1 \cos(\beta n) + p_2 \sin(\beta n)]$

3. 全解

全解即是齐次解与特解之和。形式为

$$y(n) = y_h(n) + y_p(n) \tag{5.2-13}$$

全解中含有 n 个待定系数 c_i，这些待定系数是在计算齐次解的过程中引入的，一般对于 n 阶差分方程，可利用已知的 n 个初始条件求得全部待定系数。

现在给出经典法解常系数线性差分方程的一般步骤：

(1)写出系统方程对应的齐次方程的特征方程；

(2)解得特征根，写出齐次解的通式；

(3)根据激励函数写出特解的通式；

(4)将特解通式代入到原方程中确定其中的待定系数，得到特解表达式；

(5)将齐次解与特解相加得到全解的通式；

(6)代入初始条件，解得全解中的待定系数；

(7)得到全解的最终表达式。

差分方程的齐次解也称为"系统的自由响应"，特解也称为"系统的强迫响应"，全解即全响应。

例 5.2-7 已知某系统差分方程 $y(n) - 5y(n-1) + 6y(n-2) = u(n)$，初始条件 $y(0) = 5/2, y(1) = 11/2$，求 $y(n)$。

解：(1)求齐次解：

特征方程
$$\lambda^2 - 5\lambda + 6 = 0$$
特征根
$$\lambda_1 = 2, \lambda_2 = 3$$
齐次解
$$y_h(n) = c_1 2^n + c_2 3^n$$

(2) 求特解：

一般在没作特别说明的情况下，我们认为响应 $y(n)$ 是因果的，即 $n \in [0, \infty)$ 且为整数，在此条件下，激励 $u(n)$ 相当于常数 1，根据表 5.2-1，可知可设 $y_p(n) = p$，将其代入系统方程中，有

$$p - 5p + 6p = 1, 解得 p = 1/2$$

$$\therefore y_p(n) = \frac{1}{2} u(n)$$

(3) 求全解：

$$y(n) = y_h(n) + y_p(n) = c_1 2^n + c_2 3^n + \frac{1}{2} \qquad n \geq 0$$

代入初始条件 $y(0) = 5/2, y(1) = 11/2$，

解得：$c_1 = 1, c_2 = 1$。

$$\therefore y(n) = 2^n + 3^n + \frac{1}{2} \qquad n \geq 0$$

或

$$y(n) = (2^n + 3^n + \frac{1}{2}) u(n)$$

5.3 零输入响应与零状态响应

与连续系统分析过程类似，离散系统的全响应除了可以分解为自由响应与强迫响应之和外，还可以分解为零输入响应与零状态响应之和，且零输入响应与零状态响应的含义与连续系统中的含义是对应一致的。

零输入响应：外加激励为零（即没有外加输入信号）仅由系统的起始状态作用于系统所产生的响应，称为"零输入响应"，记为 $y_{zi}(n)$；

零状态响应：系统的起始状态为零，仅由激励信号作用于系统所产生的响应，称为"零状态响应"，记为 $y_{zs}(n)$。

对于一般的动态系统，系统的起始状态为零，即意味着储能元件初始无储能。

根据线性系统定义，系统的完全响应由零输入响应和零状态响应两部分组成，即

$$y(n) = y_{zi}(n) + y_{zs}(n) \qquad (5.3-1)$$

5.3.1 零输入响应求解

先分析系统的零输入响应，给出差分方程的一般形式

$$y(n) + a_1 y(n-1) + \cdots + a_N y(n-N) = b_0 f(n) + b_1 f(n-1) + \cdots + b_M f(n-M)$$

$$(5.3-2)$$

在零输入的情况下，方程右边的各项均为零，此时方程变成齐次方程，即

$$y(n) + a_1 y(n-1) + \cdots + a_N y(n-N) = 0$$

与上节讨论方程齐次解过程相似,若特征根均为单根,则系统的零输入响应为

$$y_{zi}(n) = c_{zi1}\lambda_1^n + c_{zi2}\lambda_2^n + \cdots + c_{ziN}\lambda_N^n$$

$$= \sum_{r=1}^{N} c_{zir}\lambda_r^n \tag{5.3-3}$$

式中 c_{zir} 为待定系数,需要代入零输入响应初始条件 $y_{zi}(n)$ 确定。

需要注意的是,离散系统与连续系统的初始条件的描述是有所不同的。对于离散系统,零输入响应或零状态响应的通解中一般均含有 N 个待定系数,相应的全响应通解待定系数就有 $2N$ 个,而一般系统给定的初始条件数量为 N 个,此时无法通过给定的 N 个初始值来确定全响应中通解中 $2N$ 个待定系数。

实际上,离散系统的初始条件 $y(n)$ 可分为零输入初始条件 $y_{zi}(n)$ 与零状态初始条件 $y_{zs}(n)$,即有 $y(n) = y_{zi}(n) + y_{zs}(n)$,其中零输入初始条件中 n 的取值可以是正的,也可以是负的;而零状态初始条件中 n 的取值必须是正值,因为根据零状态响应的定义可知,响应是由激励作用所引起的,而激励是在"0"时刻之后作用于系统的,因此产生的零状态响应也必然是在"0"时刻之后才发生的。一般在分析零输入响应时,得到方程的通解后应代入零输入响应的初始条件 $y_{zi}(n)$,确定其中的待定系数,进而得到方程的终解 $y_{zi}(n)$;同理在分析零状态响应时,得到方程的通解后应代入零状态响应的初始条件 $y_{zs}(n)$,确定其中的待定系数,进而得到方程的终解 $y_{zs}(n)$。

5.3.2 零状态响应求解

零状态响应分析过程与 5.2 节经典法求解系统的全响应相似,根据 5.2 节分析的结果,可知零状态响应的一般表达式为:

$$y_{zs}(n) = \sum_{r=1}^{N} c_{zsr}\lambda_r^n + y_p(n) \tag{5.3-4}$$

上式中 $\sum_{r=1}^{N} c_{zsr}\lambda_r^n$ 为零状态响应中的齐次解,$y_p(n)$ 为零状态响应中的特解,与零输入响应相同,这里也有 N 个待定系数 c_{zsr},需要代入零状态响应初始条件 $y_{zs}(n)$ 来确定。

系统全响应为零输入响应与零状态响应之和,有

$$y(n) = y_{zi}(n) + y_{zs}(n) = \underbrace{\sum_{r=1}^{N} c_{zir}\lambda_r^n}_{\text{零输入响应}} + \underbrace{\sum_{r=1}^{N} c_{zsr}\lambda_r^n + y_p(n)}_{\text{零状态响应}}$$

$$= \sum_{r=1}^{N}(c_{zir} + c_{zsr})\lambda_r^n + y_p(n) = \underbrace{\sum_{r=1}^{N} c_r\lambda_r^n}_{\text{自由响应}} + \underbrace{y_p(n)}_{\text{强迫响应}} \tag{5.3-5}$$

从上式中可以看出,零输入响应是自由响应的一部分,自由响应的另一部分与强迫响应构成了零状态响应。

下面通过一个例子来说明如何求得零输入初始条件以及零状态初始条件。

例 5.3-1 已知系统差分方程为 $y(n) - 5y(n-1) + 6y(n-2) = u(n)$,初始条件 $y(0) = 1, y(1) = 2$,试分析系统的零输入初始条件以及零状态初始条件。

解:系统方程为 2 阶差分方程,在求零输入响应或零状态响应时需要分别代入两个初始条件 $y_{zi}(n_1), y_{zi}(n_2)$ 或 $y_{zs}(n_1), y_{zs}(n_2)$ 来确定待定系数,n_1, n_2 是任意两个点的取值,但

为了分析方便,一般 n_1,n_2 取相邻的两个点。

本例中,零输入响应初始条件可以取 $y_{zi}(0)$、$y_{zi}(1)$,也可以取 $y(-1)$、$y(-2)$,$y(-1)$、$y(-2)$ 可以作为零输入响应初始条件是因为 $y(-1)=y_{zi}(-1)+y_{zs}(-1)$,$y(-2)=y_{zi}(-2)+y_{zs}(-2)$,而 $y_{zs}(-1)=y_{zs}(-2)=\cdots=0$,所以 $y(-1)=y_{zi}(-1)$,$y(-2)=y_{zi}(-2)$。如果已知系统初始条件为 $n<0$,则可以直接将初始条件代入到零输入响应通解中解得待定系数;如果已知系统初始条件为 $n\geqslant 0$ 时,此时一般取 $y_{zi}(0)$、$y_{zi}(1)$ 作为求解 $y_{zi}(n)$ 的初始条件。欲求得 $y_{zi}(0)$、$y_{zi}(1)$,一般须先求得 $y_{zs}(0)$、$y_{zs}(1)$,因为 $y_{zs}(-1)=y_{zs}(-2)=0$ 是明确的,可以利用这点,再结合系统方程递推出 $y_{zs}(0)$、$y_{zs}(1)$,进而计算出 $y_{zi}(0)$、$y_{zi}(1)$。

将原系统方程改写为零状态响应的形式
$$y_{zs}(n)-5y_{zs}(n-1)+6y_{zs}(n-2)=u(n)$$
整理上式,得到
$$y_{zs}(n)=u(n)+5y_{zs}(n-1)-6y_{zs}(n-2)$$
已知初始条件 $y_{zs}(-1)=y_{zs}(-2)=0$

令 $n=0$,则有 $y_{zs}(0)=u(0)+5y_{zs}(0-1)-6y_{zs}(0-2)$
$$=1+5y_{zs}(-1)-6y_{zs}(-2)=1$$
$n=1$,有 $y_{zs}(1)=u(1)+5y_{zs}(1-1)-6y_{zs}(1-2)$
$$=1+5y_{zs}(0)-6y_{zs}(-1)=1+5\times 1-0=6$$
由此得到了两个零状态响应初始条件 $y_{zs}(0)=1,y_{zs}(1)=6$。

再计算零输入响应初始条件
$$y_{zi}(0)=y(0)-y_{zs}(0)=1-1=0$$
$$y_{zi}(1)=y(1)-y_{zs}(1)=2-6=-4$$
由此得到了两个零输入响应初始条件 $y_{zi}(0)=0,y_{zi}(1)=-4$。

例 5.3-2 已知某系统求差分方程 $y(n)-5y(n-1)+6y(n-2)=u(n)$,初始条件 $y(0)=5/2,y(1)=11/2$,求系统的零输入响应 $y_{zi}(n)$,零状态响应 $y_{zs}(n)$ 及全响应 $y(n)$。

解:先求得零状态响应初始条件及零输入响应初始条件

按例 5.3-1 的方法不难求得 $y_{zs}(0)=1,y_{zs}(1)=6$;$y_{zi}(0)=3/2,y_{zi}(1)=-1/2$。

计算零输入响应 $y_{zi}(n)$

根据例 5.2-7 及前述分析结果,可知 $y_{zi}(n)$ 的通解为
$$y_{zi}(n)=a_1 2^n+a_2 3^n$$
代入 $y_{zi}(0)=3/2,y_{zi}(1)=-1/2$,解得 $a_1=5,a_2=-7/2$。
$$\therefore y_{zi}(n)=5\times 2^n-\frac{7}{2}\times 3^n,n\geqslant 0$$

再计算零状态响应

同理根据例 5.2-7 及前述分析结果,可知 $y_{zs}(n)$ 的通解为
$$y_{zs}(n)=b_1 2^n+b_2 3^n+\frac{1}{2},n\geqslant 0$$
代入 $y_{zs}(0)=1,y_{zs}(1)=6$,解得 $b_1=-4,b_2=9/2$。

$$\therefore y_{zs}(n) = -4 \times 2^n + \frac{9}{2} 3^n + \frac{1}{2}, n \geqslant 0$$

系统的全响应

$$y(n) = y_{zi}(n) + y_{zs}(n) = 5 \times 2^n - \frac{7}{2} 3^n - 4 \times 2^n + \frac{9}{2} 3^n + \frac{1}{2}$$

$$= 2^n + 3^n + \frac{1}{2}, n \geqslant 0$$

5.4 单位序列响应 $h(n)$ 与单位阶跃响应 $g(n)$

5.4.1 单位序列响应 $h(n)$

离散系统在单位序列作用下所产生的零状态响应,称为"单位序列响应"。也称为"单位响应"或"单位函数响应",记为 $h(n)$。因为单位序列仅在零时刻作用于系统,所起的作用相当于引入了非零的初始状态,而在 $n \geqslant 1$ 时,激励为"0",因此从这个角度看,响应又相当于零输入响应。因此单位序列响应虽然属于零状态响应,但响应的形式却类似于零输入响应或自由响应,即

$$h(n) = c_1 \lambda_1^n + c_2 \lambda_2^n + \cdots + c_N \lambda_N^n = \sum_{i=1}^{N} c_i \lambda_i^n \tag{5.4-1}$$

初始条件的确定根据 $h(i) = 0, i < 0$ 及差分方程确定。

求解单位序列响应 $h(n)$ 的方法可以采用解差分方程法或变换域(Z变换)解法。

例 5.4-1 已知差分方程 $y(n) - 5y(n-1) + 6y(n-2) = f(n)$,求系统的单位序列响应 $h(n)$。

解:先确定初始条件

整理方程得 $h(n) = \delta(n) + 5h(n-1) - 6h(n-2)$

令 $n = 0$,有 $h(0) = \delta(0) + 5h(0-1) - 6h(0-2) = 1$

$n = 1$,有 $h(1) = \delta(1) + 5h(1-1) - 6h(1-2) = 5$

所以初始条件为 $h(0) = 1, h(1) = 5$

当 $n > 0$ 时,$h(n)$ 满足齐次方程 $h(n) - 5h(n-1) + 6h(n-2) = 0$

其特征方程为 $\lambda^2 - 5\lambda + 6 = 0$

解得特征根为 $\lambda_1 = 2, \lambda_2 = 3$,得到方程齐次解为

$$h(n) = c_1 2^n + c_2 3^n, n > 0 \tag{5.4-2}$$

将初始值 $h(0) = 1, h(1) = 5$ 代入上式,有

$$h(0) = c_1 + c_2 = 1$$

$$h(1) = 2c_1 + 3c_2 = 5$$

解得 $c_1 = -2, c_2 = 3$。

于是得到系统单位序列响应为

$$h(n) = -2^{n+1} + 3^{n+1}, n \geqslant 0$$

需要注意的是,$h(n)$ 的终解是包含 $n = 0$ 的。因为之前已将 $h(0) = 1$ 作为初始条件代

入式(5.4-2),因此解 $h(n)$ 在 $n=0$ 也是满足的。

例 5.4-2 已知差分方程 $y(n)-5y(n-1)+6y(n-2)=f(n)+2f(n-1)$,求系统的单位序列响应 $h(n)$。

解: 本例中系统方程左边与例 5.4-1 系统方程是一样的,区别在于方程右边激励项多了一项 $2f(n-1)$。此时可以视为系统的激励包含 2 个部分: $f(n),2f(n-1)$。因系统是线性时不变的,因此系统的全响应可以视为 $f(n)$ 与 $2f(n-1)$ 分别作用于系统所产生的响应之和。若 $f(n)$ 作用于系统所产生的响应为 $y_1(n)$,则 $2f(n-1)$ 作用于系统所产生的响应为 $2y_1(n-1)$,系统总的响应 $y(n)$ 则为 $y(n)=y_1(n)+2y_1(n-1)$。必须注意的是,以上结论适用于零状态响应,如果系统初始状态不为零,则系统的全响应 $y(n)\neq y_1(n)+2y_1(n-1)$。因为 $f(n)$ 产生的响应 $y_1(n)$ 与 $2f(n-1)$ 产生的响应 $2y_1(n-1)$ 都包含有系统初始状态作用所引起的零输入响应,因此 $y_1(n)+2y_1(n-1)$ 相当于将其中包含的零输入响应重复计算了。

当方程右边仅有激励 $f(n)$,求此时的单位序列响应 $h_1(n)$

此时系统方程可写为

$$h_1(n)-5h_1(n-1)+6h_1(n-2)=\delta(n)。$$

根据例 5.4-1 可知

$$h_1(n)=(-2^{n+1}+3^{n+1})u(n)$$

根据上述分析可知系统单位序列响应 $h(n)$ 为

$$h(n)=h_1(n)+2h_1(n-1)$$
$$=(-2^{n+1}+3^{n+1})u(n)+2(-2^n+3^n)u(n-1)$$

当然,本例也可以直接用经典法解差分方程,限于篇幅,这里不再赘述,请读者自行分析。

5.4.2 单位阶跃响应 $g(n)$

离散系统在单位阶跃序列作用下所产生的零状态响应,称为"单位阶跃响应",记为 $g(n)$。单位阶跃响应可以利用经典法求得。另外,由式(5.1-3),(5.1-4)可知

$$\delta(n)=u(n)-u(n-1)=\nabla u(n)$$

$$u(n)=\sum_{i=-\infty}^{n}\delta(i)=\sum_{i=0}^{\infty}\delta(n-i)$$

若已知系统的单位序列响应 $h(n)$,根据 LTI 系统的线性性质与时不变性质,可得系统的阶跃响应

$$g(n)=\sum_{i=-\infty}^{n}h(i)=\sum_{i=0}^{\infty}h(n-i) \qquad (5.4-3)$$

因为 $h(n)=0,n<0$,因此式(5.4-3)中求和运算的下限和上限应作相应变化,可重写为

$$g(n)=\sum_{i=0}^{n}h(i)=\sum_{i=0}^{n}h(n-i) \qquad (5.4-4)$$

同理,若已知系统的单位序列响应 $g(n)$,可得系统的单位序列响应

$$h(n)=g(n)-g(n-1)=\nabla g(n) \qquad (5.4-5)$$

例 5.4-3 求例 5.4-1 中系统的单位阶跃响应 $g(n)$。

解：根据例 5.4-1，可知 $h(n) = -2^{n+1} + 3^{n+1}, n \geq 0$。

由式(5.4-4)可得 $g(n) = \sum_{i=0}^{n} h(i) = \sum_{i=0}^{n}(-2^{i+1} + 3^{i+1})$

$$= -\sum_{i=0}^{n} 2^{i+1} + \sum_{i=0}^{n} 3^{i+1}$$

$$= -2^{n+2} + \frac{1}{2}3^{n+2} + \frac{1}{2}, n \geq 0$$

5.5 卷积和

5.5.1 卷积和的定义

由式(5.1-9)可知，任意信号都可以用单位序列 $\delta(n)$ 的移位序列和表示。即有 $f(n) = \sum_{i=-\infty}^{\infty} f(i)\delta(n-i)$，这样的运算称为"卷积和运算"。把上式推广到一般情况，可得到卷积和的定义。

已知定义在区间 $(-\infty, \infty)$ 上的两个函数 $f_1(n)$ 和 $f_2(n)$，则定义

$$f(n) = \sum_{i=-\infty}^{\infty} f_1(i)f_2(n-i) = \sum_{i=-\infty}^{\infty} f_1(n-i)f_2(i) \tag{5.5-1}$$

为 $f_1(n)$ 与 $f_2(n)$ 的卷积和，简称"卷积"，记为

$$f(n) = f_1(n) * f_2(n) \tag{5.5-2}$$

由式(5.5-1)可见，参与卷积和运算的两个信号在运算中的次序可以交换，而运算结果不变。卷积和的作用类似于连续系统分析中的卷积运算，通过运算式的对比，可以发现两者运算过程基本相似。卷积和在离散系统性能分析过程中是常用的基本运算，具有相当重要的作用与意义。

若 $f_1(n)$ 为因果序列，式(5.5-1)中 $f_1(i)$ 在 $i \in (-\infty, -1]$ 时取值为 0，因此求和下限可改写为 0，即

$$f(n) = \sum_{i=0}^{\infty} f_1(i)f_2(n-i) \tag{5.5-3}$$

若 $f_2(n)$ 为因果序列，式中 $f_2(n-i)$ 在 $i \in [n+1, \infty)$ 时取值为 0，因此求和上限可改写为 n，即

$$f(n) = \sum_{i=-\infty}^{n} f_1(i)f_2(n-i) \tag{5.5-4}$$

若 $f_1(n)$、$f_2(n)$ 均为因果序列，则求和上下限可分别改写为 n 和 0，即有

$$f(n) = \sum_{i=0}^{n} f_1(i)f_2(n-i) = \sum_{i=0}^{n} f_1(n-i)f_2(i) \tag{5.5-5}$$

例 5.5-1 $f_1(n) = 2^{-n}u(n)$，$f_2(n) = u(n)$，求 $f(n) = f_1(n) * f_2(n)$。

解：

$$f(n) = f_1(n) * f_2(n)$$

$$= \sum_{i=-\infty}^{\infty} 2^{-i} u(i) u(n-i)$$

$$= \sum_{i=0}^{n} 2^{-i}$$

$$= 2 - \left(\frac{1}{2}\right)^n, n \geqslant 0$$

例 5.5-2 $f_1(n) = 2^n u(-n-1)$，$f_2(n) = u(n)$，求 $f(n) = f_1(n) * f_2(n)$。

解：

$$f(n) = f_1(n) * f_2(n) = \sum_{i=-\infty}^{\infty} 2^i u(-i-1) u(n-i)$$

当 $i \leqslant -1$ 时，$u(-i-1)$ 等于 1，此时求和上限可改写为 -1，而 $u(n-i)$ 在 $i \leqslant n$ 等于 1，此时求和上限可改写为 n，求和上限具体如何确定应分类讨论：

当 $n \leqslant -1$ 时，欲使乘积信号 $2^i u(-i-1) u(n-i)$ 不为零，应有 $i \leqslant n$，因此求和上限此时应为 n，此时有 $f(n) = \sum_{i=-\infty}^{n} 2^i = \sum_{i=-n}^{\infty} 2^{-i} = 2^{n+1}, n \leqslant -1$。

当 $n > -1$ 时，欲使乘积信号 $2^i u(-i-1) u(n-i)$ 不为零，应有 $i \leqslant -1$，因此求和上限此时应为 -1，此时有 $f(n) = \sum_{i=-\infty}^{-1} 2^i = \sum_{i=1}^{\infty} 2^{-i} = 1, n \geqslant 0$

$f(n)$ 在整个定义域内 $n \in (-\infty, \infty)$ 可用一个解析式表示如下：

$$f(n) = 2^{n+1} u(-n-1) + u(n)$$

5.5.2 卷积和的图解法

为了更直观、更深入的理解卷积和的运算过程，可以用图解法详细地加以说明。卷积和的图解法可分为 5 个步骤，分别是换元、反折、移位、相乘、求和。具体过程如下：

(1) 换元　$f_1(n) \rightarrow f_1(i)$，$f_2(n) \rightarrow f_2(i)$。

(2) 反折　$f_2(i) \rightarrow f_2(-i)$。由卷积和的性质可知，参与运算的两个序列的次序是可以交换的。在 $f_1(n) * f_2(n) = \sum_{i=-\infty}^{\infty} f_1(i) f_2(n-i)$ 式中，可以称 $f_1(n)$ 为"静态信号"，$f_2(n)$ 为扫描信号；在 $f_1(n) * f_2(n) = \sum_{i=-\infty}^{\infty} f_2(i) f_1(n-i)$ 式中，可以称 $f_1(n)$ 为"扫描信号"，$f_2(n)$ 为静态信号。这里随机取前者。

(3) 移位　$f_2(-i) \rightarrow f_2(n-i)$。注意移动方向，若 $n > 0$，则实际波形向右移动 n 个单位；若 $n < 0$，则实际波形向左移动 $-n$（或 $|n|$）个单位。

(4) 相乘　$f_1(i) f_2(n-i)$。相乘后得到一个新的序列，序列的取值取决于变量 n，即第 3 步中的移动距离。

(5) 求和　$\sum_{i=-\infty}^{\infty} f_2(i) f_1(n-i)$，此步是对上一步得到的乘积序列进行自求和，把定义域内所有点的取值相加，求和的结果是一个确定的值。又因为第 (4) 步得到的乘积信号实质上是移位距离 n 的函数，因此这里求和的结果也是 n 的函数，与虚设变量 i 无关。

为了分析问题更方便，不妨取参与运算的两个序列均为较短的有限长序列，假设 $f_1(n)$

$= \left\{ \underset{n=0}{1}, 3 \right\}$，$f_2(n) = \left\{ \underset{n=0}{3}, 2, 1 \right\}$，$f(n) = f_1(n) * f_2(n)$。运算过程详见图 5.5-1 所示：

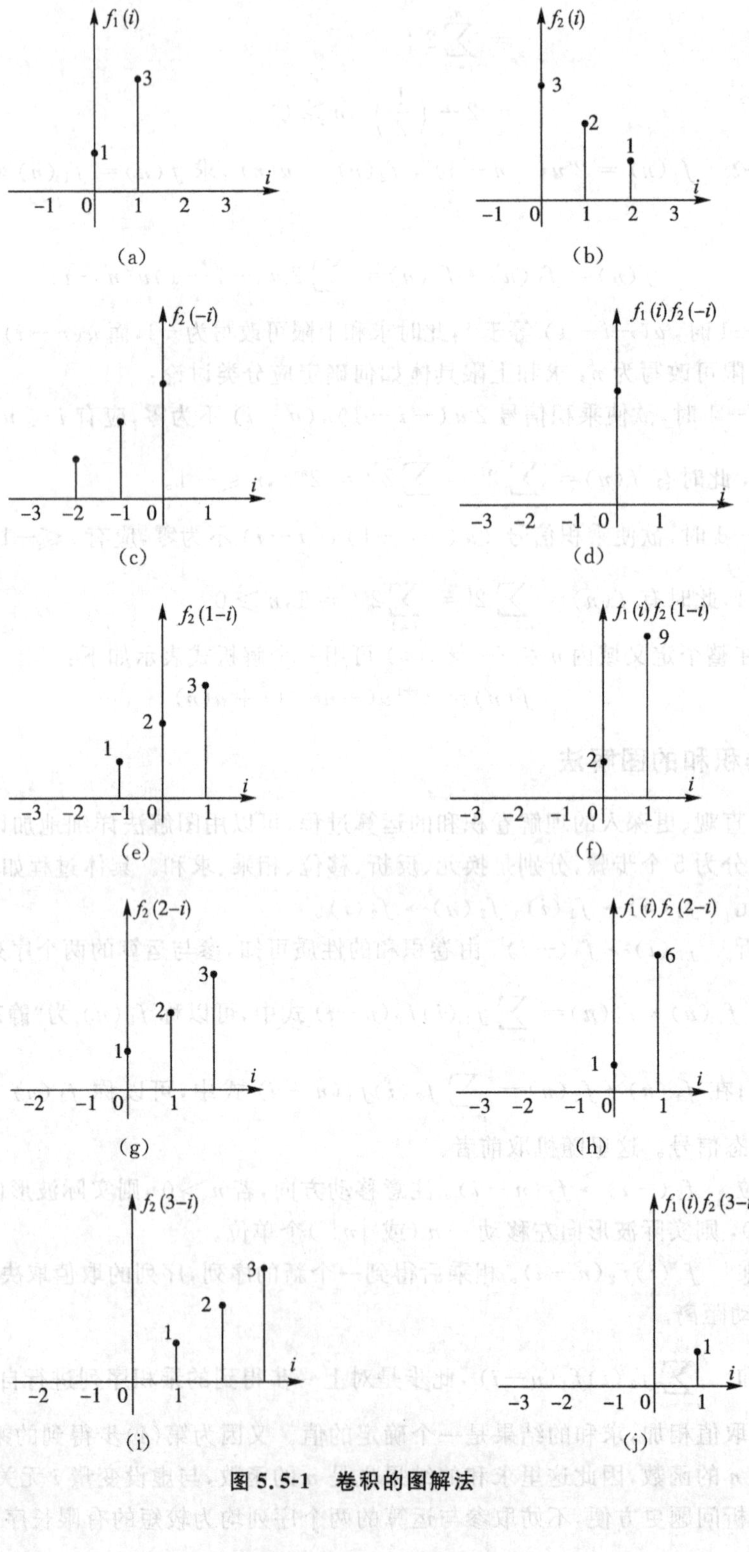

图 5.5-1 卷积的图解法

图 5.5-1(a),(b)表示信号换元,图 5.5-1(c)表示以信号 $f_2(i)$ 为扫描信号进行反折,得到 $f_2(-i)$,也可以视为此时移位距离 $n=0$,从图中可见,当 $n<0$ 时(信号在 $f_2(-i)$ 基础上左移),此时移位信号 $f_2(n-i)$ 与 $f_1(i)$ 定义域无交集,相乘后信号为空集,当 $n=0$ 时,恰好定义域开始出现交集,当 $n>3$ 时,同样信号 $f_2(n-i)$ 与 $f_1(i)$ 定义域无交集。因此对于卷积和信号 $f(n)$ 而言,其定义域应为 $n \in [0,3]$。

当 $n=0$ 时,$f(0) = \sum_{i=-\infty}^{\infty} f_1(i) f_2(0-i) = f_1(0) f_2(0) = 1 \times 3 = 3$。

当 $n=1$ 时,$f(1) = \sum_{i=-\infty}^{\infty} f_1(i) f_2(1-i) = f_1(0) f_2(1) + f_1(1) f_2(0) = 1 \times 2 + 3 \times 3 = 11$。

当 $n=2$ 时,$f(2) = \sum_{i=-\infty}^{\infty} f_1(i) f_2(2-i) = f_1(0) f_2(2) + f_1(1) f_2(1) = 1 \times 1 + 3 \times 2 = 7$。

当 $n=3$ 时,$f(3) = \sum_{i=-\infty}^{\infty} f_1(i) f_2(3-i) = f_1(1) f_2(2) = 1 \times 1 = 1$。

因此卷积和信号 $f(n)$ 为 $\{\underset{n=0}{3}, 11, 7, 1\}$,波形如图 5.5-2 所示。

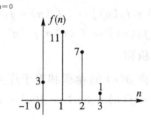

图 5.5-2 卷积和结果

例 5.5-3 已知序列 $f_1(n) = \{\underset{n=0}{1}, 2, 3\}$,$f_2(n) = \{\underset{n=0}{3}, 4, 5\}$,求 $f(n) = f_1(n) * f_2(n)$。

解:本题中参与运算的两个序列都是有限长序列,在进行分析计算的时候可以采用乘法不进位的简便方法快速计算出卷积和。

方法如下:

$$
\begin{array}{r}
1 \quad 2 \quad 3 \\
\times \quad 3 \quad 4 \quad 5 \\
\hline
5 \quad 10 \quad 15 \\
4 \quad 8 \quad 12 \\
3 \quad 6 \quad 9 \\
\hline
3 \quad 10 \quad 22 \quad 22 \quad 15
\end{array}
$$

因此卷积和序列为

$$f(n) = \{\underset{n=0}{3}, 10, 22, 22, 15\}$$

注意此方法仅适用于两个序列都是有限长序列的情况。

例 5.5-4 $f_1(n) = a^n u(n)$,$f_2(n) = b^n u(n)$,求 $f(n) = f_1(n) * f_2(n)$。

解:
$$f(n) = f_1(n) * f_2(n)$$

$$= \sum_{i=-\infty}^{\infty} f_1(i) f_2(n-i) = \sum_{i=-\infty}^{\infty} a^i u(i) b^{n-i} u(n-i)$$

当 $i < 0$，$u(i) = 0$；当 $i > n$ 时，$u(n-i) = 0$。

$$f(n) = \left[\sum_{i=0}^{n} a^i b^{n-i}\right] u(n)$$

$$= b^n \left[\sum_{i=0}^{n} \left(\frac{a}{b}\right)^i\right] u(n) = \begin{cases} b^n \dfrac{1 - \left(\dfrac{a}{b}\right)^{n+1}}{1 - \dfrac{a}{b}}, & a \neq b \\ b^n(n+1), & a = b \end{cases}$$

5.5.3 卷积和的性质

一、代数运算

离散信号的卷积和运算服从交换律、结合律和分配律，即

$$f_1(n) * f_2(n) = f_2(n) * f_1(n) \tag{5.5-6}$$

$$f_1(n) * [f_2(n) * f_3(n)] = [f_1(n) * f_2(n)] * f_3(n) \tag{5.5-7}$$

$$f_1(n) * [f_2(n) + f_3(n)] = f_1(n) * f_2(n) + f_1(n) * f_3(n) \tag{5.5-8}$$

二、任意信号与冲激序列的卷积和

任一序列 $f(n)$ 与单位脉冲序列 $\delta(n)$ 的卷积和等于序列 $f(n)$ 本身，即

$$f(n) = f(n) * \delta(n) = \delta(n) * f(n) \tag{5.5-9}$$

三、时移性

若 $f_1(n) * f_2(n) = f(n)$，则

$$f_1(n) * f_2(n - n_1) = f_1(n - n_1) * f_2(n) = f(n - n_1) \tag{5.5-10}$$

$$f_1(n - n_1) * f_2(n - n_2) = f_1(n - n_1 - n_2) * f_2(n - n_1) = f(n - n_1 - n_2) \tag{5.5-11}$$

式中 n_1，n_2 均为整数。

限于篇幅，以上性质的证明过程，请读者自行完成。

例 5.5-5 设 $f_1(n) = 2^{-|n|}$，$f_2(n) = u(n+1)$，求 $f_1(n) * f_2(n)$。

解：
$$f_1(n) = 2^{-|n|} = 2^n u(-n-1) + 2^{-n} u(n)$$
$$f_2(n) = u(n+1) = u(n) + \delta(n+1)$$

$f_1(n) * f_2(n)$
$= [2^n u(-n-1) + 2^{-n} u(n)] * [u(n) + \delta(n+1)]$
$= 2^n u(-n-1) * u(n) + 2^n u(-n-1) * \delta(n+1) + 2^{-n} u(n) * u(n) + 2^{-n} u(n) * \delta(n+1)$
$= \sum_{i=-\infty}^{\infty} 2^i u(-i-1) u(n-i) + 2^{n+1} u[-(n+1)-1] * \delta(n) + \sum_{i=0}^{n} 2^{-i} + 2^{-(n+1)} u(n+1) * \delta(n)$
$= [2^{n+1} u(-n-1) + u(n)] + 2^{n+1} u(-n-2) + (2 - 2^{-n}) u(n) + 2^{-(n+1)} u(n+1)$
$= 2^{n+2} u(-n-1) + 0.5 \delta(-n-2) + (3 - 2^{-n-1}) u(n) + \delta(n+1)$

上式中 $2^n u(-n-1) * u(n) = 2^{n+1} u(-n-1) + u(n)$ 由例 5.5-2 结论直接得到。

5.5.4 卷积和求解系统的零状态响应

任意序列作用下的零状态响应如图 5.5-3 所示：

图 5.5-3 系统示意图

根据 $h(k)$ 的定义　　　　$\delta(n) \rightarrow h(n)$

由时不变性　　　　　　$\delta(n-i) \rightarrow h(n-i)$

由齐次性　　　　　　　$f(i)\delta(n-i) \rightarrow f(i)h(n-i)$

由叠加性　　$\sum\limits_{i=-\infty}^{\infty} f(i)\delta(n-i) \rightarrow \sum\limits_{i=-\infty}^{\infty} f(i)h(n-i)$

由卷积性质　$f(n) = f(n) * \delta(n) \rightarrow y_{zs}(n) = f(n) * h(n)$

由上述过程可知 LTI 离散时间系统的零状态响应为激励序列与系统单位序列响应的卷积和。即有

$$y_{zs}(n) = f(n) * h(n) \tag{5.5-12}$$

式(5.5-12)是一个非常有用的公式，在数字信号处理中有广泛应用。在确定系统的单位序列响应后，不同的激励信号作用于系统所产生的响应可以通过式(5.5-12)方便的计算得出。

例 5.5-6　求 $y(n) = 0.5^n u(n) * [u(n) - u(n-5)]$。

解：

$$y_1(n) = 0.5^n u(n) * u(n) = \sum_{i=0}^{n} 0.5^i u(i) u(n-i)$$

$$= \sum_{i=0}^{n} 0.5^i = \frac{1 - 0.5^{n+1}}{1 - 0.5} u(n) = [2 - 0.5^n] u(n)$$

$$y_2(n) = 0.5^n u(n) * u(n-5)$$

$$= y_1(n-5) = [2 - 0.5^n] u(n-5)$$

$$\therefore y(n) = y_1(n) - y_2(n)$$

$$= [2 - 0.5^n] u(n) - [2 - 0.5^n] u(n-5)$$

5.6　离散系统的模拟

差分方程与微分方程相似，也可以用适当的基本运算单元联接起来加以模拟。离散系统的基本运算单元包含加法器、标量乘法器和延时器。加法器和标量乘法器也用于连续系统模拟中，关键是延时器的差别。延时器是用作时间上向后延序的器件，它能将输入信号延迟一个时间间隔 T，如图 5.6-1(a)所示。若初始条件不为零，则需要在后面再附加一个加法器将初始条件 $y(0)$ 引入，如图 5.6-1(b)所示。延时器的作用类似于模拟连续系统所用的积分器。

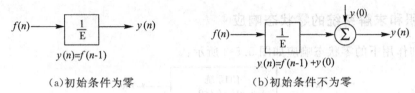

(a) 初始条件为零   (b) 初始条件不为零

图 5.6-1　延时器

现在讨论一下如何用基本运算单元来模拟差分方程。设系统差分方程为

$$y(n) + ay(n-1) = f(n)$$

将此式改写为

$$y(n) = f(n) - ay(n-1)$$

由上式可得到模拟框图如图 5.6-2 所示：

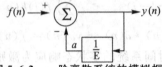

图 5.6-2　一阶离散系统的模拟框图

画模拟框图时，一般将激励信号 $f(n)$ 置于图形左边，响应 $y(n)$ 置于图形右边。需要注意的是，系统右边的响应序列必须是 $y(n)$，而不应是 $y(n)$ 的延时序列，如 $y(n-1)$ 等。标量乘法器可以用矩形框表示，也可以像图中所示直接用数字表示线路的增益。另外线路的增益一般取正值，在接入加法器的时候用"＋"或"－"表示其极性。

上述对于一系统模拟的讨论也可以推广到任意 N 阶差分方程，限于篇幅，这里不再赘述。

例 5.6-1　离散系统的差分方程为 $y(n)+2y(n-1)+y(n-2)=-f(n)+f(n-1)$，画出系统模拟框图。

解：将差分方程整理为

$$y(n) = -f(n) + f(n-1) - 2y(n-1) - y(n-2)$$

由上式可画出模拟框图

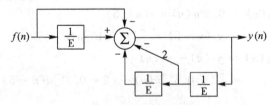

图 5.6-3　例 5.6-1 图

例 5.6-2　离散系统的模拟框图如图 5.6-4 所示，求系统单位序列响应 $h(n)$。

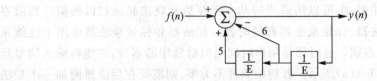

图 5.6-4　例 5.6-2 图

解：由系统框图不难得到系统差分方程为
$$y(n) = f(n) + 5y(n-2) - 6y(n-1)$$
整理得
$$y(n) - 5y(n-2) + 6y(n-1) = f(n)$$
由例 5.4-1 可知系统的单位序列响应为
$$h(n) = -2^{n+1} + 3^{n+1}, n \geqslant 0$$

5.7 解卷积

在前面的讨论中都是给定系统的单位序列响应 $h(n)$ 和激励 $f(n)$，进而求得系统的零状态响应 $y_{zs}(n)$。而在实际的工程应用中，却经常遇到的是已知 $y_{zs}(n)$ 和 $f(n)$ 求 $h(n)$ 或者已知 $y_{zs}(n)$ 和 $h(n)$ 求 $f(n)$ 的情况，这样的运算均称为"解卷积"，解卷积即为卷积的逆运算。

需要注意的是，解卷积的过程在时域里进行分析的话一般都比较困难，尤其是手工分析。特殊情况下，若 $h(n)$ 或 $f(n)$ 中有一个是有限长的确定序列的话，则可以把解卷积转换成一个差分方程的求解问题。

下面通过一个例子来说明解卷积的分析过程。

例 5.7-1 已知某 LTI 系统的输入为 $f(n) = \delta(n) + 4\delta(n-1) + 4\delta(n-2)$ 时，其零状态响应 $y_{zs}(n) = 2^n u(n)$，求系统的单位序列响应 $h(n)$。

解：因 $y_{zs}(n) = h(n) * f(n) = h(n) * [\delta(n) + 4\delta(n-1) + 4\delta(n-2)]$
$$= h(n) + 4h(n-1) + 4h(n-2)$$

所以有 $\quad h(n) + 4h(n-1) + 4h(n-2) = 2^n u(n)$

由于该方程的激励在 $n = 0$ 时加入，且 $h(n)$ 是零状态响应，即有 $h(-1) = h(-2) = 0$。

通过迭代法可求得 $h(0) = 1$，$h(1) = 2$。

该差分方程特征方程为 $\quad \lambda^2 + 4\lambda + 4 = 0$

解得特征根 $\quad \lambda_1 = \lambda_2 = -2$

方程齐次解为 $h_h(n) = (c_0 + c_1 n)(-2)^n, n \geqslant 0$

设特解的一般形式为 $h_p(n) = p 2^n$，代入差分方程有

$$p2^n + 4p2^{n-1} + 4p2^{n-2} = 2^n$$

解得 $p = \dfrac{1}{4}$，故得到 $h_p(n) = \dfrac{1}{4} 2^n, n \geqslant 0$

全解表达式为 $h(n) = h_h(n) + h_p(n) = (c_0 + c_1 n)(-2)^n + \dfrac{1}{4} 2^n, n \geqslant 0$

代入初始条件 $h(0) = 1$，$h(1) = 2$，解得 $c_0 = \dfrac{3}{4}, c_1 = \dfrac{1}{2}$

$h(n)$ 终解为 $h(n) = h_h(n) + h_p(n) = \left(\dfrac{3}{4} + \dfrac{1}{2} n\right)(-2)^n + \dfrac{1}{4} 2^n, n \geqslant 0$

习题 5

5-1 画出下面各序列的图形：
(1) $f(n) = 2^n u(n)$；
(2) $f(n) = 2^n u(-n)$；
(3) $f(n) = 2^{|n|} u(n)$；
(4) $f(n) = 3\delta(n) - 4\delta(n+2) + 2\delta(n-3)$；
(5) $f(n) = \cos\left(\dfrac{n\pi}{4} - \dfrac{\pi}{2}\right)$。

5-2 画出下面各序列的图形：
(1) $f(n) = nu(n)$；
(2) $f(n) = -nu(-n)$；
(3) $f(n) = [1, 2, 4, -1]$；
(4) $f(n) = [6, 3, 0, 2, 1]$。

5-3 序列图形如题 5-3 图所示，试求：
(1) 用单位序列表示其表达式；
(2) 用阶跃序列表示其表达式。

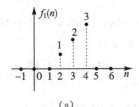
(a)

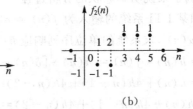
(b)

题 5-3 图

5-4 信号 $f(n)$ 波形如题 5-3 图(a)所示，分别画出下列序列的波形图：
(1) $f(n+2)$；
(2) $f(n+2)u(n)$；
(3) $f(-n+2)u(n)$；
(4) $f(-n+2)u(n+2)$。

5-5 分别求下列各序列一阶前向差分 Δ 和一阶后向差分 ∇ 信号。
(1) $f(n) = \left(\dfrac{1}{2}\right)^n u(n)$；
(2) $f(n) = nu(n)$。

5-6 试判断下列序列是否为周期性序列，如果是，周期为多少？
(1) $f(n) = 3\sin\left(\dfrac{1}{3}n - \dfrac{\pi}{2}\right)$；
(2) $f(n) = 3\cos\left(\dfrac{\pi}{3}n - \dfrac{\pi}{2}\right)$；
(3) $f(n) = 3\cos\left(\dfrac{\pi}{3}n - \dfrac{\pi}{2}\right) + \sin\left(\dfrac{\pi}{6}n\right)$；
(4) $f(n) = 3e^{j\left(\dfrac{\pi}{6}n - \pi\right)}$。

5-7 系统差分方程为 $y(n) + 2y(n-1) + 2y(n-2) = \sin\left(\dfrac{n}{2}\pi\right)$，其中 $y(0) = 1, y(-1) = 0$，试用经典法求系统响应。

5-8 求下列差分方程的零输入响应、零状态响应及全响应。
(1) $y(n) - 2y(n-1) = u(n), y(-1) = 1$；
(2) $f(n) + 3y(n-1) + 2y(n-2) = u(n), y(-1) = 1, y(-2) = 0$；

(3) $y(n)+2y(n-1)=2^n u(n), y(0)=-1$;
(4) $y(n)+2y(n-1)+y(n-2)=3^n, y(-1)=, y(-2)=0$。

5－9 求解下列差分方程：
(1) $y(n+2)+3y(n+1)+2y(n)=0, y_{zi}(0)=2, y_{zi}(1)=1$；
(2) $y(n)+2y(n-1)+4y(n-2)=0, y_{zi}(0)=0, y_{zi}(1)=2$。

5－10 已知某 LTI 系统，当初始状态 $y(-1)=1$，$f_1(n)=u(n)$ 时，其全响应 $y_1(n)=2u(n)$；当初始状态 $y(-1)=-1$，输入 $f_2(n)=0.5u(n)$ 时，其全响应 $y_2(n)=(n-1)u(n)$。求：
(1) 系统单位序列响应 $h(n)$；
(2) 输入为 $f(n)=\varepsilon(n)$ 的零状态响应 $y_{zs}(n)$ 及稳态响应 $y_{ss}(n)$。

5－11 离散系统差分方程为：$y(n)-y(n-1)-2y(n-2)=f(n)+2f(n-2)$，已知 $y(-1)=2$，$y(-2)=-1/2$，$f(n)=u(n)$。求系统的零输入响应、零状态响应和全响应。

5－12 求下列差分方程的单位序列响应：
(1) $y(n)+2y(n-1)=f(n-1)$；
(2) $y(n)+5y(n-1)+6y(n-2)=f(n)$；
(3) $y(n)+y(n-1)+\frac{1}{4}y(n-2)=f(n)$。

5－13 已知系统差分方程为 $y(n)+\frac{5}{6}y(n-1)+\frac{1}{6}y(n-2)=f(n)+\frac{1}{2}f(n-1)$，求单位序列响应及单位阶跃响应。

5－14 若 LTI 离散系统的阶跃响应为 $g(n)=(\frac{1}{2})^n u(n)$，求其单位序列响应。

5－15 求序列 $f_1(n)$ 和 $f_2(n)$ 的卷积和。
(1) $f_1(n)=1, f_2(n)=0.5^n u(n)$；
(2) $f_1(n)=0.3^n u(n), f_2(n)=0.5^n u(n)$；
(3) $f_1(n)=f_2(n)=a^n u(n)$；
(4) $f_1(n)=f_2(n)=nu(n)$。

5－16 设乒乓球落地后弹起的高度总是之前高度的 $\frac{1}{2}$，则乒乓球从 10m 高度掉落，则经过 N 次反弹后的高度为多少？

5－17 题 5-17 图所示系统由 3 个子系统构成，各子系统的单位序列响应分别为：$h_1(n)=u(n)$，$h_2(n)=\delta(n-3)$，$h(n)=0.8^n u(n)$，求系统单位序列响应。

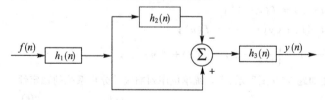

题 5-17 图

5－18 解差分方程 $y(n)+y(n-2)=\sin n$，其中 $y(-1)=y(-2)=0$。

5－19 解差分方程 $y(n)-7y(n-1)+16y(n-2)-12y(n-3)=0$，其中 $y(1)=-1, y(2)=-3, y(3)=-5$。

5－20 杯子 A 中装有 1000ml 的纯酒精，现将 100ml 的水倒入 A 杯中混合后再取走 100ml 的混合溶液，则经过多少次上述操作后 A 杯中酒精的浓度将低于 50%？

5－21 某地质勘探测试设备给出的发射信号 $f(n)=\delta(n)+\frac{1}{2}\delta(n-1)$，接收回波信号 $y(n)$

$= \left(\frac{1}{2}\right)^n u(n)$,若地层反射特性的单位序列响应为 $h(n)$,且满足 $y(n) = f(n) * h(n)$。

(1) 求 $h(n)$;

(2) 画出系统框图。

5—22 若某年初存入银行 10000 元,银行年息为 5%,每年底所得利息直接转存入下年,试问经多少年后(年初)银行的存款额将超过 20000 元?

5—23 序列 $f_1(n)$ 和 $f_2(n)$ 分别如题 5-23 图所示,计算卷积和并画出其波形。

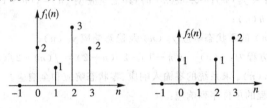

题 5-23 图

5—24 系统差分方程为 $y(n) - 3y(n-1) + 3y(n-2) - y(n-3) = f(n)$,用时域分析法求解系统的单位样值响应。

5—25 系统单位序列响应 $h(n) = \left(\frac{1}{3}\right)^n u(n)$,输入信号 $f(n) = 2^n$,求零状态响应 $y(n)$。

5—26 系统单位序列响应 $h(n) = a^n u(n)$ $(0 < a < 1)$,输入信号 $f(n) = u(n) - u(n-6)$,求零状态响应 $y(n)$。

5—27 系统模拟框图如题 5-27 图所示,写出系统差分方程。

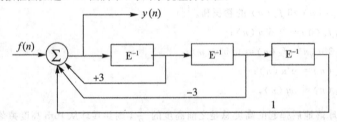

题 5-27 图

5—28 画出下列差分方程所对应的系统模拟框图。

(1) $y(n) - 2y(n-1) = f(n)$;

(2) $y(n) + 2y(n-1) = f(n-1)$;

(2) $y(n) - 5y(n-1) + 6y(n-2) = f(n)$;

(3) $y(n) + y(n-1) + \frac{1}{4}y(n-2) = f(n) + f(n-1)$。

5—29 系统框图如题 5-29 图所示,求系统单位序列响应并分析系统的稳定性。

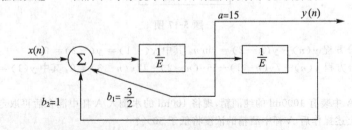

题 5-29 图

5-30 题 5-30 图所示离散系统有 2 个子系统组成，已知 $h_1(n) = 2\cos\left(\dfrac{n\pi}{4}\right)$，$h_2(n) = a^n u(n)$，激励 $f(n) = \delta(n) - a\delta(n-1)$，求：零状态响应 $y_f(n)$。

题 5-30 图

5-31 已知某 LTI 系统的输入为：$f(n) = \begin{cases} 1, n=0 \\ 4, n=1,2 \\ 0, 其他 \end{cases}$ 时，其零状态响应 $y(n) = \begin{cases} 0, n<0 \\ 9, n\geqslant 0 \end{cases}$，求系统的单位序列响应 $h(n)$。

第6章 Z变换及其应用

序列与离散时间系统的分析可采用变换域法——Z变换法,类似于拉普拉斯变换在连续时间信号与系统分析中的重要作用,Z变换在序列与离散时间系统分析中也发挥着重要作用。本章内容主要包括Z变换的定义、性质、Z平面与S平面的映射关系、离散时间系统的系统函数 $H(z)$ 以及离散时间系统的Z域分析法。

6.1 Z变换的定义及收敛域

6.1.1 Z变换的定义

Z变换可以利用连续时间信号的抽样信号的拉普拉斯变换方法推导得出,也可以直接对序列定义Z变换。

一、拉普拉斯变换推导Z变换

如果连续时间信号 $f(t)$ 通过冲激序列抽样得到抽样信号 $f_s(t)$,则

$$f_s(t) = \sum_{n=-\infty}^{\infty} f(t)\delta(t-nT_s) \tag{6.1-1}$$

式中,T_s 为抽样信号的抽样周期。对式(6.1-1)进行拉普拉斯变换可得

$$F_s(s) = \int_{-\infty}^{\infty} f_s(t) e^{-st} dt = \int_{-\infty}^{\infty} \Big[\sum_{n=-\infty}^{\infty} f(t)\delta(t-nT_s) \Big] e^{-st} dt$$

将上式求和与积分的顺序交换,并利用冲激函数性质可得 $f_s(t)$ 的拉普拉斯变换为

$$F_s(s) = \sum_{n=-\infty}^{\infty} \int_{-\infty}^{\infty} f(t)\delta(t-nT_s) e^{-st} dt = \sum_{n=-\infty}^{\infty} f(nT_s) e^{-snT_s} \tag{6.1-2}$$

若引入一个新的复变量 z,令

$$z = e^{sT_s} \tag{6.1-3}$$

将式(6.1-3)代入式(6.1-2),则式(6.1-2)变为关于复变量 z 的函数式 $F(z)$,即

$$F(z) = \sum_{n=-\infty}^{\infty} f(nT_s) z^{-n} \tag{6.1-4}$$

式(6.1-4)就是序列 $f(nT_s)$ 的Z变换定义式。如果 $T_s=1$,则Z变换定义为

$$F(z) = \sum_{n=-\infty}^{\infty} f(n) z^{-n} \tag{6.1-5}$$

因此,序列 $f(n)$ 的Z变换式 $F(z)$ 可视为抽样信号 $f_s(t)$ 的拉普拉斯变换 $F_s(s)$ 将复变量 s 代换为复变量 z 而得到的。需要注意的是,这种对应关系在个别点上是不成立的,但在通常情况下是成立的。可见,$F(z)$ 在本质上就是序列 $f(n)$ 的拉普拉斯变换,通常称Z变换函

数式 $F(z)$ 为序列 $f(n)$ 的象函数,称 $f(n)$ 为 $F(z)$ 的原函数或原序列。

二、Z 变换的直接定义

通常,Z 变换可分为单边 Z 变换和双边 Z 变换两种。序列 $f(n)$ 的单边 Z 变换定义为

$$F(z) = Z[f(n)] = \sum_{n=0}^{\infty} f(n) z^{-n} \tag{6.1-6}$$

式(6.1-6)中,符号 $Z[\cdot]$ 表示 Z 变换,变量 n 的取值范围为 $[0, \infty)$。

双边 Z 变换是指对于一切 n 值都有定义的双边序列 $f(n)$ 的 Z 变换,定义式为

$$F(z) = Z[f(n)] = \sum_{n=-\infty}^{\infty} f(n) z^{-n} \tag{6.1-7}$$

式(6.1-7)中,变量 n 的取值范围为 $(-\infty, \infty)$,这是与单边 Z 变换定义式(6.1-6)唯一不同之处。

如果序列 $f(n)$ 为因果序列,则其双边 Z 变换与其单边 Z 变换具有相同的表达式,否则双边 Z 变换与单边 Z 变换的表达式不同,因为二者的变量 n 取值范围不同。今后,在不混淆的情况下,统称它们为 Z 变换。实际应用中,通常用到单边 Z 变换,但离散时间系统分析中,非因果序列也具有一定的工程应用,因此在 Z 变换的学习中也要适当兼顾双边 Z 变换的内容。

由单边 Z 变换与双边 Z 变换的定义式可知,序列的 Z 变换是复变量 z^{-1} 的幂级数,而幂级数的系数就是序列 $f(n)$ 的相应值。

若 Z 变换的象函数 $F(z)$ 已知,则由复变函数理论可知,原函数 $f(n)$ 可表示为

$$f(n) = \frac{1}{2\pi j} \oint_C F(z) z^{n-1} dz \tag{6.1-8}$$

式(6.1-8)为 $F(z)$ 的反 Z 变换式,它与正 Z 变换式构成了一对 Z 变换对,记作

$$F(z) = Z[f(n)] \tag{6.1-9}$$

$$f(n) = Z^{-1}[F(z)] \tag{6.1-10}$$

$$f(n) \xleftrightarrow{z} F(z) \tag{6.1-11}$$

式中,符号 $Z^{-1}[\cdot]$ 表示反 Z 变换。

6.1.2 Z 变换的收敛域

序列 $f(n)$ 的 Z 变换 $F(z)$ 的收敛域是指对于任意给定的 $f(n)$,使其 Z 变换式 $F(z)$ 级数收敛的所有 z 值集合。对于单边 z 变换,序列与象函数 $F(z)$ 之间一一对应,有唯一的收敛域;而对于双边 Z 变换,不同序列在不同收敛域情况下可会能得到同一象函数 $F(z)$。因此,在求解序列的 Z 变换时,既要给出序列 Z 变换象函数 $F(z)$ 的表达式,又必须给出 Z 变换的收敛域。下面利用级数的根值判定法来判定几类序列 Z 变换的收敛域。

一、有限长序列

有限长序列是指序列只在有限的区间范围内($n_1 \leqslant n \leqslant n_2$, $n_1 \leqslant n_2$, n_1、n_2 为有限整数)具有非零的有限值,其 Z 变换定义式为

$$F(z) = \sum_{n=n_1}^{n_2} f(n) z^{-n} \tag{6.1-12}$$

因此，由 Z 变换收敛域的定义可知，当 $n_1<0$、$n_2>0$ 时，除 $z=\infty$ 和 $z=0$ 之外，$F(z)$ 级数在 Z 平面的其他各处都收敛，即此时 $F(z)$ 的收敛域为 $0<|z|<\infty$；当 $n_1<0$，$n_2\leqslant 0$ 时，$F(z)$ 级数的收敛域为 $|z|<\infty$；当 $n_1\geqslant 0$，$n_2>0$ 时，$F(z)$ 级数的收敛域为 $|z|>0$。所以，有限长序列 Z 变换的收敛域至少为 $0<|z|<\infty$，还有可能含有 $z=0$ 或 $z=\infty$。

二、右边序列

右边序列是指有始无终的序列，即当 $n<n_1$ 时，序列 $f(n)=0$。右边序列的 Z 变换为

$$F(z) = \sum_{n=n_1}^{\infty} f(n) z^{-n} \qquad (6.1-13)$$

利用级数的根值判定法可知，只有满足

$$\lim_{n\to\infty} \sqrt[n]{|f(n) z^{-n}|} < 1$$

序列 Z 变换 $F(z)$ 才收敛。所以可得到

$$|z| > \lim_{n\to\infty} \sqrt[n]{|f(n)|} = R_1 \qquad (6.1-14)$$

这时，$F(z)$ 是收敛的。式(6.1-14)中，R_1 是 $F(z)$ 的收敛半径。

由式(6.1-14)可知：右边序列的收敛域是半径为 R_1 的圆外部分。如果 $n_1\geqslant 0$，则 $F(z)$ 的收敛域包括 $z=\infty$，即收敛域为 $|z|>R_1$；如果 $n_1<0$，则 $F(z)$ 的收敛域不包括 $z=\infty$，即收敛域为 $R_1<|z|<\infty$。特别注意的是：当 $n_1=0$ 时，右边序列就是因果序列，其 Z 变换的收敛域为 $|z|>R_1$。

三、左边序列

左边序列是指无始有终的序列，即当 $n>n_2$ 时，序列 $f(n)=0$。左边序列的 Z 变换为

$$F(z) = \sum_{n=-\infty}^{n_2} f(n) z^{-n} \qquad (6.1-15)$$

若令 $m=-n$，再用 n 代替 m，则式(6.1-15)可以表示为

$$F(z) = \sum_{n=-n_2}^{\infty} f(-n) z^{n} \qquad (6.1-16)$$

利用级数的根值判定法，可得

$$|z| < \frac{1}{\lim\limits_{n\to\infty} \sqrt[n]{|f(n)|}} = R_2 \qquad (6.1-17)$$

这时，$F(z)$ 是收敛的。式(6.1-17)中，R_2 是 $F(z)$ 的收敛半径。

由式(6.1-17)可知：左边序列的收敛域是半径为 R_2 的圆内部分。当 $n_2>0$ 时，$F(z)$ 的收敛域不包括 $z=0$，即其收敛域为 $0<|z|<R_2$；当 $n_2\leqslant 0$ 时，$F(z)$ 的收敛域包括 $z=0$，即收敛域为 $|z|<R_2$。

四、双边序列

双边序列是指无始无终的序列，即该序列变量 n 的取值范围从 $-\infty$ 到 ∞。双边序列的 Z 变换为

$$F(z) = \sum_{n=-\infty}^{\infty} f(n)z^{-n}$$
$$= \sum_{n=-\infty}^{-1} f(n)z^{-n} + \sum_{n=0}^{\infty} f(n)z^{-n} \tag{6.1-18}$$

由式(6.1-18)可知：双边序列的 Z 变换可表示成左边序列和右边序列的 Z 变换之和的形式。式(6.1-18)中，第二个等号右端的第一项表示左边序列的 Z 变换定义式，其收敛域为 $|z|<R_2$；而第二项表示右边序列的 Z 变换定义式，其收敛域为 $|z|>R_1$。如果 $R_2>R_1$，则双边序列 Z 变换 $F(z)$ 的收敛域为左边序列和右边序列收敛域的重叠部分，即收敛域为 $R_1<|z|<R_2$（$R_1>0$、$R_2<\infty$）。可见，双边序列的收敛域为圆环。如果 $R_1>R_2$，则左边序列和右边序列不存在重叠的收敛域，此时 $F(z)$ 不收敛，也即双边序列的 Z 变换不存在。

应该注意的是：无论哪种序列 $f(n)$，其 Z 变换式 $F(z)$ 的收敛域既取决于序列 $f(n)$ 本身也取决于 Z 变换式 $F(z)$ 的形式（通过本章后续内容的学习，读者会体会到这一点）。

6.1.3 典型序列的 Z 变换

一、单位序列

单位序列 $\delta(n)$ 定义为
$$\delta(n) = \begin{cases} 1, n=0 \\ 0, n\neq 0 \end{cases}$$

$u(n)$ 的 Z 变换为
$$Z[\delta(n)] = \sum_{n=0}^{\infty} \delta(n)z^{-n} = 1 \tag{6.1-19}$$

收敛域包括整个 Z 平面。

二、单位阶跃序列

单位阶跃序列 $u(n)$ 定义为
$$u(n) = \begin{cases} 1, n\geqslant 0 \\ 0, n<0 \end{cases}$$

$u(n)$ 的 Z 变换为
$$Z[u(n)] = \sum_{n=0}^{\infty} u(n)z^{-n} = \sum_{n=0}^{\infty} z^{-n}$$

如果 $|z|>1$，则该级数收敛，可得
$$Z[u(n)] = \frac{z}{z-z} = \frac{1}{1-z^{-1}} \tag{6.1-20}$$

收敛域为 $|z|>1$。

三、单边指数序列

单边指数序列的表达式为
$$f(n) = a^n u(n), a \text{ 为实数}$$

其 Z 变换为
$$F(z) = Z[a^n u(n)] = \sum_{n=0}^{\infty} a^n z^{-n} = \sum_{n=0}^{\infty} (az^{-1})^n$$

如果满足$|z|>|a|$,则级数$F(z)$收敛,可得

$$F(z) = Z[a^n u(n)] = \frac{1}{1-(az^{-1})} = \frac{z}{z-a} \qquad (6.1-21)$$

收敛域为$|z|>|a|$。

进一步,如果式(6.1-21)中$a=e^{j\omega_0}$,则当$|z|>|e^{j\omega_0}|=1$时,可得

$$Z[e^{j\omega_0 n} u(n)] = \frac{z}{z-e^{j\omega_0}} \qquad (6.1-22)$$

式(6.1-22)的收敛域为$|z|>1$。称式(6.1-22)为虚指数序列的Z变换。

例 6.1-1 若已知下列的单边正弦序列和单边余弦序列,则求出它们的Z变换。

(1) $f(n) = \sin(\omega_0 n) u(n)$ (2) $f(n) = \cos(\omega_0 n) u(n)$

解: 由于

$$Z[e^{j\omega_0 n} u(n)] = \frac{z}{z-e^{j\omega_0}}, \quad |z|>1$$

$$Z[e^{-j\omega_0 n} u(n)] = \frac{z}{z-e^{-j\omega_0}}, \quad |z|>1$$

结合欧拉公式可得单边正弦序列的Z变换为

$$Z[\sin(\omega_0 n) u(n)] = Z\left[\frac{1}{2j}[e^{j\omega_0 n} u(n) - e^{-j\omega_0 n} u(n)]\right]$$

$$= \frac{1}{2j}\{Z[e^{j\omega_0 n} u(n)] - Z[e^{-j\omega_0 n} u(n)]\}$$

$$= \frac{1}{2j}\left(\frac{z}{z-e^{j\omega_0}} - \frac{z}{z-e^{-j\omega_0}}\right)$$

$$= \frac{z\sin\omega_0}{z^2 - 2z\cos\omega_0 + 1}, \quad |z|>1$$

同理,单边余弦序列的Z变换为

$$Z[\cos(\omega_0 n) u(n)] = Z\left[\frac{1}{2}[e^{j\omega_0 n} u(n) + e^{-j\omega_0 n} u(n)]\right]$$

$$= \frac{1}{2}\left(\frac{z}{z-e^{j\omega_0}} + \frac{z}{z-e^{-j\omega_0}}\right) = \frac{z(z-\cos\omega_0)}{z^2 - 2z\cos\omega_0 + 1}, \quad |z|>1$$

由此可见,单边正弦序列和单边余弦序列Z变换式的分母相同,收敛域都是$|z|>1$,只是Z变换式的分子不同。

四、斜变序列

斜变序列的表达式为

$$R(n) = nu(n)$$

其Z变换为

$$F(z) = Z[R(n)] = \sum_{n=0}^{\infty} n z^{-n}$$

$$= \frac{z}{(z-1)^2} = \frac{z^{-1}}{(1-z^{-1})} \qquad (6.1-23)$$

收敛域为$|z|>1$。

证明式(6.1-23):因为单位阶跃序列的Z变换为

$$\sum_{n=0}^{\infty} u(n) z^{-n} = \frac{1}{1-z^{-1}}, \ |z|>1 \qquad (6.1-24)$$

式(6.1-24)的左右两端分别对 z^{-1} 求导,可得

$$\sum_{n=0}^{\infty} n u(n) (z^{-1})^{n-1} = \frac{1}{(1-z^{-1})^2} \qquad (6.1-25)$$

再将式(6.1-25)的两边同时乘以 z^{-1},此时可得斜变序列的 Z 变换为

$$F(z) = Z[nu(n)] = \sum_{n=0}^{\infty} n z^{-n} = \frac{z}{(z-1)^2}, \ |z|>1 \qquad (6.1-26)$$

证毕。

如果再对式(6.1-26)最后一个等号的两端分别取 z^{-1} 的导数,还可以得到

$$Z[n^2 u(n)] = \frac{z(z+1)}{(z-1)^3} \qquad (6.1-27)$$

进一步,对式(6.1-27)等号左右两端再分别取 z^{-1} 的导数,还可以得到

$$Z[n^3 u(n)] = \frac{z^3+4z^2+z}{(z-1)^4}$$

这样一直继续取 z^{-1} 的导数,同理可得 $n^4 u(n)$,$n^5 u(n)$…等序列的 Z 变换。

为了方便读者查阅和使用,表 6.1-1 列出了一些常用序列的 Z 变换,其收敛域表中没有给出,请读者自行给出。

表 6.1-1 常用序列的 Z 变换表

序号	原序列 $f(n)u(n)$	Z 变换 $F(z)$
1	$\delta(n)$	1
2	$\delta(n-m), m \geqslant 0$	z^{-m}
3	$u(n)$	$\dfrac{z}{z-1}$
4	$u(n-m), m \geqslant 0$	$\dfrac{z}{z-1} \cdot z^{-m}$
5	a^n	$\dfrac{z}{z-a}$
6	$e^{j\omega_0 n}$	$\dfrac{z}{z-e^{j\omega_0}}$
7	$\sin(\omega_0 n)$	$\dfrac{z\sin\omega_0}{z^2-2z\cos\omega_0+1}$
8	$\cos(\omega_0 n)$	$\dfrac{z(z-\cos\omega_0)}{z^2-2z\cos\omega_0+1}$
9	n	$\dfrac{z}{(z-1)^2}$
10	na^n	$\dfrac{az}{(z-a)^2}$
11	$(n+1)a^n$	$\dfrac{z^2}{(z-a)^2}$

续表

12	na^{n-1}	$\dfrac{z}{(z-a)^2}$
13	$\dfrac{a^n-(-a)^n}{2a}$	$\dfrac{z}{z^2-a^2}$
14	$\dfrac{n(n+1)}{2}$	$\dfrac{z^2}{(z-1)^3}$
15	$\dfrac{n(n-1)\cdots(n-m+1)}{m!}$	$\dfrac{z}{(z-1)^{m+1}}$

6.1.4 Z变换的零极点分布图

Z变换的表达式 $F(z)$ 可以表示成变量 z 的有理分式形式，即

$$F(z)=\frac{B(z)}{A(z)}=\frac{b_0+b_1z+\cdots+b_{m-1}z^{m-1}+b_mz^m}{a_0+a_1z+\cdots+a_{n-1}z^{n-1}+a_nz^n} \qquad (6.1-28)$$

通常，称式(6.1-28)中 Z 变换式 $F(z)$ 分子多项式 $B(z)=0$ 的 m 个根为 $F(z)$ 的零点。$F(z)$ 包含 m 个零点以及 $n-m$ 个零值零点，常用 $z_1,z_2,\cdots,z_m$ 表示。称式(6.1-28)中 Z 变换式 $F(z)$ 分母多项式 $A(z)=0$ 的 n 个根为 $F(z)$ 的极点。$F(z)$ 包含 n 个极点，常用 $p_1,p_2,\cdots,p_n$ 表示。

式(6.1-28)还可以进一步用零、极点的形式表示为

$$F(z)=K\frac{(z-z_1)(z-z_2)\cdots(z-z_m)}{(z-p_1)(z-p_2)\cdots(z-p_n)} \qquad (6.1-29)$$

式(6.1-29)中，K 为常系数。由式(6.1-29)可见，除一个常系数 K 之外，Z 变换式 $F(z)$ 可以由其零、极点完全确定。

Z 变换中使用的是 Z 平面，如图 6.1-1 所示。Z 平面坐标轴的横坐标表示复变量 z 的实部，以"ReZ"表示；纵坐标表示复变量 z 的虚部，以"jImZ"表示。

如果将 Z 变换式 $F(z)$ 的全部零点和极点都表示在 Z 平面上，则此时的 Z 平面图称作 $F(z)$ 的零极点分布图。Z 变换的零极点分布图上，用"○"表示零点，用"×"表示极点，用两个"××"表示二阶极点。例如，如果 $F(z)$ 的表达式为

$$F(z)=\frac{(z+1)}{(z-1+0.8\mathrm{j})(z-1-0.8\mathrm{j})}$$

则此时 $F(z)$ 的零极点分布图如图 6.1-2 所示。

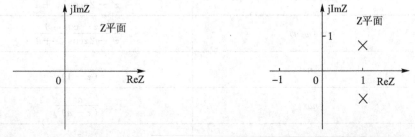

图 6.1-1　Z 变换的 Z 平面　　　　　图 6.1-2　$F(z)$ 的零极点分布图

6.1.5 Z平面与S平面间的映射关系

Z变换的复变量 z 与拉普拉斯变换的复变量 s 可以分别用极坐标与直角坐标形式表示,即

$$z = |z| e^{j\theta} \tag{6.1-30}$$

$$s = \sigma + j\omega \tag{6.1-31}$$

将式(6.1-30)与式(6.1-31)代入复变量 z 与 s 的关系式 $z = e^{sT_s}$,可得

$$|z| e^{j\theta} = e^{(\sigma + j\omega)T_s}$$

因此,可得

$$|z| = e^{\sigma T_s} = e^{\frac{2\pi\sigma}{\omega_s}} \tag{6.1-32}$$

$$\theta = \omega T_s = 2\pi \frac{\omega}{\omega_s} \tag{6.1-33}$$

在式(6.1-32)、(6.1-33)中,T_s 为序列的时间间隔,ω_s 为序列的重复频率,且 $\omega_s = \dfrac{2\pi}{T_s}$。由式(6.1-32)与式(6.1-33)可知,S~Z 平面间的映射关系为:

(1) S平面的虚轴($\sigma = 0$、$s = j\omega$)映射到 Z 平面为单位圆($|z| = 1$、$\theta = \omega T_s$);

(2) S平面的左半平面($\sigma < 0$、$s = \sigma + j\omega$)映射到 Z 平面为单位圆的圆内区域($|z| < 1$、$\theta = \omega T_s$);

(3) S平面的右半平面($\sigma > 0$、$s = \sigma + j\omega$)映射到 Z 平面为单位圆的圆外区域($|z| > 1$、$\theta = \omega T_s$);

(4) S平面的实轴($\omega = 0$、$s = \sigma$)映射到 Z 平面为正实轴($\theta = 0$、$|z| = e^{\sigma T_s}$);

(5) S平面平行于实轴的直线(ω 为常数、$s = \sigma + j\omega$)映射到 Z 平面为始于原点的射线($|z| = e^{\sigma T_s}$、$\theta = \omega T_s$ 为常数)。如果 S 平面上通过 $\dfrac{jn\omega_s}{2}$($n = \pm 1, \pm 3 \cdots$),且平行于实轴的直线映射到 Z 平面为负实轴($|z| = e^{\sigma T_s}$、$\theta = \pi$)。

需要注意的是:S平面与Z平面间的映射关系不是一一对应的单值映射,这是由于 $e^{j\theta}$ 是以 ω_s 为周期的周期函数。所以,在 S 平面上沿虚轴每移动 ω_s 个单位就对应于 Z 平面上沿单位圆旋转一周。

为了直观地呈现 S~Z 平面间的映射关系,表 6.1-2 中列出了 S~Z 平面的映射关系图。

表 6.1-2　S~Z 平面间的映射关系

S 平面($s = \sigma + j\omega$)	Z 平面($z = |z| e^{j\omega}$)
虚轴($\sigma = 0$、$s = j\omega$)	单位圆($|z| = 1$、θ 任意)

续表

左半平面($\sigma<0$)	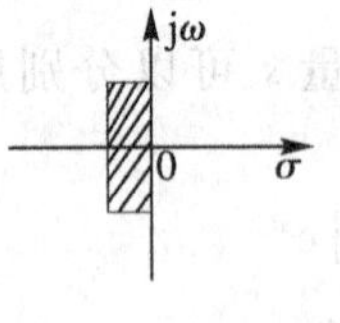 (s平面：左半平面阴影)	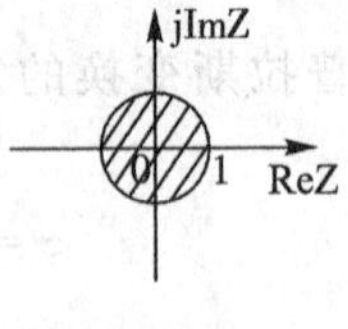 (z平面：单位圆内阴影)	单位圆内($\|z\|<1$、θ任意)
右半平面($\sigma>0$)	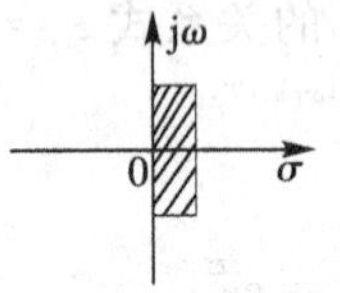 (s平面：右半平面阴影)	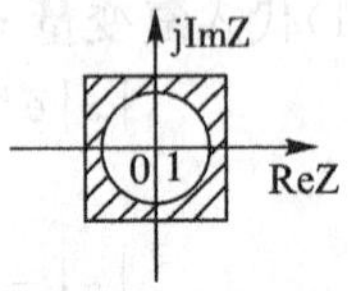 (z平面：单位圆外阴影)	单位圆外($\|z\|>1$、θ任意)
平行与虚轴的直线（σ为常数）	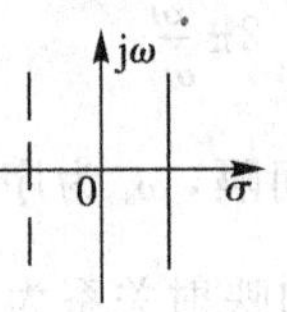 (s平面：平行虚轴直线)	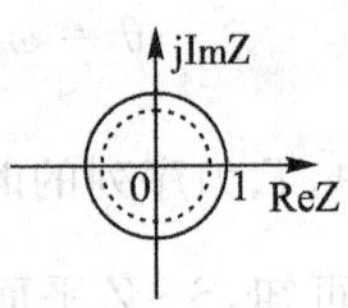 (z平面：圆)	圆（$\sigma<0$, $\|z\|<1$；$\sigma>0$, $\|z\|>1$）
实轴（$\omega=0$、$s=\sigma$）	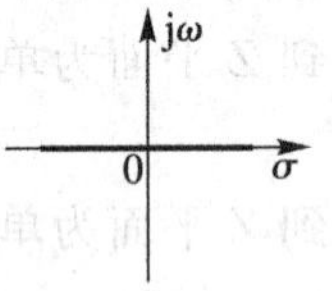 (s平面：实轴)	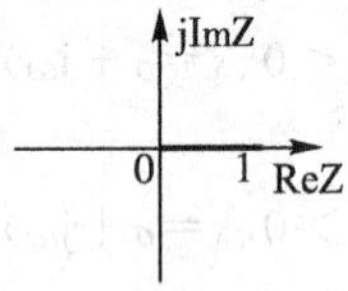 (z平面：正实轴)	正实轴（$\theta=0$、$\|z\|$任意）
平行实轴的直线（ω为常数）	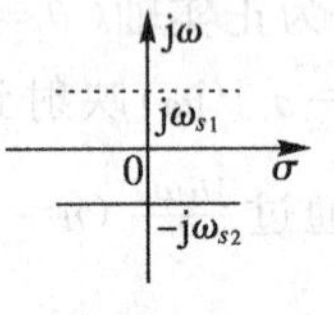 (s平面：$j\omega_{s1}$, $-j\omega_{s2}$)	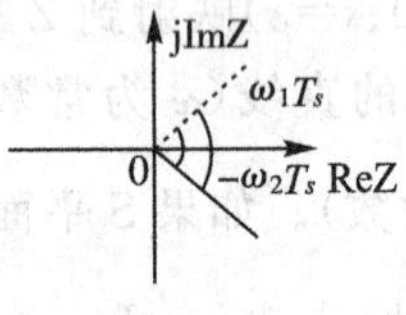 (z平面：射线 $\omega_1 T_s$, $-\omega_2 T_s$)	始于原点的射线（θ为常数、$\|z\|$任意）
过$\pm j\dfrac{n\omega_s}{2}$平行与实轴的直线（$n=1,3\cdots$）	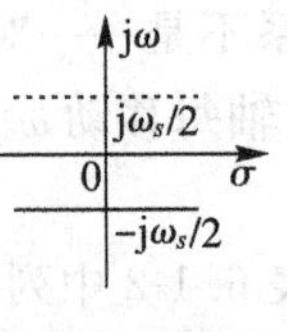 (s平面：$j\omega_s/2$, $-j\omega_s/2$)	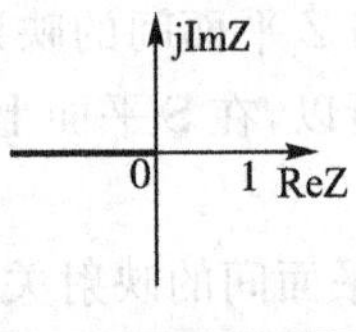 (z平面：负实轴)	负实轴（$\theta=\pi$、$\|z\|$任意）

例 6.1-2 若序列为 $f(n)=2^n u(n)-5^n u(-n-1)$，则求序列 $f(n)$ 的 Z 变换及其收敛域，并画出其 Z 变换的零极点分布图。

解： 由于序列 $f(n)$ 为双边序列，故本题可以分别求序列 $f(n)$ 的单边 Z 变换和双边 Z 变换。

(1) 单边 Z 变换

$$F_1(z)=\sum_{n=0}^{\infty}f(n)z^{-n}=\sum_{n=0}^{\infty}[2^n u(n)-5^n u(-n-1)]z^{-n}=\sum_{n=0}^{\infty}2^n z^{-n}$$

如果满足 $|z|>2$，则级数 $F_1(z)$ 是收敛的，可得

$$F_1(z)=\sum_{n=0}^{\infty}2^n z^{-n}=\frac{z}{z-2}$$

其收敛域为 $|z|>2$。由于 $F_1(z)$ 的零点为 $z=0$、极点为 $p=2$，故序列 $f(n)$ 单边 Z 变换 $F_1(z)$ 的零极点分布和收敛域图如图 6.1-3 所示。

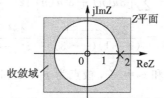

图 6.1-3　$F_1(z)$ 的零极点分布和收敛域图

(2) 双边 Z 变换

$$F_2(z) = \sum_{n=-\infty}^{\infty} f(n)z^{-n} = \sum_{n=-\infty}^{\infty}[2^n u(n)-5^n u(-n-1)]z^{-n}$$

$$= \sum_{n=0}^{\infty} 2^n z^{-n} - \sum_{n=-\infty}^{-1} 5^n z^{-n}$$

$$= \sum_{n=0}^{\infty} 2^n z^{-n} - \sum_{n=1}^{\infty} 5^{-n} z^n + 1$$

如果满足 $2<|z|<5$，则 $F_2(z)$ 是收敛的，可得

$$F_2(z) = \frac{z}{z-2} + \frac{5}{z-5} + 1$$

$$= \frac{z}{z-2} + \frac{z}{z-5}$$

其收敛域为 $2<|z|<5$。由于 $F_2(z)$ 的零点为 $z_1=0$ 和 $z_2=\frac{7}{2}$、极点为 $p_1=2$、$p_2=5$，故序列 $f(n)$ 双边 Z 变换 $F_2(z)$ 的零、极点分布和收敛域图如图 6.1-4 所示。

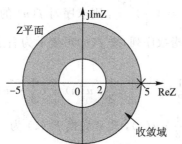

图 6.1-4　$F_2(z)$ 零极点分布和收敛域图

因为 Z 变换式 $F(z)$ 在收敛域内都是解析的，因此 $F(z)$ 在收敛域内不允许包含任何极点（但可以包含零点），所以 Z 变换式 $F(z)$ 的收敛域可以通过其极点确定。通常情况下，$F(z)$ 的收敛域是以极点为边界（相当于式(6.1-14)的 R_1 或式(6.1-17)的 R_2），再根据原序列是右边（其收敛域为圆外部分）、左边（其收敛域为圆内部分）还是双边（其收敛域为圆环的），就可以完全确定 Z 变换式 $F(z)$ 的收敛域。对于多个极点的情况，右边序列的收敛域是从 $F(z)$ 的最外边的有限极点（绝对值最大的极点）向外延伸一直至 $z\to\infty$（可能包括 $z=\infty$）；而左边序列的收敛域是从 $F(z)$ 的最里边的非零极点（绝对值最小的非零极点）向内延伸一直到 $z\to 0$（可能包括 $z=0$）。

例 6.1-3　若序列为 $f(n)=3u(n)+3^n u(n)$，则求序列 $f(n)$ 的 Z 变换 $F(z)$ 及其收敛域，画出 $F(z)$ 的零极点分布图，并在其零极点分布图上标明收敛域。

解：由于序列 $f(n)$ 为因果序列，故其 Z 变换就是单边 Z 变换形式，即

$$F(z) = \sum_{n=0}^{\infty} f(n)z^{-n} = \sum_{n=0}^{\infty} [3u(n) + 3^n u(n)]z^{-n} = \sum_{n=0}^{\infty} 3z^{-n} + \sum_{n=0}^{\infty} 3^n z^{-n}$$

$$= \frac{3z}{z-1} + \frac{z}{z-3} = \frac{2z(2z-5)}{(z-1)(z-3)} = \frac{4z^2 - 10z}{z^2 - 4z + 3}$$

可见，$F(z)$ 的零点为 $z_1 = 0$ 和 $z_2 = \frac{5}{2}$，极点为 $p_1 = 1$ 和 $p_2 = 3$。因为 $f(n)$ 为因果序列，也是右边序列，故其 Z 变换 $F(z)$ 的收敛域是以 $F(z)$ 的极点中绝对值最大者为边界圆的圆外部分，即收敛域为 $|z| > 3$，$F(z)$ 的零极点分布图和收敛域如图 6.1-5 所示。

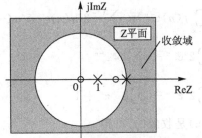

图 6.1-5 $F(z)$ 的零极点分布和收敛域图

例 6.1-3 是求右边序列的 Z 变换。如果需要求左边序列的 Z 变换，则可以按照下列方法求得：首先，将左边序列 $f(n)$ 的自变量 n 取反，即把序列 $f(n)$ 的 n 变为 $-k$，构成右边序列 $f(-k)$；其次，对右边序列 $f(-k)$ 求单边 Z 变换，得到 $F(\nu)$；然后，将所得的单边 Z 变换式 $F(\nu)$ 的复变量 ν 取倒数，即令 $\nu = z^{-1}$，并将其代入 $F(\nu)$ 式中就可得到左边序列的 Z 变换 $F(z)$；最后，还需要标出其收敛域。

例 6.1-4 若序列为 $f(n) = (\frac{1}{3})^{|n|}$，则求序列 $f(n)$ 的 Z 变换 $F(z)$ 及其收敛域。

解：由于序列 $f(n)$ 为双边指数序列，故 $f(n)$ 可表示为右边指数序列和左边指数序列之和的形式，即

$$f(n) = \left(\frac{1}{3}\right)^{|n|} = \left(\frac{1}{3}\right)^n u(n) + \left(\frac{1}{3}\right)^{-n} u(-n-1)$$

令右边指数序列为 $f_1(n) = \left(\frac{1}{3}\right)^n u(n)$，其 Z 变换 $F_1(z)$ 为

$$F_1(z) = \frac{z}{z - \frac{1}{3}}, \quad |z| > \frac{1}{3}$$

再令左边指数序列为 $f_2(n) = \left(\frac{1}{3}\right)^{-n} u(-n-1)$，下面求 $f_2(n)$ 的 Z 变换。

如果令 $n = -k$，则构成了右边序列，用 $f_2(-k)$ 表示为

$$f_2(-k) = \left(\frac{1}{3}\right)^k u(k-1) = \left(\frac{1}{3}\right)^k u(k) - \delta(k)$$

$f_2(-k)$ 的单边 Z 变换为

$$F_2(\nu) = \frac{\nu}{\nu - \frac{1}{3}} - 1 = \frac{\frac{1}{3}}{\nu - \frac{1}{3}}$$

再令 $\nu=z^{-1}$，并将其代入上式可得

$$F_2(z) = \frac{\frac{1}{3}}{z^{-1}-\frac{1}{3}} = -\frac{z}{z-3},\ |z|<3$$

由于 $\frac{1}{3}<|z|<3$ 存在公共部分，因此双边指数序列 $f(n)$ 的双边 Z 变换存在，即

$$F(z) = F_1(z) + F_2(z) = \frac{z}{z-\frac{1}{3}} - \frac{z}{z-3}$$

$$= \frac{-8z}{(3z-1)(z-3)}$$

其收敛域为 $\frac{1}{3}<|z|<3$。

如果序列为 $f(n)=3^{|n|}$，因为该序列的左边序列与右边序列的 Z 变换无公共收敛域，所以序列 $f(n)$ 不存在双边 Z 变换。

6.2 Z 变换的性质

序列 Z 变换的性质为求一些序列的 Z 变换提供了一种简便易行的方法。序列 Z 变换的性质也具有求解离散时间系统差分方程和离散时间系统 Z 域分析等用途。本节的重点是讨论序列 Z 变换的几种基本性质。

一、线性特性

序列 Z 变换的线性特性要求同时满足叠加性和齐次性。如果已知

$$f_1(n) \leftrightarrow F_1(z),\ R_{11}<|z|<R_{12}$$
$$f_2(n) \leftrightarrow F_2(z),\ R_{21}<|z|<R_{22}$$

则序列 Z 变换的线性特性为

$$af_1(n) + bf_2(n) \leftrightarrow aF_1(z) + bF_2(z),\ \max(R_{11},R_{21})<|z|<\min(R_{12},R_{22})$$

$$(6.2-1)$$

式(6.2—1)中，a、b 为任意常系数。

因此，时域内序列线性加权后所得结果的 Z 变换与时域内所有序列各自 Z 变换的线性加权相等。时域序列线性加权后所得结果的 Z 变换收敛域为原各时域序列 Z 变换收敛域的重叠部分，即在式(6.2—1)中取 R_{11} 与 R_{21} 较大者，取 R_{12} 与 R_{22} 较小者。如果原各时域序列 Z 变换的收敛域没有重叠部分，则时域序列线性加权后的 Z 变换不存在。如果 $F_1(z)$ 和 $F_2(z)$ 在线性加权时存在某些零点与某些极点相抵消的现象，则最终的收敛域可能扩大。

例 6.2-1 若已知序列 $f(n)=\sin(\omega_0 n)$，求序列 $f(n)$ 的 Z 变换。

解：由于序列 $f(n)$ 为双边序列，故可表示为

$$f(n) = \sin(\omega_0 n)u(n) + \sin(\omega_0 n)u(-n-1)$$

首先，求 $f_1(n) = \sin(\omega_0 n)u(n)$ 的 Z 变换为

$$F_1(z) = Z[f_1(n)] = Z[\sin(\omega_0 n)u(n)] = \frac{z\sin\omega_0}{z^2 - 2z\cos\omega_0 + 1},\ |z|>1$$

然后,再求 $f_2(n) = \sin(\omega_0 n)u(-n-1)$ 的 Z 变换为

$$F_2(z) = Z[f_2(n)] = Z[\sin(\omega_0 n)u(-n-1)] = \frac{z\sin\omega_0}{z^2 - 2z\cos\omega_0 + 1}, |z| < 1$$

可见,序列 $f_1(n)$ 和 $f_2(n)$ 的 Z 变换收敛域没有重叠部分,所以序列 $f(n)$ 的 Z 变换不存在。同理可得,双边余弦序列 $f(n) = \cos(\omega_0 n)$ 的 Z 变换也不存在。

二、位移特性

Z 变换的位移特性是指序列产生一定位移后的 Z 变换与原序列 Z 变换之间的对应关系。因为 Z 变换有单边 Z 变换和双边 Z 变换之分,所以 Z 变换的位移特性也有单边位移特性与双边位移特性之分。

1. 双边 Z 变换的位移特性

如果已知序列 $f(n)$ 的双边 Z 变换为

$$f(n) \leftrightarrow F(z)$$

则序列 $f(n)$ 右移 m 个单位后的双边 Z 变换为

$$f(n-m) \leftrightarrow z^{-m}F(z) \tag{6.2-2}$$

序列 $f(n)$ 左移 m 个单位后的双边 Z 变换为

$$f(n+m) \leftrightarrow z^m F(z) \tag{6.2-3}$$

式(6.2-2)、(6.2-3)中,m 为任意的正数。

式(6.2-2)的证明过程为:

$$Z[f(n-m)] = \sum_{n=-\infty}^{\infty} f(n-m)z^{-n} \xrightarrow{n-m=l,再令 l=n} Z[f(n-m)]$$

$$= z^{-m} \sum_{n=-\infty}^{\infty} f(n)z^{-n} = z^{-m}F(z)$$

证毕。

同理可以证明式(6.2-3)。

因此,序列位移后的双边 Z 变换等于原序列的双边 Z 变换与 $z^{\pm m}$ 因子的乘积。因为 $z^{\pm m}$ 因子的存在,所以序列位移后会使其 Z 变换在 $z=0$ 或 $z=\infty$ 处的零、极点发生变化。若序列 $f(n)$ 也是双边序列,因为其 Z 变换的收敛域是圆环,所以双边 Z 变换的位移特性不会使双边序列位移后的 Z 变换收敛域发生变化。

2. 单边 Z 变换的位移特性

如果已知序列 $f(n)$ 的单边 Z 变换为

$$f(n)u(n) \leftrightarrow F(z)$$

则序列 $f(n)$ 右移 m 个单位后的单边 Z 变换为

$$f(n-m)u(n) \leftrightarrow z^{-m}\left[F(z) + \sum_{l=-m}^{-1} f(l)z^{-l}\right] \tag{6.2-4}$$

序列 $f(n)$ 左移 m 个单位后的单边 Z 变换为

$$f(n+m)u(n) \leftrightarrow z^m\left[F(z) - \sum_{l=0}^{m-1} f(l)z^{-l}\right] \tag{6.2-5}$$

式(6.2-4)、(6.2-5)中,m 为任意的正数。

式(6.2-4)的证明过程为：

$$Z[f(n-m)u(n)] = \sum_{n=0}^{\infty} f(n-m)z^{-n}$$

$$= z^{-m} \sum_{n=0}^{\infty} f(n-m)z^{-(n-m)} \xrightarrow{n-m=l} Z[f(n-m)u(n)]$$

$$= z^{-m} \sum_{l=-m}^{\infty} f(l)z^{-l} = z^{-m} \left[\sum_{l=0}^{\infty} f(l)z^{-l} + \sum_{l=-m}^{-1} f(l)z^{-l} \right]$$

$$= z^{-m} \left[F(z) + \sum_{l=-m}^{-1} f(l)z^{-l} \right]$$

证毕。

同理可证式(6.2-5)。

然而，如果序列 $f(n)$ 是因果序列，因为式(6.2-4)中的 $\sum_{l=-m}^{-1} f(l)z^{-l} = 0$，所以因果序列右移后的单边 Z 变换位移特性为

$$f(n-m)u(n) \leftrightarrow z^{-m} F(z) \tag{6.2-6}$$

这与双边 Z 变换的位移特性表达式(6.2-2)类似。相比较而言，因果序列左移后的单边 Z 变换位移特性仍是式(6.2-5)，不发生变化。

例 6.2-2 若序列为 $f(n) = u(n-M_1) - u(n+M_2)$，其中 M_1、M_2 均为正整数，则求序列 $f(n)$ 的双边 Z 变换。

解：由于 $u(n)$ 的 Z 变换为

$$u(n) \leftrightarrow \frac{z}{z-1}, \ |z| > 1$$

利用 Z 变换的位移特性，可得

$$u(n-M_1) \leftrightarrow \frac{z}{z-1} z^{-M_1} = \frac{z^{-M_1+1}}{z-1}, \ 1 < |z| < \infty$$

$$u(n+M_2) \leftrightarrow \frac{z}{z-1} z^{M_2} = \frac{z^{M_2+1}}{z-1}, \ 1 < |z| < \infty$$

所以，序列 $f(n)$ 的双边 Z 变换 $F(z)$ 为

$$F(z) = \frac{z^{-M_1+1}}{z-1} - \frac{z^{M_2+1}}{z-1} = \frac{z^{-M_1+1} - z^{M_2+1}}{z-1}$$

$$= \frac{z(z^{-M_1} - z^{M_2})}{z-1}, \ 0 < |z| < \infty$$

可见，在例 6.2-2 中序列 $f(n)$ 双边 Z 变换最后结果 $F(z)$ 的收敛域发生了变化，这是由于 $z=1$ 既是 $F(z)$ 的零点，又是 $F(z)$ 的极点，零、极点抵消后的收敛域变大了，收敛域变为 $0 < |z| < \infty$。

序列 Z 变换的位移特性常用来求解描述离散时间系统的差分方程，这方面的内容将在后续章节中讨论。

三、Z 域尺度变换特性

如果已知序列 $f(n)$ 的 Z 变换为

$$f(n) \leftrightarrow F(z), R_1 < |z| < R_2$$

则序列 $f(n)$ 的 Z 域尺度变换特性为

$$a^n f(n) \leftrightarrow F\left(\frac{z}{a}\right), R_1 < \left|\frac{z}{a}\right| < R_2 \tag{6.2-7}$$

$$a^{-n} f(n) \leftrightarrow F(az), R_1 < |az| < R_2 \tag{6.2-8}$$

式(6.2-7)、(6.2-8)中,a 为实数。

式(6.2-8)的证明过程为

$$Z[a^{-n} f(n)] = \sum_{n=-\infty}^{\infty} a^{-n} f(n) z^{-n} = \sum_{n=-\infty}^{\infty} f(n)(az)^{-n} = F(az)$$

证毕。

同理可证式(6.2-7)成立。

因此,序列 $f(n)$ 时域内乘以指数序列等效于序列 $f(n)$ 的 Z 变换 $F(z)$ 在 Z 平面上尺度扩展或压缩。

例 6.2-3 如果已知序列 $f(n) = a^n \cos(\omega_0 n) u(n)$,$a$ 为实数,则利用 Z 域尺度变换特性求序列 $f(n)$ 的 Z 变换。

解:因为

$$\cos(\omega_0 n) u(n) \leftrightarrow \frac{z(z - \cos \omega_0)}{z^2 - 2z \cos \omega_0 + 1}, |z| > 1$$

利用 Z 域尺度变换特性,可得

$$Z[a^n \cos(\omega_0 n) u(n)] = \frac{\left(\frac{z}{a}\right)\left(\frac{z}{a} - \cos \omega_0\right)}{\left(\frac{z}{a}\right)^2 - 2\left(\frac{z}{a}\right)\cos \omega_0 + 1} = \frac{a^2 z(z - a \cos \omega_0)}{z^2 - 2az \cos \omega_0 + a^2}$$

其收敛域为 $\left|\frac{z}{a}\right| > 1$,即 $|z| > |a|$。

四、时域扩展特性

已知序列 $f(n)$ 的 Z 变换为

$$f(n) \leftrightarrow F(z), R_1 < |z| < R_2$$

如果序列 $f(n)$ 在时间轴上扩展 N 倍,可得序列 $f\left(\frac{n}{N}\right)$($n$ 为 N 的整数倍),则扩展序列 $f\left(\frac{n}{N}\right)$ 的 Z 变换为

$$f\left(\frac{n}{N}\right) \leftrightarrow F(z^N), R_1 < |z^N| < R_2 \tag{6.2-9}$$

式(6.2-9)的证明过程为

$$Z\left[f\left(\frac{n}{N}\right)\right] = \sum_{n=-\infty}^{\infty} f\left(\frac{n}{N}\right) z^{-n} \xrightarrow{n = kN} Z\left[f\left(\frac{n}{N}\right)\right] = \sum_{k=-\infty}^{\infty} f(k) z^{-kN}$$

$$= \sum_{k=-\infty}^{\infty} f(k)(z^N)^{-k} = F(z^N)$$

其收敛域为 $R_1 < |z^N| < R_2$，即 $R_1^{\frac{1}{N}} < |z| < R_2^{\frac{1}{N}}$。

证毕。

需要注意的是：因为时域压缩序列 $f(nN)$ (N>1) 不包含 $f(n)$ 的所有信息（只是抽取了部分序列值），所以不能由 $f(n)$ 的 Z 变换导出序列 $f(nN)$ 的 Z 变换，即 Z 变换没有时域压缩特性。

式(6.2-9)中，若序列 $f(n)$ 的扩展倍数 $N=-1$，则式(6.2-9)变为

$$f(-n) \leftrightarrow F(z^{-1}), R_1 < |z^{-1}| < R_2 \qquad (6.2-10)$$

称式(6.2-10)为序列 Z 变换的时域反转特性。

五、Z 域微分特性

如果已知序列 $f(n)$ 的 Z 变换为

$$f(n) \leftrightarrow F(z), R_1 < |z| < R_2$$

则 Z 变换的 Z 域微分特性为

$$nf(n) \leftrightarrow -z\frac{\mathrm{d}F(z)}{\mathrm{d}z}, R_1 < |z| < R_2 \qquad (6.2-11)$$

式(6.2-11)的证明过程为：由 Z 变换的定义可知

$$F(z) = \sum_{n=-\infty}^{\infty} f(n)z^{-n}$$

将上式的等号两边同时对 z 求导数，可得

$$\frac{\mathrm{d}F(z)}{\mathrm{d}z} = \sum_{n=-\infty}^{\infty} (-n)f(n)z^{-n-1}$$

求导数后，式中等号两边再同时乘以 $-z$，可得

$$-z\frac{\mathrm{d}F(z)}{\mathrm{d}z} = \sum_{n=-\infty}^{\infty} nf(n)z^{-n} = Z[nf(n)], R_1 < |z| < R_2$$

证毕。

因此，序列 $f(n)$ 在时域乘以自变量 n 后的 Z 变换等于序列 $f(n)$ 的 Z 变换 $F(z)$ 对 z 取导数再乘以 $-z$ 因子，其收敛域不变，但是增加了一个零点 $z=0$。

同理可知

$$n^2 f(n) \leftrightarrow z^2 \frac{\mathrm{d}^2 F(z)}{\mathrm{d}z^2} + z\frac{\mathrm{d}F(z)}{\mathrm{d}z} \qquad (6.2-12)$$

$$n^m f(n) \leftrightarrow \left[-z\frac{\mathrm{d}}{\mathrm{d}z}\right]^m F(z) \qquad (6.2-13)$$

式(6.2-13)中，$\left[-z\dfrac{\mathrm{d}}{\mathrm{d}z}\right]^m$ 表示 $-z\dfrac{\mathrm{d}F(z)}{\mathrm{d}z}$ 共求导 m 次。

例 6.2-4 若已知序列为 $f(n)=na^n u(n+1)$，利用 Z 变换的性质求序列 $f(n)$ 的 Z 变换。

解：令 $f_1(n)=u(n)$，求其 Z 变换可得

$$F_1(z) = Z[f_1(n)] = Z[u(n)] = \frac{z}{z-1}, |z|>1$$

利用 Z 变换的位移特性,可得

$$F_2(z) = Z[u(n+1)] = zF_1(z) = \frac{z^2}{z-1}, 1 < |z| < \infty$$

然后,利用 Z 域微分特性,可得

$$F_3(z) = Z[nu(n+1)] = -z\frac{dF_2(z)}{dz} = \frac{z(z-2)}{(z-1)^2}, |z| > 1$$

再利用 Z 域尺度变换特性,可得

$$F(z) = Z[na^n u(n+1)] = F_3\left(\frac{z}{a}\right)$$

$$= \frac{\left(\frac{z}{a}\right)^2 - 2\left(\frac{z}{a}\right)}{\left(\frac{z}{a}\right)^2 - 2\left(\frac{z}{a}\right) + 1} = \frac{z^2 - 2az}{z^2 - 2az + a^2}, |z| > |a|$$

六、初值定理与终值定理

1. 初值定理

如果序列 $f(n)$ 是因果序列,且序列 $f(n)$ 的 Z 变换为

$$F(z) = Z[f(n)] = \sum_{n=0}^{\infty} f(n) z^{-n}$$

则序列 Z 变换的初值定理为

$$f(0) = \lim_{z \to \infty} F(z) \qquad (6.2-14)$$

式(6.2-14)的证明过程为:由 Z 变换的定义式可知

$$F(z) = \sum_{n=0}^{\infty} f(n) z^{-n} = f(0) + f(1) z^{-1} + f(2) z^{-2} + \cdots$$

将上式对 $z \to \infty$ 取极限时,式中第二个等号右端的级数项中除了第一项 $f(0)$ 外,其余各项均趋向于 0,故可得

$$\lim_{z \to \infty} F(z) = \lim_{z \to \infty} \sum_{n=0}^{\infty} f(n) z^{-n} = f(0)$$

证毕。

2. 终值定理

如果序列 $f(n)$ 是因果序列,且 $n \to \infty$ 时 $f(n)$ 收敛,$f(n)$ 的 Z 变换满足

$$F(z) = Z[f(n)] = \sum_{n=0}^{\infty} f(n) z^{-n}$$

则序列 Z 变换的终值定理为

$$f(\infty) = \lim_{n \to \infty} f(n) = \lim_{z \to 1}[(z-1) F(z)] \qquad (6.2-15)$$

式(6.2-15)的证明过程为:

$$Z[f(n+1) - f(n)] = zF(z) - zf(0) - F(z) = (z-1)F(z) - zf(0)$$

将上式对 $z \to 1$ 取极限,可得

$$\lim_{z \to 1}[(z-1)F(z)] = f(0) + \lim_{z \to 1} \sum_{n=0}^{\infty}[f(n+1) - f(n)] z^{-n}$$

$$= f(0) + [f(1)-f(0)] + [f(2)-f(1)] + [f(3)-f(2)] + \cdots$$
$$= f(\infty)$$

故可得
$$f(\infty) = \lim_{n \to \infty} f(n) = \lim_{z \to 1}[(z-1)F(z)]$$

证毕。

应该注意的是，序列 Z 变换终值定理存在的条件是：当 $n \to \infty$ 时，序列 $f(n)$ 收敛。这就要求满足 $F(z)$ 的极点必须落在单位圆内(在单位圆上时，只能存在 $z=1$ 点且为一阶极点)或要求满足 $|z| \geq 1$ 时 $(z-1)F(z)$ 收敛，即收敛域必须包含单位圆在内。

序列 Z 变换的初值定理和终值定理在不需要求反 Z 变换的情况下，可以直接由序列 $f(n)$ 的 Z 变换 $F(z)$ 求出序列的初值 $f(0)$ 和终值 $f(\infty)$。

例 6.2-5 若已知序列为 $f(n) = (\frac{1}{3})^n u(n) + u(n-1)$，利用序列 Z 变换的初值定理和终值定理求序列 $f(n)$ 的初值 $f(0)$ 和终值 $f(\infty)$。

解：序列 $f(n)$ 的 Z 变换为
$$F(z) = Z[f(n)] = Z[(\frac{1}{3})^n u(n) + u(n-1)]$$
$$= \frac{z}{z-\frac{1}{3}} + \frac{1}{z-1} = \frac{z^2 - \frac{1}{3}}{(z-\frac{1}{3})(z-1)}, \quad |z| > 1$$

利用序列 Z 变换的初值定理，可得
$$f(0) = \lim_{z \to \infty} F(z) = \lim_{z \to \infty}\left[\frac{z^2 - \frac{1}{3}}{(z-\frac{1}{3})(z-1)}\right] = 1$$

因为 $F(z)$ 的极点为 $p_1 = \frac{1}{3}$、$p_2 = 1$，满足当 $n \to \infty$ 时 $f(n)$ 收敛的条件。故利用序列 Z 变换的终值定理，可得
$$f(\infty) = \lim_{z \to 1}[(z-1)F(z)] = \lim_{z \to 1}\left[(z-1)\frac{z^2 - \frac{1}{3}}{(z-\frac{1}{3})(z-1)}\right] = 1$$

所以，由初值定理和终值定理求得序列 $f(n)$ 的初值、终值分别为 $f(0)=1$、$f(\infty)=1$。

七、卷积定理

1. 时域卷积定理

如果已知序列的 Z 变换分别为
$$f_1(n) \leftrightarrow F_1(z), R_{11} < |z| < R_{12} \qquad f_2(n) \leftrightarrow F_2(z), R_{21} < |z| < R_{22}$$

则序列 Z 变换的时域卷积定理为
$$f_1(n) * f_2(n) \leftrightarrow F_1(z)F_2(z), \max(R_{11}, R_{21}) < |z| < \min(R_{12}, R_{22}) \quad (6.2-16)$$

因此，序列时域卷积的 Z 变换等于各序列 Z 变换的乘积，其收敛域为 $F_1(z)$ 和 $F_2(z)$ 收敛域的重叠部分。如果定理中出现 Z 变换的零极点相抵消的情况，则收敛域可能扩大。

式(6.2-16)的证明过程为：

$$Z[f_1(n) * f_2(n)] = \sum_{n=-\infty}^{\infty}[f_1(n) * f_2(n)]z^{-n} = \sum_{n=-\infty}^{\infty}\sum_{m=-\infty}^{\infty}f_1(m)f_2(n-m)z^{-n}$$

$$= \sum_{m=-\infty}^{\infty}f_1(m)\sum_{n=-\infty}^{\infty}f_2(n-m)z^{-(n-m)}z^{-m}$$

$$= \sum_{m=-\infty}^{\infty}f_1(m)z^{-m}F_2(z) = F_1(z)F_2(z)$$

故可得 $$f_1(n) * f_2(n) \leftrightarrow F_1(z)F_2(z)$$

证毕。

Z 变换的时域卷积特性最直接的应用是求解线性时不变离散时间系统的零状态响应。该求解过程可不必进行时域卷积运算,而是先将时域卷积运算通过时域卷积特性变为 Z 域乘积运算,求出零状态响应的 Z 变换结果后,再求反 Z 变换就可得到离散时间系统的时域零状态响应。

2. Z 域卷积定理(时域乘积定理)

如果已知序列的 Z 变换分别为

$$f_1(n) \leftrightarrow F_1(z), R_{11} < |z| < R_{12} \quad f_2(n) \leftrightarrow F_2(z), R_{21} < |z| < R_{22}$$

则序列 Z 变换的 Z 域卷积定理为

$$f_1(n)f_2(n) \leftrightarrow \frac{1}{2\pi j}\oint_{C_1}F_1(\frac{z}{\nu})F_2(\nu)\nu^{-1}d\nu \quad (6.2-17)$$

或 $$f_1(n)f_2(n) \leftrightarrow \frac{1}{2\pi j}\oint_{C_2}F_1(\nu)F_2(\frac{z}{\nu})\nu^{-1}d\nu \quad (6.2-18)$$

式中,C_1 为 $F_1(\frac{z}{\nu})$ 和 $F_2(\nu)$ 的收敛域重叠部分内的逆时针围线,C_2 为 $F_1(\nu)$ 和 $F_2(\frac{z}{\nu})$ 的收敛域重叠部分内的逆时针围线。$Z[f_1(n)f_2(n)]$ 的收敛域为 $F_1(\nu)$ 与 $F_2(\frac{z}{\nu})$ 或 $F_1(\frac{z}{\nu})$ 与 $F_2(\nu)$ 的重叠部分,即为 $R_{11}R_{21} < |z| < R_{12}R_{22}$。

例 6.2-6 若已知某线性时不变离散时间系统的单位序列响应为 $h(n) = 3^n u(n)$,作用于该系统的激励序列为 $f(n) = 5^n u(n)$,求此系统的零状态响应 $y(n)$。

解:该系统的零状态响应 $y(n)$ 为

$$y(n) = f(n) * h(n) = [5^n u(n)] * [3^n u(n)]$$

利用 Z 变换的时域卷积特性,可得

$$Y(z) = F(z)H(z)$$

因为

$$F(z) = Z[f(n)] = Z[5^n u(n)] = \frac{z}{z-5}, |z| > 5$$

$$H(z) = Z[h(n)] = Z[3^n u(n)] = \frac{z}{z-3}, |z| > 3$$

故可得 $$Y(z) = F(z)H(z) = \frac{z^2}{(z-5)(z-3)}, |z| > 5$$

再将 $Y(z)$ 进行部分分式分解,可得

$$Y(z) = \frac{1}{2}(\frac{5z}{z-5} - \frac{3z}{z-3})$$

$Y(z)$ 的反 Z 变换即为该系统的零状态响应,故

$$y(n) = Z^{-1}[Y(z)] = \frac{1}{2}(5^{n+1} - 3^{n+1})u(n)$$

八、共轭特性

如果已知序列 $f(n)$ 的 Z 变换为

$$f(n) \leftrightarrow F(z), R_1 < |z| < R_2$$

则序列 $f(n)$ 的共轭序列 $f^*(n)$ 的 Z 变换为

$$f^*(n) \leftrightarrow F^*(z^*), R_1 < |z| < R_2 \quad (6.2-19)$$

式(6.2-19)的证明过程为:由 Z 变换的定义式可知

$$F(z) = \sum_{n=-\infty}^{\infty} f(n) z^{-n}$$

对上式等号两边取共轭,可得

$$F^*(z) = \sum_{n=-\infty}^{\infty} f^*(n)(z^*)^{-n}$$

再令 $z^* = z$,可得

$$F^*(z^*) = \sum_{n=-\infty}^{\infty} f^*(n) z^{-n} = Z[f^*(n)]$$

所以

$$f^*(n) \leftrightarrow F^*(z^*)$$

证毕。

如果序列 $f(n)$ 为实序列,即 $f(n) = f^*(n)$,则其 Z 变换存在

$$F(z) = F^*(z^*) \quad (6.2-20)$$

$$F^*(z) = F(z^*) \quad (6.2-21)$$

九、时域差分与求和特性

如果已知序列 $f(n)$ 的 Z 变换为

$$f(n) \leftrightarrow F(z), R_1 < |z| < R_2$$

则序列 $f(n)$ 的后向差分 $\nabla f(n) = f(n) - f(n-1)$ 的 Z 变换为

$$\nabla f(n) \leftrightarrow \left(\frac{z-1}{z}\right) F(z), R_1 < |z| < R_2 \quad (6.2-22)$$

序列 $f(n)$ 的求和序列 $\sum_{m=-\infty}^{n} f(m)$ 的 Z 变换为

$$\sum_{m=-\infty}^{n} f(m) \leftrightarrow \left(\frac{z}{z-1}\right) F(z) \quad (6.2-23)$$

其收敛域为 $\max(R_1, 1) < |z| < R_2$ 或 $R_1 < |z| < \min(R_2, 1)$。

在式(6.2-22)中,Z 变换表达式中增加了一个零点 $z=1$ 和一个极点 $p=0$。因为 $R_1 \geqslant 0$,故其收敛域仍然为 $R_1 < |z| < R_2$。在式(6.2-23)中,Z 变换表达式中增加了一个极点 $p=1$ 和一个零点 $z=0$,故其收敛域由 R_1、R_2 与 1 的大小决定,即为 $\max(R_1, 1) < |z| < R_2$ 或 $R_1 < |z| < \min(R_2, 1)$。如果出现 Z 变换表达式中零、极点相抵消的情况,则收敛域可能扩大。

例 6.2-7 若已知序列为 $f(n) = \sum_{k=0}^{n} ku(k)$，利用 Z 变换的性质求序列 $f(n)$ 的 Z 变换。

解：令 $F_1(z)$ 为序列 $f_1(n) = nu(n)$ 的 Z 变换，利用 Z 变换的时域差分特性，可得

$$Z[\nabla f_1(n)] = Z[nu(n) - (n-1)u(n-1)] = Z[u(n-1)] = \left(\frac{z-1}{z}\right)F_1(z)$$

利用 $u(n)$ 的 Z 变换以及 Z 变换的位移特性，可得

$$Z[u(n-1)] = \frac{1}{z-1}, \quad |z| > 1$$

将其代入上式，可得

$$\frac{1}{z-1} = \left(\frac{z-1}{z}\right)F_1(z)$$

故得到

$$F_1(z) = \frac{z}{(z-1)^2}, \quad |z| > 1$$

再利用 Z 变换的求和特性，可得 $f(n)$ 的 Z 变换为

$$Z[f(n)] = Z\left[\sum_{k=0}^{n} f_1(k)\right] = \left(\frac{z}{z-1}\right)F_1(z) = \frac{z^2}{(z-1)^3}, \quad |z| > 1$$

本例题中，$F_1(z)$ 也可以通过 Z 变换的 Z 域微分特性或通过求单边斜边序列的 Z 变换来求得。

现将 Z 变换的基本性质列于表 6.2-1 中，表中假设

$$f_1(n) \leftrightarrow F_1(z), \quad R_{11} < |z| < R_{12}$$
$$f_2(n) \leftrightarrow F_2(z), \quad R_{21} < |z| < R_{22}$$
$$f(n) \leftrightarrow F(z), \quad R_1 < |z| < R_2$$

式中，$F(z)$、$F_1(z)$ 和 $F_2(z)$ 的收敛域都是假设的，当然也可以表示为其他形式，例如圆内部分或圆外部分。需要注意的是：如果 $F(z)$、$F_1(z)$ 和 $F_2(z)$ 的收敛域发生了变化，那么表 6.2-1 中部分 Z 变换的性质要发生变化，且每个 Z 变换性质的收敛域都要发生相应的变化。

表 6.2-1 Z 变换基本性质表

性质	序列	Z 变换	收敛域
线性	$af_1(n) + bf_2(n)$	$aF_1(z) + bF_2(z)$	$\max(R_{11}, R_{21}) < |z|$ $< \min(R_{12}, R_{22})$
位移	$f(n \pm m)$	$z^{\pm m} F(z)$	$R_1 < |z| < R_2$
	$f(n-m)u(n)$	$z^{-m}\left[F(z) + \sum_{n=-m}^{-1} f(n)z^{-n}\right]$	$R_1 < |z| < R_2$
	$f(n+m)u(n)$	$z^{m}\left[F(z) - \sum_{n=0}^{m-1} f(n)z^{-n}\right]$	$R_1 < |z| < R_2$
时域扩展	$f\left(\frac{n}{N}\right), n = kN$	$F(z^N)$	$R_1 < |z^N| < R_2$
Z 域尺度变换	$a^{\pm n} f(n)$	$F(z^N)$	$R_1 < |z^N| < R_2$

续表

时域反转	$f(-n)$	$F\left(\dfrac{1}{z}\right)$	$R_1 < \left|\dfrac{1}{z}\right| < R_2$
时域卷积	$f_1(n) * f_2(n)$	$F_1(z)F_2(z)$	$\max(R_{11}, R_{21}) < \|z\|$ $< \min(R_{12}, R_{22})$
Z 域卷积	$f_1(n)f_2(n)$	$\dfrac{1}{2\pi\mathrm{j}}\oint_C F_1(\nu)F_2\left(\dfrac{z}{\nu}\right)\dfrac{\mathrm{d}\nu}{\nu}$	$R_{11}R_{21} < \|z\| < R_{12}R_{22}$
时域差分	$\nabla f(n) =$ $f(n) - f(n-1)$	$\left(\dfrac{z-1}{z}\right)F(z)$	$R_1 < \|z\| < R_2$
时域求和	$\sum\limits_{m=-\infty}^{n} f(m)$	$\left(\dfrac{z}{z-1}\right)F(z)$	$\max(R_1, 1) < \|z\| < R_2$ 或 $R_1 < \|z\| < \min(R_2, 1)$
Z 域微分	$nf(n)$	$-z\dfrac{\mathrm{d}F(z)}{\mathrm{d}z}$	$R_1 < \|z\| < R_2$
Z 域积分	$\dfrac{1}{n}f(n)$	$-\displaystyle\int_0^z \dfrac{F(\nu)}{\nu}\mathrm{d}\nu$	$R_1 < \|z\| < R_2$
初值	$f(0) = \lim\limits_{z\to\infty} F(z)$		$f(n)$ 为因果序列, $\|z\| > R_1$
终值	$f(\infty) = \lim\limits_{z\to 1}[(z-1)F(z)]$		$f(n)$ 为因果序列,且当 $\|z\| \geqslant 1$ 时 $(z-1)F(z)$ 收敛
共轭	$f^*(n)$		$F^*(z^*)$
	$\mathrm{Re}[f(n)]$		$\dfrac{1}{2}[F(z) + F^*(z^*)]$
	$\mathrm{Im}[f(n)]$		$\dfrac{1}{2\mathrm{j}}[F(z) - F^*(z^*)]$

6.3 反 Z 变换

当对序列与离散时间系统进行分析处理时,有时需要通过 Z 变换中 Z 域的象函数 $F(z)$ 求解出对应的原时域序列 $f(n)$,该过程称为"反 Z 变换"。如果已知序列 $f(n)$ 的 Z 变换对为

$$f(n) \leftrightarrow F(z)$$

那么 $F(z)$ 的反 Z 变换可以通过式围线积分表示为

$$f(n) = Z^{-1}[F(z)] = \dfrac{1}{2\pi\mathrm{j}}\oint_C F(z)z^{n-1}\mathrm{d}z \qquad (6.3-1)$$

式(6.3—1)中,C 为包围因式 $F(z)z^{n-1}$ 所有极点的逆时针方向闭合积分曲线,通常选取 Z 平面收敛域内以原点为中心的圆,如图 6.3-1 所示。

反 Z 变换常用的求解方法包括:(1)利用围线积分法(留数法),根据反 Z 变换的定义式求解出原序列 $f(n)$;(2)利用长除法将 $F(z)$ 进行幂级数展开从而得到原序列 $f(n)$;(3)将 $F(z)$ 式利用部分分式分解法展开,经查表(6.1-1)得到每个部分分式的反 Z 变换再求和;(4)利用 Z 变换的基本性质从而可以方便地求解出原序列 $f(n)$。下面对这 4 种求解方法分

别讨论。

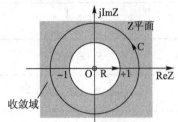

图 6.3-1 反 Z 变换的积分曲线

6.3.1 围线积分法

Z 变换 $F(z)$ 的反 Z 变换可以通过围线积分法（留数法）来求解。由于式(6.3-1)的围线 C 包括了 $F(z)z^{n-1}$ 的所有孤立极点，因此利用复变函数中的留数定理可以将式(6.3-1)的积分表示为围线 C 内包含 $F(z)z^{n-1}$ 的所有极点的留数之和，即

$$f(n) = \frac{1}{2\pi j}\oint_C F(z)z^{n-1}\mathrm{d}z$$

$$= \sum_i \mathrm{Res}\left[F(z)z^{n-1}\right]\Big|_{z=p_i} \qquad (6.3-2)$$

在式(6.3-2)中，p_i 是 $F(z)z^{n-1}$ 在围线 C 内的极点，$\mathrm{Res}[F(z)z^{n-1}]\big|_{z=p_i}$ 是 $F(z)z^{n-1}$ 在极点 p_i 处的留数。

如果 $F(z)z^{n-1}$ 在 $z=p_i$ 处是一阶极点，那么

$$\mathrm{Res}[F(z)z^{n-1}]\big|_{z=p_i} = [F(z)z^{n-1}(z-p_i)]\big|_{z=p_i} \qquad (6.3-3)$$

如果 $F(z)z^{n-1}$ 在 $z=p_i$ 处是 r 重极点，那么

$$\mathrm{Res}[F(z)z^{n-1}]\big|_{z=p_i} = \frac{1}{(r-1)!}\left\{\frac{\mathrm{d}^{r-1}}{\mathrm{d}z^{r-1}}[(z-p_i)^r F(z)z^{n-1}]\right\}\Big|_{z=p_i} \qquad (6.3-4)$$

需要注意的是：对于相同的 $F(z)$，如果给定的收敛域不同，那么求解反 Z 变换时所选择的积分围线 C 也不同，这将导致收敛域内围线 C 所包括的极点情况不同，尤其是在不同的 n 值时，由于极点 $p=0$ 的情况不同（$p=0$ 处可能不是极点，可能是一阶极点，也可能是多重极点），所以最终求得的原序列 $f(n)$ 也可能不同。

6.3.2 幂级数展开法

利用 Z 变换的定义可得

$$F(z) = \sum_{n=-\infty}^{\infty} f(n)z^{-n}$$

$$= \cdots + f(-2)z^2 + f(-1)z + f(0) + f(1)z^{-1} + f(2)z^{-2} + \cdots \qquad (6.3-5)$$

因此，如果能将 $F(z)$ 在其收敛域内展开成 z^{-1} 的幂级数，那么该级数的系数…$f(-2)$、$f(-1)$、$f(0)$、$f(1)$、$f(2)$…就是原序列 $f(n)$ 在对应时刻的值。所以，求解 $F(z)$ 的反 Z 变换时，只需要将 $F(z)$ 在其收敛域内展开为幂级数，就可得到原序列 $f(n)$。将 $F(z)$ 展开为 z^{-1} 的幂级数时，可使用长除法，即 $F(z)$ 的分子多项式与分母多项式进行长除，相除后所得商的系数就是 z^{-1} 的幂级数各幂次项的系数，该系数所构成的序列就是原序列 $f(n)$。显然，利用该方法得到的原序列 $f(n)$ 是有限项值，而不是 $f(n)$ 的通式解，需要归纳出 $f(n)$ 的通式解

形式。

例 6.3-1 如果已知某数字滤波器的输入序列 $f(n)$ 的 Z 变换为 $F(z) = \dfrac{z^2 + 2z}{z^2 - 2z + 1}$，则求 $F(z)$ 在收敛域分别为 $|z|>2$ 和 $|z|<2$ 两种情况下的反 Z 变换对应的数字滤波器的输入序列 $f(n)$。

解：(1) 当 $F(z)$ 的收敛域为 $|z|>2$ 时，可知 $F(z)$ 对应的原输入序列 $f(n)$ 为右边序列，则将 $F(z)$ 按 z 的降幂形式排列，即

$$F(z) = \frac{z^2 + 2z}{z^2 - 2z + 1}$$

利用长除法对分式 $F(z)$ 进行长除，即

```
                  1+4z⁻¹+7z⁻²+⋯
   z²−2z+1 ) z²+2z
              z²−2z+1
              ─────────
                   4z−1
                   4z−8+4z⁻¹
                   ─────────
                        7z−4z⁻¹
                        7−14z⁻¹+7z⁻¹
                        ────────────
                             10z⁻¹+7z⁻²
                             ⋯
```

则可得 $F(z)$ 的幂级数展开式为

$$F(z) = 1 + 4z^{-1} + 7z^{-2} + \cdots = \sum_{n=0}^{\infty}(3n+1)z^{-n}$$

故此时可得原输入序列 $f(n)$ 为

$$f(n) = (3n+1)u(n)$$

(2) 当 $F(z)$ 的收敛域为 $|z|<2$ 时，可知 $F(z)$ 对应的原输入序列 $f(n)$ 为左边序列，则将 $F(z)$ 按 z 的升幂形式排列，即

$$F(z) = \frac{2z + z^2}{1 - 2z + z^2}$$

利用长除法对分式 $F(z)$ 进行长除，即

```
                 2z+5z²+8z³+⋯
   1−2z+z² ) 2z+z²
              2z−4z²+2z³
              ──────────
                  5z²−2z³
                  5z²−10z³+5z⁴
                  ────────────
                       8z³−5z⁴
                       8z³−16z⁴+8z⁵
                       ────────────
                            11z⁴−8z⁵
                            ⋯
```

则可得 $F(z)$ 的幂级数展开式为

$$F(z) = 2z + 5z^2 + 8z^3 + \cdots = \sum_{n=1}^{\infty}(3n-1)z^n$$

$$= -\sum_{n=-\infty}^{-1}(3n+1)z^{-n}$$

故此时可得原输入序列 $f(n)$ 为

$$f(n) = -(3n+1)u(-n-1)$$

由例 6.3-1 可知：如果 $F(z)$ 的收敛域为 $|z|>R_1$，那么原序列 $f(n)$ 为右边序列，此时 $F(z)$ 的分子、分母多项式按 z 的降幂次序排列；如果 $F(z)$ 的收敛域为 $|z|<R_2$，那么原序列 $f(n)$ 为左边序列，此时 $F(z)$ 的分子、分母多项式按 z 的升幂次序排列。所以，如果 $F(z)$ 的收敛域不同，那么求得的 $f(n)$ 也不同。因此，首先需要通过 $F(z)$ 的收敛域来确定原序列 $f(n)$ 是左边序列、右边序列还是双边序列。所以，求解反 Z 变换时需要给出 $F(z)$ 的收敛域情况。

6.3.3 部分分式展开法

序列 $f(n)$ 的 Z 变换 $F(z)$ 通常为变量 z 的有理函数，故 $F(z)$ 可表示为有理分式形式，即

$$F(z) = \frac{B(z)}{A(z)} = \frac{b_m z^m + b_{m-1} z^{m-1} + \cdots + b_1 z + b_0}{a_k z^k + a_{k-1} z^{k-1} + \cdots + a_1 z + a_0}$$

式中，m,k 为正整数。

Z 变换 $F(z)$ 的部分分式展开法与拉普拉斯逆变换的部分分式展开法相似，其过程为：首先，把有理真分式 $F(z)$ 用部分分式展开法展开成一些简单、容易求解的反 Z 变换的部分分式之和形式；然后，根据 $F(z)$ 的收敛域求出每个部分分式的反 Z 变换；最后，将各反 Z 变换式相加即可得到 $F(z)$ 所对应的原序列 $f(n)$。

因为 Z 变换的基本形式是 $\frac{z}{z-p_i}$（p_i 为极点，且 $i=1,2,\cdots,k$），所以利用 Z 变换的部分分式展开法时，为了能够得到 Z 变换的基本形式，通常先将 $F(z)$ 按 $\frac{F(z)}{z}$ 的形式展开，然后把展开结果的每个部分分式再乘以变量 z，这样就保证了 $F(z)$ 可以展开成 $\frac{z}{z-p_i}$ 形式。

需要注意的是：对于因果序列的 $F(z)$ 而言，如果使用部分分式展开法求解 $F(z)$ 的反 Z 变换，要求 $F(z)$ 的分子多项式与分母多项式的阶次 m、k 必须满足 $m \leqslant k$，否则 $F(z)$ 的级数不收敛。如果出现 $F(z)$ 的分式中 $m>k$，可使用长除法将 $F(z)$ 变成一个含 z 的多项式与一个满足 $m<k$ 的有理真分式之和的形式。

利用部分分式展开法求解反 Z 变换时，要根据 $F(z)$ 极点的不同情况分为以下几种情形。

一、$F(z)$ 只含有一阶实极点的情况

$F(z)$ 可以进一步表示为

$$F(z) = \frac{B(z)}{(z-p_1)(z-p_2)\cdots(z-p_k)} \qquad (6.3-6)$$

在式(6.3-6)中，p_i，$i=1,2,\cdots,k$ 是 $F(z)$ 的 k 个互不相等的一阶实极点。$\frac{F(z)}{z}$ 可以展开为

$$\frac{F(z)}{z} = \sum_{i=0}^{k} \frac{K_i}{z-p_i} = \frac{K_0}{z} + \frac{K_1}{z-p_1} + \frac{K_2}{z-p_2} + \cdots + \frac{K_k}{z-p_k} \quad (6.3-7)$$

在式(6.3-7)中，$p_i(i=1,2,\cdots,k)$ 是 $\frac{F(z)}{z}$ 的 k 个互不相等的一阶实极点，且 $p_0 = 0$。待定系数 $K_i(i=1,2,\cdots,k)$ 由式(6.3-8)确定。

$$K_i = \left[(z-p_i)\frac{F(z)}{z}\right]\bigg|_{z=p_i}, \quad (i=1,2,\cdots,k) \quad (6.3-8)$$

$$K_0 = [F(z)]\big|_{z=0} = \frac{b_0}{a_0} \quad (6.3-9)$$

再将式(6.3-7)乘以变量 z，可得

$$F(z) = \sum_{i=0}^{k} \frac{K_i z}{z-p_i} = K_0 + \frac{K_1 z}{z-p_1} + \frac{K_2 z}{z-p_2} + \cdots + \frac{K_k z}{z-p_k} \quad (6.3-10)$$

式(6.3-10)求反 Z 变换时，需要根据 $F(z)$ 的收敛域是圆外部分、圆内部分还是圆环部分的不同情况，来得到原序列 $f(n)$ 为相应的右边序列、左边序列还是双边序列的不同序列形式。例如，如果式(6.3-10)给定的收敛域是 $|z|>\max(p_1,p_2,\cdots,p_k)$，即圆外部分，可求得其反 Z 变换对应的原序列 $f(n)$ 为

$$f(n) = K_0\delta(n) + \sum_{i=1}^{k} K_i (p_i)^n u(n) \quad (6.3-11)$$

例 6.3-2 若已知 $F(z) = \frac{z^2}{z^2-4z-5}$，利用部分分式展开法求 $F(z)$ 在下列不同收敛域情况下的反 Z 变换所对应的原序列 $f(n)$。

(1) $|z|>5$ (2) $|z|<1$ (3) $1<|z|<5$

解：因为

$$F(z) = \frac{z^2}{z^2-4z-5} = \frac{z^2}{(z-5)(z+1)}$$

可知 $\frac{F(z)}{z}$ 含有两个不同的一阶极点 $p_1 = 5$ 和 $p_2 = -1$。再将 $\frac{F(z)}{z}$ 部分分式展开为

$$\frac{F(z)}{z} = \frac{z}{(z-5)(z+1)} = \frac{K_1}{z-5} + \frac{K_2}{z+1}$$

上式中 K_1、K_2 分别为

$$K_1 = \left[(z-5)\frac{F(z)}{z}\right]\bigg|_{z=5} = \frac{5}{6}$$

$$K_2 = \left[(z+1)\frac{F(z)}{z}\right]\bigg|_{z=-1} = \frac{1}{6}$$

故可得

$$F(z) = \frac{5}{6}\frac{z}{z-5} + \frac{1}{6}\frac{z}{z+1}$$

(1) 如果 $F(z)$ 的收敛域为 $|z|>5$，则 $F(z)$ 对应的原序列 $f(n)$ 为右边序列，$F(z)$ 的反 Z 变换为

$$f(n) = \left[\frac{5}{6}(5)^n + \frac{1}{6}(-1)^n\right]u(n)$$

(2) 如果 $F(z)$ 的收敛域为 $|z|<1$，则 $F(z)$ 对应的原序列 $f(n)$ 为左边序列，$F(z)$ 的反 Z 变换为

$$f(n) = -\left[\frac{5}{6}(5)^n + \frac{1}{6}(-1)^n\right]u(-n-1)$$

(3)如果 $F(z)$ 的收敛域为 $1 < |z| < 5$，则 $F(z)$ 对应的原序列 $f(n)$ 为双边序列，其中 $F(z)$ 的第一项对应的是一个左边序列，第二项对应的是一个右边序列，$F(z)$ 的反 Z 变换为

$$f(n) = \frac{1}{6}(-1)^n u(n) - \frac{5}{6}(5)^n u(-n-1)$$

二、$F(z)$ 含有一阶共轭极点的情况

假设 $F(z)$ 含有一对共轭的一阶极点，而其他的极点为互不相等的一阶实极点，则 $\frac{F(z)}{z}$ 部分分式展开为

$$\frac{F(z)}{z} = \frac{B(z)}{A(z)} = \frac{B(z)}{D(z)[(z+\alpha)^2+\beta^2]} = \frac{F_1(z)}{(z+\alpha-j\beta)(z+\alpha+j\beta)}$$

$$= \frac{K_1}{z+\alpha-j\beta} + \frac{K_2}{z+\alpha+j\beta} + \cdots \qquad (6.3-12)$$

在式(6.3-12)中，一阶共轭极点是 $p_{1,2} = -\alpha \pm j\beta = \gamma e^{\pm j\varphi}$，$D(z)$ 表示分母多项式中其余部分，$F_1(z) = \frac{B(z)}{D(z)}$。利用式(6.3-8)确定待定系数 K_1、K_2，可得

$$K_1 = \left[(z+\alpha-j\beta)\frac{F(z)}{z}\right]\bigg|_{z=-\alpha+j\beta} = \frac{F_1(-\alpha+j\beta)}{2j\beta} = A + jB$$

$$K_2 = \left[(z+\alpha+j\beta)\frac{F(z)}{z}\right]\bigg|_{z=-\alpha-j\beta} = \frac{F_1(-\alpha-j\beta)}{-2j\beta} = A - jB = K_1^*$$

上式中，假设了 $K_1 = A + jB$ 和 $K_2 = A - jB$。可见，K_1 和 K_2 是一对共轭复数，可以表示为

$$\begin{cases} K_1 = |K_1| e^{j\theta} \\ K_2 = K_1^* = |K_1| e^{-j\theta} \end{cases} \qquad (6.3-13)$$

再把 $p_1 = \gamma e^{j\varphi}$、$p_2 = \gamma e^{-j\varphi}$、$K_1 = |K_1| e^{j\theta}$ 和 $K_2 = |K_1| e^{-j\theta}$ 代入式(6.3-12)，可得

$$F(z) = \frac{|K_1| e^{j\theta} z}{z - \gamma e^{j\varphi}} + \frac{|K_1| e^{-j\theta} z}{z - \gamma e^{-j\varphi}} + \cdots \qquad (6.3-14)$$

如果 $F(z)$ 的收敛域是圆外区域，则原序列 $f(n)$ 是右边序列，可得 $F(z)$ 的反 Z 变换为

$$f(n) = Z^{-1}[F(z)] = \left[|K_1| e^{j\theta} (\gamma e^{j\varphi})^n + |K_1| e^{-j\theta} (\gamma e^{-j\varphi})^n + \cdots\right] u(n)$$

$$= \left[2|K_1| \gamma^n \cos(\varphi n + \theta) + \cdots\right] u(n) \qquad (6.3-15)$$

如果 $F(z)$ 的收敛域是圆内区域或圆环区域，式(6.3-14)对应的反 Z 变换，请读者自行求出。

例 6.3-3 若已知 $F(z) = \dfrac{z^2}{z^2+1}$，求解 $F(z)$ 在收敛域为 $|z| > 1$ 情况下的反 Z 变换 $f(n)$。

解：将 $F(z)$ 展开为

$$\frac{F(z)}{z} = \frac{z}{z^2+1} = \frac{z}{(z-j)(z+j)}$$

可知 $\dfrac{F(z)}{z}$ 中含一对共轭的一阶极点 $p_1 = j = e^{j\frac{\pi}{2}}$，$p_2 = -j = e^{-j\frac{\pi}{2}}$。再将 $\dfrac{F(z)}{z}$ 部分分式展开为

$$\frac{F(z)}{z} = \frac{K_1}{z-\mathrm{j}} + \frac{K_2}{z+\mathrm{j}}$$

待定系数 K_1、K_2 分别为

$$K_1 = \left[(z-\mathrm{j})\frac{F(z)}{z}\right]\Big|_{z=\mathrm{j}} = \frac{1}{2}$$

$$K_2 = K_1^* = \frac{1}{2}$$

故可得

$$F(z) = \frac{1}{2}\left(\frac{z}{z-\mathrm{j}} + \frac{z}{z+\mathrm{j}}\right)$$

因为 $F(z)$ 的收敛域是 $|z|>1$，原序列 $f(n)$ 是右边序列，故 $F(z)$ 的反 Z 变换为

$$f(n) = Z^{-1}[F(z)] = \frac{1}{2}[(\mathrm{e}^{\mathrm{j}\frac{\pi}{2}})^n + (\mathrm{e}^{-\mathrm{j}\frac{\pi}{2}})^n]u(n)$$

$$= \cos\left(\frac{\pi}{2}n\right)u(n)$$

三、$F(z)$ 含有多重极点的情况

假设 $F(z)$ 在 $z=p_1$ 处含有 r 重极点，而其他的极点为互不相等的一阶实极点，则 $\dfrac{F(z)}{z}$ 部分分式展开为

$$\frac{F(z)}{z} = \frac{B(z)}{A(z)} = \frac{B(z)}{(z-p_1)^r(z-p_2)\cdots(z-p_{N-r+1})}$$

$$= \left[\frac{K_{11}}{(z-p_1)^r} + \frac{K_{12}}{(z-p_1)^{r-1}} + \cdots + \frac{K_{1r}}{z-p_1}\right] + \frac{K_2}{z-p_2} + \cdots + \frac{K_{N-r+1}}{z-p_{N-r+1}}$$

$$(6.3-16)$$

在式(6.3-16)中，中括号[ ]内的部分为 $z=p_1$ 处含有 r 重极点对应的部分分式。该 r 重极点所对应的待定系数 $K_{1j}(j=1,2,\cdots,r)$，通过式(6.3-17)求得。

$$K_{1j} = \frac{1}{(j-1)!}\frac{\mathrm{d}^{j-1}}{\mathrm{d}z^{j-1}}\left[\frac{F(z)}{z}(z-p_1)^r\right]\Big|_{z=p_1}, j=1,2,\cdots,r \quad (6.3-17)$$

式(6.3-16)中，其他一阶极点所对应的待定系数 $K_i(i=2,3,\cdots,N-r+1)$，通过式(6.3-18)求得。

$$K_i = \left[(z-p_i)\frac{F(z)}{z}\right]\Big|_{z=p_i}, i=2,3,\cdots,N-r+1 \quad (6.3-18)$$

然后，再对式(6.3-16)乘以 z，可得

$$F(z) = \left[\frac{K_{11}z}{(z-p_1)^r} + \frac{K_{12}z}{(z-p_1)^{r-1}} + \cdots + \frac{K_{1r}z}{z-p_1}\right] + \frac{K_2 z}{z-p_2} + \cdots + \frac{K_{N-r+1}z}{z-p_{N-r+1}}$$

$$(6.3-19)$$

最后，根据常用序列的 Z 变换，并结合 $F(z)$ 的收敛域就可求出式(6.3-19)的反 Z 变换对应的原序列 $f(n)$。如果 $F(z)$ 的收敛域是圆外区域，则 $F(z)$ 对应的反 Z 变换 $f(n)$ 是右边序列，于是可求得 r 重极点部分(即为式(6.3-19)的[ ]内的各项)的反 Z 变换为

$$Z^{-1}\left[\frac{K_{1j}z}{(z-p_1)^{r-j+1}}\right] = K_{1j}\frac{N(N-1)\cdots(N-r+j+1)}{(r-j)!}(p_1)^{N-r+j}u(n)$$

$$(6.3-20)$$

式(6.3-20)中, $j=1,2,\cdots,r$。

例 6.3-4 若已知 $F(z) = \dfrac{z^2 - z}{(z-2)(z^2 - 8z + 16)}$，求 $F(z)$ 在收敛域 $2 < |z| < 4$ 情况下的反 Z 变换。

解：因为
$$F(z) = \dfrac{z^2 - z}{(z-2)(z-4)^2}$$

故 $\dfrac{F(z)}{z}$ 中含有一个二重极点 $p_1 = 4$ 和一个一阶极点 $p_2 = 2$。再将 $\dfrac{F(z)}{z}$ 部分分式展开为

$$\dfrac{F(z)}{z} = \dfrac{z-1}{(z-2)(z-4)^2} = \dfrac{K_{11}}{(z-4)^2} + \dfrac{K_{12}}{z-4} + \dfrac{K_2}{z-2}$$

其中待定系数 K_{11}、K_{12}、K_2 分别为

$$K_{11} = \left[(z-4)^2 \dfrac{F(z)}{z}\right]\bigg|_{z=4} = \dfrac{3}{2}$$

$$K_{12} = \dfrac{\mathrm{d}}{\mathrm{d}z}\left[(z-4)^2 \dfrac{F(z)}{z}\right]\bigg|_{z=4} = -\dfrac{1}{4}$$

$$K_2 = \left[(z-2) \dfrac{F(z)}{z}\right]\bigg|_{z=2} = \dfrac{1}{4}$$

于是可得
$$\dfrac{F(z)}{z} = \dfrac{\dfrac{3}{2}}{(z-4)^2} - \dfrac{\dfrac{1}{4}}{z-4} + \dfrac{\dfrac{1}{4}}{z-2}$$

故可得
$$F(z) = \dfrac{3}{2} \dfrac{z}{(z-4)^2} - \dfrac{1}{4} \dfrac{z}{z-4} + \dfrac{1}{4} \dfrac{z}{z-2}, \quad 2 < |z| < 4$$

由于二重极点 $p_1 = 4$ 位于收敛圆环 $2 < |z| < 4$ 的外边缘，对应的原序列是左边序列，而一阶极点 $p_2 = 2$ 位于收敛圆环的内边缘，对应的原序列是右边序列。$F(z)$ 的零、极点分布与收敛域，如图 6.3-2 所示。由此可知，$F(z)$ 的反 Z 变换为

$$f(n) = \dfrac{3}{2} n 4^{n-1} u(-n-1) - 4^{n-1} u(-n-1) + 2^{n-2} u(n)$$

因此，对于双边序列的 Z 变换而言，根据 $F(z)$ 求解原序列 $f(n)$ 时首先需要由给定的收敛域与各极点的对应关系确定原序列是左边序列还是右边序列。一般情况下，若收敛域为 $|z| > |a|$（a 为常数）或极点位于收敛圆环的内边缘，则对应的原序列为右边序列；若收敛域为 $|z| < |a|$ 或极点位于收敛圆环的外边缘，则对应的原序列为左边序列。

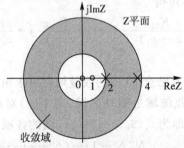

图 6.3-2 例 6.3-4 的 $F(z)$ 零、极点分布和收敛域图
（图中 $z=4$ 处的 2 个"××"表示"4"是二重极点）

6.3.4 Z变换性质法

$F(z)$的反 Z 变换有时可以通过 Z 变换的基本性质求出。例如，Z 变换的线性特性、位移特性、Z 域尺度变换特性、时域扩展特性等都能为求解反 Z 变换求解提供简便的方法。这里需要注意的是：在利用 Z 变换性质法求解反 Z 变换时，一定要综合考虑 Z 变换 $F(z)$ 的收敛域或原序列 $f(n)$ 的类型(即原序列 $f(n)$ 是左边、右边还是双边序列)，因为 $F(z)$ 的收敛域或原序列 $f(n)$ 的类型不同，所求得的 $F(z)$ 的反 Z 变换的情况也就不同。

利用 Z 变换性质法求解反 Z 变换的过程为：首先，将 Z 变换 $F(z)$ 变为能通过 Z 变换性质得到的形式；其次，结合 Z 变换基本性质表(6.2-1)和常用序列的 Z 变换表(6.1-1)求出 Z 变换 $F(z)$ 的原序列 $f(n)$ 的形式；最后，根据 Z 变换 $F(z)$ 的收敛域或原序列 $f(n)$ 的类型确定原序列 $f(n)$ 的表达式。

例 6.3-5 若已知 $F(z) = \dfrac{4z\sin\omega_0}{z^2 - 8z\cos\omega_0 + 16}$，求 $F(z)$ 在收敛域为 $|z|>4$ 时的反 Z 变换。

解： 将 $F(z)$ 的分子、分母多项式同时除以 16，可得

$$F(z) = \frac{4z\sin\omega_0}{z^2 - 8z\cos\omega_0 + 16} = \frac{\left(\dfrac{z}{4}\right)\sin\omega_0}{\left(\dfrac{z}{4}\right)^2 - 2\left(\dfrac{z}{4}\right)\cos\omega_0 + 1}$$

又因为

$$Z[\sin(\omega_0 n)u(n)] = \frac{z\sin\omega_0}{z^2 - 2z\cos\omega_0 + 1}, \ |z|>0$$

再根据 Z 变换的 Z 域尺度变换特性以及 $F(z)$ 收敛域为 $|z|>4$，可得

$$f(n) = Z^{-1}[F(z)] = 4^n \sin(\omega_0 n)u(n)$$

例 6.3-6 若已知 $F(z) = \dfrac{z^{-m+1}}{a^{-m}z - a^{-m+1}}$，式中，$a$、$m$ 都为实数，且 $m>0$，则求 $F(z)$ 在收敛域为 $|z|>|a|$ 时对应的原序列 $f(n)$。

解： 将 $F(z)$ 的分子、分母多项式同时除以 a^{-m+1}，可得

$$\frac{z^{-m+1}}{a^{-m}z - a^{-m+1}} = \frac{\left(\dfrac{z}{a}\right)\left(\dfrac{z}{a}\right)^{-m}}{\left(\dfrac{z}{a}\right) - 1}$$

根据 Z 变换的位移特性

$$u(n-m) \leftrightarrow \frac{z}{z-1}z^{-m}$$

再根据 Z 变换的 Z 域尺度变换特性

$$a^n u(n-m) \leftrightarrow \frac{\left(\dfrac{z}{a}\right)}{\left(\dfrac{z}{a}\right) - 1}\left(\dfrac{z}{a}\right)^{-m}$$

故在收敛域为 $|z|>|a|$ 时，原序列 $f(n)$ 为

$$f(n) = a^n u(n-m)$$

6.4 利用 Z 变换求解差分方程

利用 Z 变换求解离散时间系统差分方程与利用拉普拉斯变换求解连续时间系统微分方程的过程相似。利用 Z 变换求解差分方程不但可以使差分方程的求解过程简化，而且还可以求出离散时间系统的零输入响应、零状态响应和完全响应。所以，利用 Z 变换求解差分方程在差分方程的求解和离散时间系统的分析中都具有重要的作用。

通常，线性时不变(LTI)离散时间系统使用常系数线性差分方程来描述。如果系统的激励为 $f(n)$，响应为 $y(n)$，那么表示 k 阶离散时间系统的后向差分方程一般形式为

$$\sum_{i=0}^{k} a_i y(n-i) = \sum_{r=0}^{m} b_r f(n-r) \qquad (6.4-1)$$

式(6.4-1)中，$a_i(i=0,1,\cdots,k)$、$b_r(r=0,1,\cdots,m)$ 为常系数。将式(6.4-1)等号两边取单边 Z 变换，得

$$\sum_{i=0}^{k} a_i z^{-i} \left[Y(z) + \sum_{l=-i}^{-1} y(l) z^{-l} \right] = \sum_{r=0}^{m} b_r z^{-r} \left[F(z) + \sum_{q=-r}^{-1} f(q) z^{-q} \right] \qquad (6.4-2)$$

根据系统起始状态 $y(-1), y(-2), \cdots, y(-k)$ 值的不同或激励 $f(n)$ 形式的不同，式(6.4-2)的形式也不同，即系统差分方程的 Z 变换有不同的形式。一般情况，系统的响应根据起始状态与激励的不同可分为零输入响应和零状态响应。

6.4.1 零输入响应

如果系统的激励序列 $f(n)$ 为 0，即系统处于零输入状态，而起始状态 $y(-1), y(-2), \cdots, y(-k)$ 不为零，那么差分方程式(6.4-1)变为齐次方程，可得

$$\sum_{i=0}^{k} a_i y(n-i) = 0$$

其单边 Z 变换式(6.4-2)变为

$$\sum_{i=0}^{k} a_i z^{-i} \left[Y(z) + \sum_{l=-i}^{-1} y(l) z^{-l} \right] = 0$$

整理，可得

$$Y(z) = \frac{-\sum_{i=0}^{k} \left[a_i z^{-i} \sum_{l=-i}^{-1} y(l) z^{-l} \right]}{\sum_{i=0}^{k} a^i z^{-i}} \qquad (6.4-3)$$

此时，系统产生的响应就是零输入响应。可见，零输入响应是由系统的起始状态 $y(l)$ ($l=-1,-2,\cdots,-k$) 引起的。最终，差分方程式(6.4-1)的解(也是系统零输入响应)就是式(6.4-3)的反 Z 变换

$$y_{zi}(n) = Z^{-1}[Y(z)]$$

6.4.2 零状态响应

如果系统的起始状态 $y(l)$ 为 0，$l=-1,-2,\cdots,-k$，而系统的激励序列 $f(n)$ 不为零，那么系统处于零起始状态。此时，差分方程的单边 Z 变换式(6.4-2)变为

$$\sum_{i=0}^{k} a_i z^{-i} Y(z) = \sum_{r=0}^{m} b_r z^{-r} \Big[F(z) + \sum_{q=-r}^{-1} f(q) z^{-q} \Big]$$

如果激励序列 $f(n)$ 为因果序列,那么上式还可变为

$$\sum_{i=0}^{k} a_i z^{-i} Y(z) = \sum_{r=0}^{m} b_r z^{-r} F(z)$$

化简,可得

$$Y(z) = F(z) \frac{\sum_{r=0}^{m} b_r z^{-r}}{\sum_{i=0}^{k} a_i z^{-i}}$$

若令 $H(z) = \dfrac{\sum_{r=0}^{m} b_r z^{-r}}{\sum_{i=0}^{k} a_i z^{-i}}$,可得

$$Y(z) = F(z) H(z) \qquad (6.4-4)$$

式(6.4-4)中,称 $H(z)$ 为"离散时间系统的系统函数",它是单位序列响应 $h(n)$ 的 Z 变换。$H(z)$ 是由系统的特性决定的,它不受系统的起始状态和激励序列的影响。通常,系统函数 $H(z)$ 可以表征系统的特性。

系统此时产生的响应就是零状态响应。可见,零状态响应完全是由系统激励序列 $f(n)$ 引起的。最终,差分方程式(6.4-1)的解(也是系统的零状态响应)就是式(6.4-4)的反 Z 变换

$$y_{zs}(n) = Z^{-1}[F(z)H(z)]$$

6.4.3 完全响应

离散时间系统的完全响应等于零输入响应与零状态响应之和,即

$$y(n) = y_{zi}(n) + y_{zs}(n)$$

利用 Z 变换的线性特性,可得上式的 Z 变换为

$$Y(z) = Y_{zi}(z) + Y_{zs}(z) = \frac{-\sum_{i=0}^{k}\Big[a_i z^{-i} \sum_{l=-i}^{-1} y(l) z^{-l}\Big]}{\sum_{i=0}^{k} a_i z^{-i}} + \frac{\sum_{r=0}^{m} b_r z^{-r}}{\sum_{i=0}^{k} a_i z^{-i}} F(z) \quad (6.4-5)$$

在式(6.4-5)中,第二个等号右端的第一项只与起始状态有关,与激励序列无关,为零输入响应 $y_{zi}(n)$ 的 Z 变换 $Y_{zi}(z)$;第二项只与激励序列有关,与起始状态无关,为零状态响应 $y_{zs}(n)$ 的 Z 变换 $Y_{zs}(z)$。差分方程式(6.4-1)的完全解(也是系统的完全响应)就是式(6.4-5)的反 Z 变换,即

$$y(n) = Z^{-1}[Y(z)]$$

综合以上可知,利用 Z 变换求差分方程的解(离散时间系统的响应)的过程包括:首先,在已知条件下通过 Z 变换性质的线性和位移特性将描述离散时间系统的差分方程两端进行 Z 变换,可得到 $Y(z)$ 的代数方程;其次,通过求解 $Y(z)$ 的代数方程可得到系统响应的 Z 变换 $Y(z)$;最后,进行 $Y(z)$ 的反 Z 变换就可以得到差分方程的解,即系统的时域响应 $y(n)$。

例 6.4-1 若已知某离散通信系统的差分方程为

$$y(n) - 2y(n-1) - 3y(n-2) = f(n)$$

求在通信系统的激励序列为 $f(n) = 4^n u(n)$、起始状态为 $y(-1) = 1, y(-2) = 0$ 时,该系统的零输入响应、零状态响应和完全响应。

解:本例可通过时域经典解法求解,在此处是利用 Z 变换方法求解,这两种方法求得的结果是相同的。将差分方程等号两边进行单边 Z 变换,可得

$$Y(z) - 2z^{-1}Y(z) - 2y(-1) - 3z^{-2}Y(z) - 3z^{-1}y(-1) - 3y(-2) = F(z)$$

(1) 零输入响应

因为此时激励序列 $f(n) = 0$,可得 $F(z) = 0$。把起始状态 $y(-1) = 1$ 和 $y(-2) = 0$ 代入上式,可得零输入响应的 Z 变换为

$$Y_{zi}(z) - 2z^{-1}Y_{zi}(z) - 2 - 3z^{-2}Y_{zi}(z) - 3z^{-1} = 0$$

整理后,可得

$$Y_{zi}(z) = \frac{3z^{-1} + 2}{1 - 2z^{-1} - 3z^{-2}} = \frac{z(2z+3)}{(z+1)(z-3)} = \frac{\frac{9}{4}z}{z-3} - \frac{\frac{1}{4}z}{z+1}$$

由于零输入响应 $y_{zi}(n)$ 就是 $Y_{zi}(z)$ 的反 Z 变换,所以

$$y_{zi}(n) = Z^{-1}[Y_{zi}(z)] = \left[\frac{9}{4} 3^n - \frac{1}{4}(-1)^n\right]u(n)$$

(2) 零状态响应

因为此时的起始状态为 $y(-1) = 0$ 和 $y(-2) = 0$,激励序列为 $f(n) = 4^n u(n)$,可得 $f(n)$ 的 Z 变换为

$$F(z) = \frac{z}{z-4}, |z| > 4$$

把 $y(-1) = 0$、$y(-2) = 0$ 和 $F(z)$ 代入差分方程单边 Z 变换,得零状态响应的 Z 变换为

$$Y_{zs}(z) - 2z^{-1}Y_{zs}(z) - 3z^{-2}Y_{zs}(z) = \frac{z}{z-4}$$

整理后,可得

$$Y_{zs}(z) = \frac{1}{1 - 2z^{-1} - 3z^{-2}} \cdot \frac{z}{z-4} = \frac{\frac{1}{20}z}{z+1} - \frac{\frac{9}{4}z}{z-3} - \frac{\frac{16}{5}z}{z-4}$$

由于零状态响应 $y_{zs}(n)$ 就是 $Y_{zs}(z)$ 的反 Z 变换,所以

$$y_{zs}(n) = Z^{-1}[Y_{zs}(z)] = \left[\frac{1}{20}(-1)^n - \frac{9}{4}3^n + \frac{16}{5}4^n\right]u(n)$$

(3) 完全响应

由于系统的完全响应等于零输入响应与零状态响应之和,所以

$$y(n) = y_{zi}(n) + y_{zs}(n) = \left[\frac{16}{5}4^n - \frac{1}{5}(-1)^n\right]u(n)$$

6.5 离散时间系统的系统函数 $H(z)$

离散时间系统的系统函数 $H(z)$ 不仅可用于离散时间系统的性能分析和频响特性的求解,还可用于表征系统的特性。所以说,系统函数 $H(z)$ 在离散时间系统的分析和处理中起

着非常重要作用。下面首先从离散时间系统的系统函数 $H(z)$ 的定义开启研究系统函数 $H(z)$ 之旅。

6.5.1 系统函数 $H(z)$

一、系统函数 $H(z)$ 的定义

如果 k 阶 LTI 离散时间系统的激励序列为 $f(n)$，响应序列为 $y(n)$，系统的差分方程为

$$\sum_{i=0}^{k} a_i y(n-i) = \sum_{r=0}^{m} b_r f(n-r)$$

若该系统的激励序列 $f(n)$ 为因果序列，那么零状态条件下上式的单边 Z 变换为

$$\sum_{i=0}^{k} a_i Y(z) z^{-i} = \sum_{r=0}^{m} b_r F(z) z^{-r}$$

于是，可得

$$H(z) = \frac{Y(z)}{F(z)} = \frac{\sum_{r=0}^{m} b_r z^{-r}}{\sum_{i=0}^{k} a_i z^{-i}} \quad (6.5-1)$$

式 (6.5-1) 中，称 $H(z)$ 为"LTI 离散时间系统的系统函数"。所以，系统函数 $H(z)$ 定义为：LTI 离散时间系统零状态响应的 Z 变换与激励的 Z 变换之比。$H(z)$ 的定义式 (6.5-1) 中，分母多项式的最高阶数 k 称为"系统的阶数"，也称为"差分方程的阶数"，也就是说差分方程与系统函数 $H(z)$ 的阶数一一对应。一般情况下，LTI 离散时间系统的阶数决定了 $H(z)$ 和差分方程的阶数。系统函数 $H(z)$ 的分子多项式、分母多项式的系数与差分方程的系数也是一一对应的。因此，整个差分方程与系统函数 $H(z)$ 之间是一一对应的。所以，由系统的差分方程可求出 $H(z)$；反之，由 $H(z)$ 也可求出系统的差分方程。

如果 $H(z)$ 的分母多项式阶数与分子多项式阶数满足 $k > m$，则把系统函数 $H(z)$ 的分子、分母多项式进行因式分解，可得

$$H(z) = \frac{Y(z)}{F(z)} = K \frac{\prod_{r=1}^{m}(z - z_r)}{\prod_{i=1}^{k}(z - p_i)} \quad (6.5-2)$$

在式 (6.5-2) 中，将方程 $Y(z) = 0$ 的 m 个根称为"系统函数 $H(z)$ 的零点"，用 $z_r(r=1, 2, \cdots, m)$ 表示；将方程 $F(z) = 0$ 的 k 个根称为"$H(z)$ 的极点"，用 $p_i(i=1, 2, \cdots, k)$ 表示。可见，系统函数 $H(z)$ 的零、极点由差分方程的系数 a_i, b_r 决定。因此，除了常系数 K 外，$H(z)$ 可由其零、极点完全确定。需要注意的是：系统函数 $H(z)$ 只由离散时间系统自身特性所决定，与系统的激励、响应形式无关。

二、单位序列响应 $h(n)$ 与系统函数 $H(z)$ 的关系

通过上一章的学习可知，LTI 离散时间系统的零状态响应 $y_{zs}(n)$ 可以通过激励序列 $f(n)$ 与单位序列响应 $h(n)$ 的卷积和求得。如果激励序列 $f(n) = \delta(n)$，则系统的零状态响应 $y_{zs}(n)$ 就是单位序列响应 $h(n)$，即

$$y_{zs}(n) = f(n) * h(n) = \delta(n) * h(n) = h(n)$$

将上式进行 Z 变换,由于 $F(z) = Z[\delta(n)] = 1$,可得
$$Y_{zs}(z) = F(z)H(z) = H(z) = Z[h(n)]$$
故可得
$$H(z) = Z[h(n)] = \sum_{n=0}^{\infty} h(n)z^{-n} \qquad (6.5-3)$$
由此可知,系统函数 $H(z)$ 与单位序列响应 $h(n)$ 是一对 Z 变换对。

一般情况下,LTI 离散时间系统的零状态响应为
$$y_{zs}(n) = f(n) * h(n)$$
将上式等号两端进行 Z 变换,可得
$$Y_{zs}(z) = F(z)H(z)$$
可见,LTI 离散时间系统零状态响应的 Z 变换等于激励序列的 Z 变换与系统函数 $H(z)$ 之积。因此,当求解 LTI 离散时间系统的零状态响应时,可以采用时域相卷积的方法,也可以利用 $H(z)$ 与激励序列的 Z 变换相乘积后再求其反 Z 变换的方法。

例 6.5-1 若某因果的数字滤波器系统的差分方程为
$$y(n) - 3y(n-1) - 4y(n-2) = f(n) - 3f(n-1)$$
求该数字滤波器的系统函数 $H(z)$ 和单位序列响应 $h(n)$。

解: (1)求系统函数 $H(z)$。
在零状态条件下对差分方程等号两边进行单边 Z 变换,可得
$$Y_{zs}(z) - 3z^{-1}Y_{zs}(z) - 3y(-1) - 4z^{-2}Y_{zs}(z) - 4z^{-1}y(-1) - 4y(-2)$$
$$= F(z) - 3z^{-1}F(z) - 3f(-1)$$
再将 $y(-1) = y(-2) = 0, f(-1) = 0$ 代入上式,化简、整理可得系统函数 $H(z)$ 为
$$H(z) = \frac{Y(z)}{F(z)} = \frac{1 - 3z^{-1}}{1 - 3z^{-1} - 4z^{-2}} = \frac{z^2 - 3z}{z^2 - 3z - 4}$$

(2) 求单位序列响应 $h(n)$。
将(1)中求得的 $H(z)$ 进行部分分式展开,可得
$$H(z) = \frac{z(z-3)}{(z+1)(z-4)} = \frac{\frac{4}{5}z}{z+1} + \frac{\frac{1}{5}z}{z-4}$$

$H(z)$ 的反 Z 变换就是单位序列响应 $h(n)$,即
$$h(n) = Z^{-1}[H(z)] = \left[\frac{4}{5}(-1)^n + \frac{1}{5}4^n\right]u(n)$$

本题也可采用时域解法,在时域内先求得 $h(n)$,再进行 $h(n)$ 的 Z 变换求得 $H(z)$。

6.5.2 $H(z)$ 的零极点分布与系统时域特性的关系

对于离散时间系统而言,因为系统的单位序列响应 $h(n)$ 与系统函数 $H(z)$ 之间存在着 Z 变换关系,又因为 $H(z)$ 可由 $H(z)$ 的零、极点决定,所以可直接通过 $H(z)$ 的零、极点情况反映出 $h(n)$ 的特性,也就是系统的时域特性。下面将讨论这方面的内容,首先要从 $H(z)$ 的零极点分布与单位序列响应 $h(n)$ 波形特性的对应关系开始。

一、$H(z)$ 的零极点分布与单位序列响应 $h(n)$ 波形的对应关系

若 LTI 离散时间系统的 $H(z)$ 是变量 z 的有理函数,就可以把 $H(z)$ 的分子、分母多项

式分解成零、极点形式来表示，即

$$H(z) = K \frac{(z-z_1)(z-z_2)\cdots(z-z_m)}{(z-p_1)(z-p_2)\cdots(z-p_k)}$$

因为 $H(z)$ 与单位序列响应 $h(n)$ 为一对 Z 变换对，所以完全可以通过 $H(z)$ 的零极点分布情况来确定 $h(n)$ 的波形情况。如果 $H(z)$ 仅含有 k 个一阶极点 $p_1, p_2, \cdots, p_k$，当 $k > m$ 时把 $H(z)$ 分解成部分分式的形式，即

$$H(z) = \sum_{i=0}^{k} \frac{K_i z}{z - p_i}$$

式中，$p_0 = 0$。再对 $H(z)$ 进行反 Z 变换，就可以得到系统的单位序列响应 $h(n)$，即

$$h(n) = Z^{-1}[H(z)] = Z^{-1}\left[\sum_{i=0}^{k} \frac{K_i z}{z - p_i}\right] = K_0 \delta(n) + \sum_{i=1}^{k} K_i (p_i)^n u(n) \quad (6.5-4)$$

由式(6.5-4)可知，系统函数 $H(z)$ 的每个极点决定了单位序列响应 $h(n)$ 对应的一项时间序列。所以，单位序列响应 $h(n)$ 的时域特性仅取决于 $H(z)$ 的极点分布情况，极点 p_i ($i=1,2,\cdots,k$) 可以是实数，也可以是复数，通常情况下极点 p_i 是成对出现的共轭复数。$h(n)$ 的幅度由系数 K_i 决定，而系数 K_i 与 $H(z)$ 的零点分布有关。由此可知，$H(z)$ 的极点分布决定了 $h(n)$ 的波形特性，而 $H(z)$ 的零点分布只影响 $h(n)$ 的幅度与相位。

由于 $H(z)$ 的极点可分布为：单位圆内、单位圆上或单位圆外。所以，$H(z)$ 的一阶极点分布情况与 $h(n)$ 波形的对应关系为：

(1) 若 $H(z)$ 的极点 p_i ($i=1,2,\cdots,k$) 分布在单位圆上（$|p_i|=1$）：①当 p_i 为实极点时，$h(n)$ 的波形为阶跃形式；②当 p_i 为共轭极点时，$h(n)$ 的波形为等幅振荡形式。

(3) 若 $H(z)$ 的极点 p_i ($i=1,2,\cdots,k$) 分布在单位圆内（$|p_i|<1$）：①当 p_i 为实极点时，$h(n)$ 的波形为指数衰减形式；②当 p_i 为共轭极点时，$h(n)$ 的波形为衰减振荡形式。

(2) 若 $H(z)$ 的极点 p_i ($i=1,2,\cdots,k$) 分布在单位圆外（$|p_i|>1$）：①当 p_i 为实极点时，$h(n)$ 的波形为指数增长形式；②当 p_i 为共轭极点时，$h(n)$ 的波形为增长振荡形式。

$H(z)$ 的极点分布情况与单位序列响应 $h(n)$ 的波形关系，如图 6.5-1 所示。

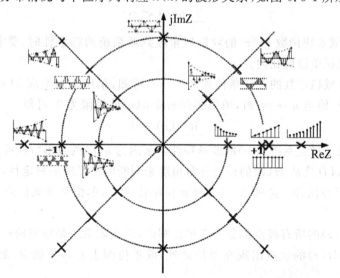

图 6.5-1　$H(z)$ 的极点分布位置与 $h(n)$ 波形的关系图

二、离散时间系统的稳定性与因果性

由上一章的学习可知,从时域角度可以确定离散时间系统的因果性与稳定性,而本节将从 Z 域的系统函数 $H(z)$ 来讨论系统的因果性与稳定性,这是因为系统函数 $H(z)$ 可以表征系统特性,包括系统的因果性与稳定性。

1. 系统因果性与 $H(z)$ 的关系

对于因果的 LTI 离散时间系统而言,时域条件是要满足:系统的单位序列响应 $h(n)$ 为因果序列,即

$$h(n) = h(n)u(n)$$

而因果系统的 Z 域条件是要满足:$H(z)$ 的收敛域必须包括 $z=\infty$ 点。因此,因果系统 Z 变换的收敛域为圆外区域 $R \leqslant |z| \leqslant \infty$。

2. 系统稳定性与 $H(z)$ 的关系

离散时间系统稳定的时域充分必要条件为:单位序列响应 $h(n)$ 满足绝对可和,故

$$\sum_{n=-\infty}^{\infty} |h(n)| < \infty \tag{6.5-5}$$

式(6.5-5)中,不等式右端的"∞"可用有限正值代替。

因为 $H(z)$ 与单位序列响应 $h(n)$ 是一对 Z 变换对,即

$$H(z) = Z[h(n)] = \sum_{n=-\infty}^{\infty} h(n)z^{-n} = \sum_{n=0}^{\infty} h(n)z^{-n}$$

又因为稳定系统的充要条件是:稳定系统的 $h(n)$ 要满足式(6.5-5)。所以,上式中,当 $|z|=1$(Z 平面的单位圆上)时,可得

$$H(z) = \sum_{n=-\infty}^{\infty} h(n) \tag{6.5-6}$$

此时,式(6.5-6)可以满足系统稳定的条件,即

$$\sum_{n=-\infty}^{\infty} h(n) < \infty$$

因此,从 Z 域系统函数 $H(z)$ 的收敛域角度判断系统的稳定性时,要求稳定系统 $H(z)$ 的收敛域必须包括单位圆在内。

通过系统时域稳定性的充要条件式(6.5-5)可知,单位序列响应 $h(n)$ 的波形将随着 n 值的增大而衰减,即当 $n \to \infty$ 时,单位序列响应 $h(n)$ 的极限为 0,可得

$$\lim_{n \to \infty} h(n) = 0 \tag{6.5-7}$$

式(6.5-7)反映了稳定系统 $h(n)$ 的波形特性。又因为 $h(n)$ 的波形特性可由 $H(z)$ 的极点分布决定,所以可以直接从 $H(z)$ 的极点分布角度来判断因果系统的稳定性,即

(1) 如果 $H(z)$ 仅含一阶极点,且都分布在单位圆上,单位圆外无极点,那么该系统是临界稳定的;

(2) 如果 $H(z)$ 的所有极点都分布在单位圆内,那么该系统是稳定的;

(3) 只要有 $H(z)$ 的极点出现在单位圆外,或单位圆上有多重极点,那么该系统一定不稳定。

应该注意的是:上述系统稳定性判断方法的前提条件是系统为因果系统,否则不成立。

例 6.5-2　若已知某 LTI 数字滤波器系统的差分方程为
$$y(n)+0.5y(n-1)+0.06y(n-2)=f(n)+0.5f(n-1)$$
且该数字滤波器系统是因果的,则求:
(1)该数字滤波器系统的系统函数 $H(z)$ 及其收敛域;
(2)单位序列响应 $h(n)$;
(3)判断该系统是否稳定?
(4)若该系统的激励序列为 $f(n)=u(n)$,则求系统的零状态响应 $y_{zs}(n)$。

解:(1)对差分方程等号两边进行单边 Z 变换,可得
$$Y(z)+0.5z^{-1}Y(z)+0.06z^{-2}Y(z)=F(z)+0.5z^{-1}F(z)$$
整理后,可得
$$H(z)=\frac{Y(z)}{F(z)}=\frac{1+0.5z^{-1}}{1+0.5z^{-1}+0.06z^{-2}}=\frac{z(z+0.5)}{(z+0.2)(z+0.3)}$$
由于 $H(z)$ 的两个极点分别为 $p_1=-0.2$、$p_2=-0.3$,所以该因果系统 $H(z)$ 的收敛域是 $|z|>0.3$。

(2)将 $H(z)$ 进行部分分式分解,可得
$$H(z)=\frac{3z}{z+0.2}-\frac{2z}{z+0.3},\ |z|>0.3$$
取 $H(z)$ 的反 Z 变换,可得单位序列响应 $h(n)$ 为
$$h(n)=Z^{-1}[H(z)]=[3(-0.2)^n-2(-0.3)^n]u(n)$$

(3)因为 $H(z)$ 的收敛域 $|z|>0.3$ 包括单位圆(或 $H(z)$ 的两个极点都分布在单位圆内),所以该因果系统是稳定的。

(4)若该系统的激励序列为 $f(n)=u(n)$,则 $f(n)$ 的 Z 变换为
$$F(z)=Z[f(n)]=\frac{z}{z-1},\ |z|>1$$
该系统零状态响应的 Z 变换为
$$Y_{zs}(z)=H(z)F(z)=\frac{z^2(z+0.5)}{(z-1)(z+0.2)(z+0.3)}$$
$$=\frac{\frac{25}{26}z}{(z-1)}+\frac{\frac{1}{2}z}{(z+0.2)}-\frac{\frac{6}{13}z}{(z+0.3)}$$
将 $Y_{zs}(z)$ 进行反 Z 变换,可得零状态响应 $y_{zs}(n)$ 为
$$y_{zs}(n)=\left[\frac{25}{26}+\frac{1}{2}(-0.2)^n-\frac{6}{13}(-0.3)^n\right]u(n)$$

6.6　离散时间系统的频率响应特性

借助离散时间系统的频率响应可以对离散时间系统的系统特性进行分析。因此,有必要讨论离散时间系统的频率响应。下面首先从序列的傅里叶变换(FT)的概念开始讨论。

6.6.1　序列的傅里叶变换(FT)

本节只介绍 FT 的基本定义,为利用系统函数 $H(z)$ 研究系统的频率响应特性作准备。

在后续课程中会进一步研究有关 FT 其他方面的内容。

序列的傅里叶变换也称作"离散时间傅里叶变换",记为 FT。FT 是一对傅里叶变换对,包括 FT 正变换和 FT 反变换。序列 $f(n)$ 的 FT 变换对定义为

$$\text{FT 正变换}: \text{FT}[f(n)] = F(e^{j\omega}) = \sum_{n=-\infty}^{\infty} f(n) e^{-j\omega n} \tag{6.6-1}$$

$$\text{FT 反变换}: \text{IFT}[F(e^{j\omega})] = f(n) = \frac{1}{2\pi} \int_{-\pi}^{\pi} F(e^{j\omega}) e^{j\omega n} d\omega \tag{6.6-2}$$

FT 的定义也可以从 Z 变换导出。连续时间信号的傅里叶变换 $F(j\omega)$ 与拉普拉斯变换 $F(s)$ 的关系为:连续时间信号的傅里叶变换 $F(j\omega)$ 为拉普拉斯变换 $F(s)$ 在 $s=\sigma+j\omega$ 的 $\sigma=0$ 时的取值,即

$$F(j\omega) = F(s)|_{s=j\omega}$$

与此类似,FT 可视为先将 $s=j\omega$ 映射到 Z 平面,然后再进行 Z 变换。序列 $f(n)$ 的 Z 变换对为

$$F(z) = Z[f(n)] = \sum_{n=-\infty}^{\infty} f(n) z^{-n}$$

$$f(n) = Z^{-1}[F(z)] = \frac{1}{2\pi j} \oint_c F(z) z^{n-1} dz$$

利用 S~Z 平面的映射关系可知,S 平面的虚轴 $s=j\omega$ 对应着 Z 平面的单位圆 $z=e^{j\omega}$,故单位圆上的 Z 变换即是序列的傅里叶变换 $F(e^{j\omega})$,可得

$$F(e^{j\omega}) = F(z)|_{z=e^{j\omega}} = \sum_{n=-\infty}^{\infty} f(n) e^{-j\omega n}$$

$$f(n) = \frac{1}{2\pi j} \oint_{z=e^{j\omega}} F(z) z^{n-1} dz = \frac{1}{2\pi} \int_{-\pi}^{\pi} F(e^{j\omega}) e^{j\omega n} d\omega$$

通常,$F(e^{j\omega})$ 为变量 ω 的复函数,可表示为

$$F(e^{j\omega}) = |F(e^{j\omega})| e^{j\varphi(\omega)} = \text{Re}[F(e^{j\omega})] + j\text{Im}[F(e^{j\omega})] \tag{6.6-3}$$

$F(e^{j\omega})$ 也是序列 $f(n)$ 的频谱,也可表征序列 $f(n)$ 的频域特性。其中,$|F(e^{j\omega})|$ 为幅度谱、$\varphi(\omega)$ 为相位谱,它们都是 ω 的连续函数。因为 $e^{j\omega}$ 是变量 ω 以 2π 为周期的周期函数,所以 $F(e^{j\omega})$ 也是以 2π 为周期的周期函数,故序列 $f(n)$ 的频谱 $F(e^{j\omega})$ 是周期的。

要注意的是:如果序列 $f(n)$ 满足绝对可和条件,那么序列的傅里叶变换 $F(e^{j\omega})$ 一定存在,即

$$\sum_{n=-\infty}^{\infty} |f(n)| < \infty \tag{6.6-4}$$

式(6.6-4)只是 FT 存在的充分条件,而不是 FT 存在的充要条件。因此,如果序列 $f(n)$ 满足绝对可和,则 FT 一定存在,反之则不然。单位阶跃序列 $u(n)$ 的 FT 存在,但它却不满足绝对可和条件,因为 $\sum_{n=-\infty}^{\infty} |u(n)| = \infty$。

6.6.2 离散时间系统的频率响应

离散时间系统的单位序列响应 $h(n)$ 的 FT 为

$$H(e^{j\omega}) = \text{FT}[h(n)] = \sum_{n=-\infty}^{\infty} h(n) e^{-j\omega n} \tag{6.6-5}$$

在式(6.6-5)中,称 $H(e^{j\omega})$ 为"离散时间系统的频率响应",它反映了系统响应的幅度与相位随着系统激励的变化而变化的规律。由式(6.6-5)可见,离散时间系统的频率响应 $H(e^{j\omega})$ 与单位序列响应 $h(n)$ 是一对 FT 对。

因为稳定系统的系统函数 $H(z)$ 收敛域包括单位圆 $z=e^{j\omega}$ 在内,所以从 FT 与 Z 变换的关系可知,稳定系统的频率响应 $H(e^{j\omega})$ 也可以通过 $H(z)$ 求得,即

$$H(e^{j\omega}) = Z[h(n)]\big|_{z=e^{j\omega}} = H(z)\big|_{z=e^{j\omega}} \tag{6.6-6}$$

因此,离散时间系统的频率响应 $H(e^{j\omega})$ 是单位序列响应 $h(n)$ 在单位圆上的 Z 变换,也可以说,系统函数 $H(z)$ 在 Z 平面上将变量 z 沿单位圆旋转就可以得到系统的频率响应 $H(e^{j\omega})$。因为 $e^{j\omega}$ 为周期函数,所以系统的频率响应 $H(e^{j\omega})$ 也是周期函数,其周期是序列的重复频率 ω_s($\omega_s=2\pi/T_s$,T_s 是序列的时间间隔,常取 $T_s=1$),这与连续时间系统的频率响应不同。

一般情况下,离散时间系统的频率响应 $H(e^{j\omega})$ 为复函数,用极坐标表示为

$$H(e^{j\omega}) = |H(e^{j\omega})|e^{j\varphi(\omega)} \tag{6.6-7}$$

式(6.6-7)中,$|H(e^{j\omega})|$ 是幅度频率响应特性、$\varphi(\omega)$ 是相位频率响应特性,它们都为变量 ω 的连续函数。若将式(6.6-7)绘制成以变量 ω 为横坐标,以 $|H(e^{j\omega})|$ 或 $\varphi(\omega)$ 为纵坐标的频率响应特性曲线,则称 $|H(e^{j\omega})|\sim\omega$ 为"幅频特性曲线"、$\varphi(\omega)\sim\omega$ 为"相频特性曲线"。

6.6.3 正弦稳态响应

对于因果的离散时间稳定系统而言,如果激励序列 $f(n)$ 为正弦序列

$$f(n) = A\sin(\omega n)u(n)$$

式中,A 为常数,ω 是正弦序列 $f(n)$ 的角频率。$f(n)$ 的 Z 变换为

$$F(z) = Z[A\sin(\omega n)u(n)] = \frac{Az\sin\omega}{z^2 - 2z\cos\omega + 1}$$

$$= \frac{Az\sin\omega}{(z-e^{j\omega})(z-e^{-j\omega})}$$

则可得系统零状态响应的 Z 变换 $Y_{zs}(z)$ 为

$$Y_{zs}(z) = F(z)H(z) = \frac{Az\sin\omega}{(z-e^{j\omega})(z-e^{-j\omega})}H(z)$$

因为该系统是稳定的,故 $H(z)$ 的极点都分布在单位圆内,且不会与 $F(z)$ 的极点 $e^{\pm j\omega}$ 重合,则可得

$$Y_{zs}(z) = \frac{C_1 z}{z-e^{j\omega}} + \frac{C_2 z}{z-e^{-j\omega}} + \sum_{i=1}^{k}\frac{K_i z}{z-p_i} \tag{6.6-8}$$

式(6.6-8)中,$p_i(i=1,2,\cdots,k)$ 为 $H(z)$ 的 k 个一阶极点。待定系数 C_1、C_2 为

$$C_1 = \left[(z-e^{j\omega})\frac{Y_{zs}(z)}{z}\right]\bigg|_{z=e^{j\omega}} = \frac{A}{2j}H(e^{j\omega})$$

$$C_2 = \left[(z-e^{-j\omega})\frac{Y_{zs}(z)}{z}\right]\bigg|_{z=e^{-j\omega}} = -\frac{A}{2j}H(e^{-j\omega})$$

又因为 $H(e^{-j\omega})$ 与 $H(e^{j\omega})$ 是共轭复函数,有

$$H(e^{j\omega}) = |H(e^{j\omega})|e^{j\varphi(\omega)}$$

$$H(e^{-j\omega}) = |H(e^{-j\omega})|e^{-j\varphi(\omega)} = |H(e^{j\omega})|e^{-j\varphi(\omega)}$$

将其代入式(6.6-8),可得
$$Y_{zs}(z) = \frac{A|H(e^{j\omega})|}{2j}\left(\frac{ze^{j\varphi(\omega)}}{z-e^{j\omega}} - \frac{ze^{-j\varphi(\omega)}}{z-e^{-j\omega}}\right) + \sum_{i=1}^{k}\frac{K_i z}{z-p_i}$$

将上式进行反 Z 变换,可得
$$y_{zs}(n) = \left\{\frac{A|H(e^{j\omega})|}{2j}\left[e^{j(n\omega+\varphi(\omega))} - e^{-j(n\omega+\varphi(\omega))}\right] + \sum_{i=1}^{k}K_i(p_i)^n\right\}u(n)$$
(6.6-9)

由于稳定系统的系统函数 $H(z)$ 的极点都分布在单位圆内,即 $|p_i|<1$。因此,当 $n\to\infty$ 时,式(6.6-9)的最后一项 $\sum_{i=1}^{k}K_i(p_i)^n \to 0$。此时,系统零状态响应 $y_{zs}(n)$ 变为稳态响应 $y_{ss}(n)$,即

$$y_{ss}(n) = \frac{A|H(e^{j\omega})|}{2j}\left[e^{j(n\omega+\varphi(\omega))} - e^{-j(n\omega+\varphi(\omega))}\right]u(n)$$
$$= A|H(e^{j\omega})|\sin(n\omega+\varphi(\omega))u(n) \qquad (6.6-10)$$

将离散时间系统在正弦激励序列作用下产生的稳态响应,称作"正弦稳态响应"。由式(6.6-10)可见,离散时间系统的正弦稳态响应仍是与正弦激励序列同频率的正弦序列,但正弦稳态响应的幅值乘以因子 $|H(e^{j\omega})|$,相位变化了 $\varphi(\omega)$。$|H(e^{j\omega})|$ 与 $\varphi(\omega)$ 都是由 $H(z)$ 在 $z=e^{j\omega}$ 处的相应值决定的。若系统的正弦激励序列频率发生变化,则稳态响应的幅值与相位将分别随 $|H(e^{j\omega})|$ 与 $\varphi(\omega)$ 的变化而发生变化。因此,$H(e^{j\omega})$ 反映了离散时间系统在正弦激励序列作用下的稳态响应随着正弦激励序列频率变化而变化的规律。

例 6.6-1 若某 LTI 数字示波器系统的差分方程为
$$y(n) - 0.2y(n-1) - 0.08y(n-2) = f(n-1)$$
且已知该系统为因果的稳定系统,则求:

(1) 该数字示波器系统的系统函数 $H(z)$ 及其收敛域;

(2) 该系统的频率响应 $H(e^{j\omega})$;

(3) 若激励序列为 $f(n) = 3\sin(\pi n)u(n)$,求系统的稳态响应 $y_{ss}(n)$。

解:(1) 在零状态下将差分方程等号两端进行单边 Z 变换,可得
$$Y(z) - 0.2z^{-1}Y(z) - 0.08z^{-2}Y(z) = z^{-1}F(z)$$

整理,可得系统函数 $H(z)$ 为
$$H(z) = \frac{Y(z)}{F(z)} = \frac{z}{z^2 - 0.2z - 0.08}$$

$H(z)$ 的两个极点分别为 $p_1 = -0.2$、$p_2 = 0.4$。又因为系统是因果的,故 $H(z)$ 的收敛域为 $|z| > 0.4$。

(2) 该系统的频率响应 $H(e^{j\omega})$ 为
$$H(e^{j\omega}) = H(z)\big|_{z=e^{j\omega}} = \frac{e^{j\omega}}{e^{j2\omega} - 0.2e^{j\omega} - 0.08}$$

(3) 因为系统的激励序列为 $f(n) = 3\sin(\pi n)u(n)$,可得
$$\omega = \pi$$
$$A = 3$$

又因为 $H(e^{j\omega}) = |H(e^{j\omega})|e^{j\varphi(\omega)} = H(e^{j\omega})|_{\omega=\pi} = \dfrac{e^{j\pi}}{e^{j2\pi} - 0.2e^{j\pi} - 0.08} = \dfrac{25}{28}e^{j\pi}$，可得

$$|H(e^{j\omega})| = \frac{25}{28}$$

$$\varphi(\omega) = \pi$$

所以,此系统的稳态响应 $y_{ss}(n)$ 为

$$\begin{aligned}y_{ss}(n) &= A|H(e^{j\omega})|\sin(n\omega + \varphi(\omega))u(n) \\ &= 3 \times \frac{25}{28}\sin[(n-1)\pi + \pi]u(n-1) \\ &= \frac{75}{28}\sin(\pi n)u(n-1)\end{aligned}$$

6.6.4 频响特性的 Z 平面分析法

离散时间系统的频率响应特性(简记为"频响特性")可以利用 Z 平面分析法来粗略分析。所谓 Z 平面分析法是利用系统函数 $H(z)$ 在 Z 平面上的零、极点分布情况,结合平面分析法来求得系统的频响特性。利用 Z 平面分析法还可以粗略地绘制出系统的频响特性曲线,包括幅频特性曲线 $|H(e^{j\omega})| \sim \omega$ 和相频特性曲线 $\varphi(\omega) \sim \omega$。

如果离散时间系统的系统函数 $H(z)$ 为

$$H(z) = K \frac{\prod\limits_{r=1}^{m}(z - z_r)}{\prod\limits_{i=1}^{k}(z - p_i)}$$

式中,系数 K 对系统的频响特性研究没有影响。如果取 $z = e^{j\omega}$,即 Z 平面的变量 z 沿着单位圆 $e^{j\omega}$ 旋转,可得

$$H(e^{j\omega}) = K \frac{\prod\limits_{r=1}^{m}(e^{j\omega} - z_r)}{\prod\limits_{i=1}^{k}(e^{j\omega} - p_i)} = |H(e^{j\omega})|e^{j\varphi(\omega)} \qquad (6.6-11)$$

由此可知,频响特性 $H(e^{j\omega})$ 取决于 $H(z)$ 的零点 z_r 与极点 p_i 在 Z 平面上的分布位置。$H(e^{j\omega})$ 的分子多项式中任一因子 $(e^{j\omega} - z_r)$ 相当于从零点 z_r 引向单位圆上某点 $e^{j\omega}$ 的一个矢量。分母多项式中任一因子 $(e^{j\omega} - p_i)$ 相当于从极点 p_i 引向单位圆上某点 $e^{j\omega}$ 的一个矢量。对于任意 z_r 与 p_i 而言,相应的矢量表示为

$$e^{j\omega} - z_r = A_r e^{j\varphi_r} \qquad (6.6-12)$$

$$e^{j\omega} - p_i = B_i e^{j\theta_i} \qquad (6.6-13)$$

式(6.6-12)中,A_r、$\varphi_r(r=1,2,\cdots,m)$ 分别表示 Z 平面上从零点 z_r 引向单位圆上某点 $e^{j\omega}$ 矢量的模与辐角;式(6.6-13)中,B_i、$\theta_i(i=1,2,\cdots,k)$ 分别表示从极点 p_i 引向单位圆上某点 $e^{j\omega}$ 矢量的模与辐角。若以含有两个零点和两个极点的系统为例,图 6.6-1 中分别作出了两个零点 z_1、z_2 与单位圆上的点 E 和两个极点 p_1、p_2 与单位圆上的点 E 构成的四个矢量。图 6.6-1 中 A_1、A_2 与 B_1、B_2 分别表示零点 z_1、z_2 与极点 p_1、p_2 与 E 点构成矢量的模,φ_1、φ_2 与 θ_1、θ_2 分别表示零点 z_1、z_2 与极点 p_1、p_2 与 E 点构成矢量的辐角。

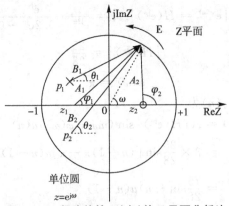

图 6.6-1　频响特性 $H(e^{j\omega})$ 的 Z 平面分析法

将式(6.6-12)、(6.6-13)都代入式(6.6-11)，可得

$$H(e^{j\omega}) = K \frac{\prod\limits_{r=1}^{m} A_r}{\prod\limits_{i=1}^{k} B_i} e^{j(\sum\limits_{r=0}^{m}\varphi_r - \sum\limits_{i=1}^{k}\theta_i)} = |H(e^{j\omega})|e^{j\varphi(\omega)} \quad (6.6-14)$$

由式(6.6-14)可得，系统的幅频特性与相频特性分别为

$$|H(e^{j\omega})| = K \frac{\prod\limits_{r=1}^{m} A_r}{\prod\limits_{i=1}^{k} B_i} \quad (6.6-15)$$

$$\varphi(\omega) = \sum\limits_{r=1}^{m} \varphi_r - \sum\limits_{i=1}^{k} \theta_i \quad (6.6-16)$$

如果单位圆 $z=e^{j\omega}$ 上的点 E 随变量 ω 不断逆时针运动，就可以得到完整的频响特性 $H(e^{j\omega})$。图 6.6-1 中的"+1"点对应变量 $\omega=0$，而"-1"点对应变量 $\omega=\omega_s/2=\pi$。因为 $H(e^{j\omega})$ 是周期性的，所以仅需要点 E 沿单位圆逆时针旋转一周就可以得到全部的频响特性。此时，就可以取一些点粗略地绘制出频响特性的幅频特性曲线与相频特性曲线，称这种分析方法为 Z 平面分析法。由此可知，频响特性曲线的形状是由系统函数 $H(z)$ 的零、极点分布决定的。

需要注意的是：离散时间系统的系统模拟图中，单位延时单元也可以用符号"z^{-1}"表示，如图 6.6-2 所示。

图 6.6-2　单位延时单元的"z^{-1}"表示

例 6.6-2　若已知某因果的 LTI 数字滤波器系统的差分方程为

$$3y(n+2) - \frac{9}{4}y(n+1) + \frac{3}{8}y(n) = f(n+1) + 3f(n+2)$$

则求：(1) 系统函数 $H(z)$ 及其收敛域，绘制出 $H(z)$ 的零极点分布图；
(2) 单位序列响应 $h(n)$，确定系统的稳定性；
(3) 画出使用两个加法器的系统模拟图；
(4) 粗略地绘制系统的幅频特性曲线。

解：(1)将差分方程等号两端进行单边 Z 变换，可得
$$3z^2Y(z) - \frac{9}{4}zY(z) + \frac{3}{8}Y(z) = zF(z) + 3z^2F(z)$$
整理后，可得
$$H(z) = \frac{Y(z)}{F(z)} = \frac{z^2 + \frac{1}{3}z}{z^2 - \frac{3}{4}z + \frac{1}{8}}, |z| > \frac{1}{2}$$

$H(z)$ 的两个零点分别为 $z_1 = 0$、$z_2 = -\frac{1}{3}$，两个极点分别为 $p_1 = 0.25$、$p_2 = 0.5$，故其零极点分布图如图 6.6-3 所示。

(2)将 $H(z)$ 进行部分分式展开，可得
$$H(z) = \frac{10z}{3(z - \frac{1}{2})} - \frac{7z}{3(z - \frac{1}{4})}$$

对 $H(z)$ 进行反 Z 变换可得到单位序列响应 $h(n)$ 为
$$h(n) = Z^{-1}[H(z)] = \left[\frac{10}{3}\left(\frac{1}{2}\right)^n - \frac{7}{3}\left(\frac{1}{4}\right)^n\right]u(n)$$

单位序列响应 $h(n)$ 满足绝对可和，即
$$\sum_{n=-\infty}^{\infty}|h(n)| < \infty$$
或 $h(n)$ 满足
$$\lim_{n \to \infty}h(n) = 0$$

由此可知，单位序列响应 $h(n)$ 满足系统稳定的时域充分必要条件。所以，该系统是稳定的。

本例题也可以从因果系统 $H(z)$ 的所有极点都分布在单位圆内，或收敛域包括单位圆来判断该系统是稳定的。

(3)根据差分方程的形式以及例题的要求可以使用中间变量法画出系统模拟图。

设中间变量为 $w(n)$，并把原差分方程分解为
$$3w(n+2) - \frac{9}{4}w(n+1) + \frac{3}{8}w(n) = f(n) \qquad ①$$
$$y(n) = 3w(n+2) + w(n+1) \qquad ②$$

将①式与②式各自的系统模拟图连接成一个总的系统模拟图（总的系统模拟图要求：输入为 $f(n)$、输出为 $y(n)$），就得到了原差分方程输入为 $f(n)$、输出为 $y(n)$ 的系统模拟图，如图 6.6-4 所示。

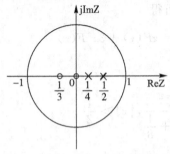
图 6.6-3　例 6.6-2 中 $H(z)$ 的零极点分布图

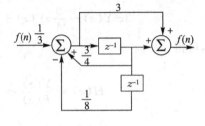
图 6.6-4　例 6.6-2 的系统模拟图

（4）该系统的频率响应 $H(e^{j\omega})$ 为

$$H(e^{j\omega}) = H(z)|_{z=e^{j\omega}} = \frac{1 + \dfrac{1}{3}e^{-j\omega}}{1 - \dfrac{3}{4}e^{-j\omega} + \dfrac{1}{8}e^{-j\omega}}$$

由 $H(e^{j\omega})$ 的零、极点矢量图 6.5-5 可得，系统的幅频特性为

$$|H(e^{j\omega})| = \frac{A_1 A_2}{B_1 B_2}$$

通过取有限个特殊位置的点可以粗略地画出系统的幅频特性曲线，即

① 当 $\omega = 0$ 时，由图 6.6-5 可得：$A_1 = \dfrac{4}{3}$、$A_2 = 1$、$B_1 = \dfrac{3}{4}$、$B_2 = \dfrac{1}{2}$，此时

$$|H(e^{j\omega})| = \frac{A_1 A_2}{B_1 B_2} = \frac{32}{9}$$

② 当 ω 从 0 增大到接近 π 时，由图 6.6-5 可知：$A_1 A_2$ 越来越小，而 $B_1 B_2$ 越来越大，此时 $|H(e^{j\omega})|$ 的值越来越小；

③ 当 $\omega = \pi$ 时，由图 6.6-5 可知：$A_1 = \dfrac{2}{3}$、$A_2 = 1$、$B_1 = \dfrac{5}{4}$、$B_2 = \dfrac{3}{2}$，此时

$$|H(e^{j\omega})| = \frac{A_1 A_2}{B_1 B_2} = \frac{16}{45}$$

④ 当 ω 从 π 增大到接近 2π 时，由图 6.6-5 可知：$A_1 A_2$ 越来越大，而 $B_1 B_2$ 越来越小，此时 $|H(e^{j\omega})|$ 的值越来越大；

⑤ 当 $\omega = 2\pi$ 时，由图 6.6-5 可知：$A_1 = \dfrac{4}{3}$、$A_2 = 1$、$B_1 = \dfrac{3}{4}$、$B_2 = \dfrac{1}{2}$，此时

$$|H(e^{j\omega})| = \frac{A_1 A_2}{B_1 B_2} = \frac{32}{9}$$

综合上述①到⑤过程中取的特殊点可大致绘出系统的幅频特性曲线，即系统近似的幅频特性曲线如图 6.6-6 所示。

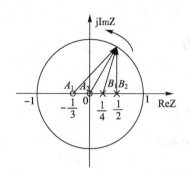 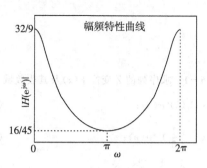

图 6.6-5　例 6.6-2 的 $H(e^{j\omega})$ 零极点矢量图　　图 6.6-6　例 6.6-2 的系统幅频特性曲线

6.6.5　离散时间最小相位系统与全通系统

一、离散时间最小相位系统

离散时间最小相位系统是指系统函数 $H(z)$ 的所有零点与极点都位于单位圆内的因果线性时不变离散时间系统。

因为最小相位系统为因果的,且其所有极点都分布在单位圆内,收敛域必然包括单位圆,所以最小相位系统一定是稳定的。

二、离散时间全通系统

离散时间全通系统是指系统的幅频特性为一常数的线性时不变离散时间系统。由此可知,离散时间全通系统满足

$$|H(e^{j\omega})| = K \tag{6.6-17}$$

式(6.6-17)中,K 为一个常数。

因为系统的幅频特性 $|H(e^{j\omega})|$ 可表示为

$$|H(e^{j\omega})| = |K| \frac{\prod_{r=0}^{m} |e^{j\omega} - z_r|}{\prod_{i=1}^{k} |e^{j\omega} - p_i|} \tag{6.6-18}$$

式(6.6-18)中,只有当所有的零点 z_r 和所有的极点 p_i 互为实倒数或共轭倒数关系($p_i^* = 1/z_r, i=1,2,\cdots,k; r=1,2,\cdots,m$),且分子、分母多项式的阶数 $m=k$ 时,$|H(e^{j\omega})|$ 才与变量 ω 无关,为一个常数。

由此可知,不论系统函数 $H(z)$ 的零、极点为实数还是共轭复数,只有满足 $m=k$,且 $H(z)$ 的所有零点和极点关于单位圆镜像对称(互为实倒数或共轭倒数关系),系统才满足是全通的。所以,离散时间全通系统的零极点分布特性为:零点和极点的模互为倒数,辐角相等。

任何一个因果的线性时不变离散时间系统都可以表示成一个离散时间最小相位系统与一个离散时间全通系统的级联。

习题 6

6-1 求序列的 Z 变换 $F(z)$ 及其收敛域。

(1) $(5)^n u(n)$；

(2) $(\frac{1}{5})^n u(n)$；

(3) $(\frac{1}{5})^{-n} u(n)$；

(4) $(-\frac{1}{5})^n u(n)$；

(5) $(-\frac{1}{5})^{n-1} u(n)$；

(6) $(-\frac{1}{16})^n u(n)$；

(7) $(-\frac{1}{5})^n u(-n)$；

(8) $(\frac{1}{5})^n u(n-1)$；

(9) $-(\frac{1}{5})^{-n} u(-n-1)$；

(10) $u(n) - u(n-3)$；

(11) $\delta(n) - \delta(n+3)$；

(12) $(\frac{1}{5})^n [u(n) - u(n-3)]$；

(13) $(\frac{1}{5})^n [\delta(n) - \delta(n+3)]$；

(14) $(\frac{1}{5})^n \sin(\omega n) u(n)$。

6-2 求序列的 Z 变换 $F(z)$ 及其收敛域。

(1) $(n-1) u(n-1)$；

(2) $(\frac{1}{3})^n u(n) - (\frac{1}{5})^n u(-n-1)$；

(3) $(n-3)^2 u(n+3)$；

(4) $(\frac{1}{5})^{|n|}$。

6-3 若序列 $f(n)$ 的 Z 变换 $F(z)$ 为

$$F(z) = \frac{16z^3 - z}{(z-2)(10z^2 + 11z + 3)}$$

试求：(1) $F(z)$ 的零、极点，并画出零极点分布图；

(2) 讨论 $F(z)$ 可能存在的收敛域，并在每个收敛域上判断序列 $f(n)$ 是右边、左边还是双边序列？

6-4 若题 6-4 图为序列 $f(n)$ 的 Z 变换 $F(z)$ 的零极点分布图，且图中的零点、极点都是一阶的，则：

(1) 如果序列 $f(n)$ 为左边序列，且 $F(\frac{1}{3}) = -\frac{3}{10}$，求原序列 $f(n)$；

(2) 如果序列 $f(n)$ 为右边序列，且 $F(3) = \frac{10}{3}$，求原序列 $f(n)$；

(3) 如果序列 $f(n)$ 为双边序列，且 $F(2) = -\frac{3}{4}$，求原序列 $f(n)$。

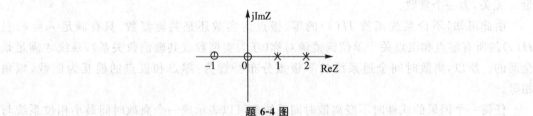

题 6-4 图

6-5 利用 Z 变换性质求序列的 Z 变换及其收敛域，其中 $M > 0$，且为常数。

(1) $2u(n-M)$；

(2) $5^n u(n-M)$；

(3) $5^n [u(n) - u(n-3)]$；

(4) $5^{n-M} u(n-M)$；

(5) $(\frac{1}{5})^n u(-n-M)$；

(6) $2n3^n u(n-M)$；

(7) $2\sum_{i=0}^{n} 5^i$；　　　　　　　　　　(8) $5^{\frac{n}{M}} u(\frac{n}{M})$，$n$ 为 M 的整数倍；

(9) $5^n \sin(\omega n) u(-n-1)$；　　　　　(10) $f(n) = \begin{cases} 3, & n = 0, 2, 4\cdots; \\ 0, & n = 1, 3, 5\cdots \end{cases}$

6－6 若因果序列 $f(n)$ 的 Z 变换为 $F(z)$，求序列 $f(n)$ 的初值 $f(0)$ 和终值 $f(\infty)$。

(1) $F(z) = \dfrac{z^2 + z + 1}{z^2 - 3z + 2}$；　　　　(2) $F(z) = \dfrac{z(z+1)}{z^3 + \dfrac{1}{2}z^2 - z - \dfrac{1}{2}}$。

6－7 利用 Z 变换性质求下列序列卷积 $f(n) = f_1(n) * f_2(n)$。

(1) $f_1(n) = (3)^n u(n)$，$f_2(n) = \left(\dfrac{1}{5}\right)^n u(n)$；

(2) $f_1(n) = u(n-2)$，$f_2(n) = \left(\dfrac{1}{3}\right)^n u(n)$。

6－8 利用幂级数展开法、部分分式展开法和围线积分法求 $F(z)$ 的反 Z 变换 $f(n)$。

(1) $F(z) = \dfrac{8z^2 - 4z}{(2z+1)(4z+1)}$，$|z| > \dfrac{1}{2}$；　　(2) $F(z) = \dfrac{2z(z+2)}{2z^3 + z^2 - 2z - 1}$，$|z| > 1$。

6－9 若序列 $f(n)$ 的 Z 变换为 $F(z) = \dfrac{3z}{2z^2 - 5z + 2}$，则求 $F(z)$ 可能存在的收敛域以及各收敛域的反 Z 变换 $f(n)$，并指出所得的原序列 $f(n)$ 是左边序列、右边序列还是双边序列？

6－10 求 $F(z)$ 的反 Z 变换。

(1) $F(z) = \dfrac{z+5}{z+3}$，$|z| > 3$；　　　　(2) $F(z) = \dfrac{z-5}{z^2 + 4z - 12}$，$|z| > 6$；

(3) $F(z) = \dfrac{z^3 + 2z^2}{z^3 - 3z^2 + 3z - 1}$，$|z| > 1$；　　(4) $F(z) = \dfrac{z(z+1)}{z^2 - 2z\cos\omega + 1}$，$|z| > 1$；

(5) $F(z) = \dfrac{z^3 - 2z^2}{8 - 8z + 2z^2 - 2z^3}$，$|z| > 2$；　　(6) $F(z) = \dfrac{z^4 + 1}{z^6(z - 1)}$，$|z| > 1$；

(7) $F(z) = 2z + 3 + 4z^{-1}$，$0 < |z| < \infty$；　　(8) $F(z) = \dfrac{z^{-2}}{(1 - z^{-1})^{-2}(1 + z^{-1})}$，$|z| > 1$。

6－11 利用单边 Z 变换求各差分方程所对应离散时间系统的零输入响应、零状态响应和完全响应。其中，$f(n)$ 为系统的激励，$y(n)$ 为系统的响应。

(1) $4y(n) - 5y(n-1) + y(n-2) = f(n)$，$f(n) = (\dfrac{1}{2})^n u(n)$，$y(-1) = 1$，$y(-2) = 0$；

(2) $y(n) - 2y(n-1) - 3y(n-2) = f(n) + f(n-1)$，$f(n) = u(n)$，$y(0) = 1$，$y(1) = 3$；

(3) $y(n+2) + 1.5y(n+1) + 0.5y(n) = f(n)$，$f(n) = (\dfrac{1}{2})^n u(n)$，$y(0) = 1$，$y(1) = -1$；

(4) $y(n) - 6y(n-1) + 8y(n-2) = f(n)$，$f(n) = 2u(n)$，$y(-1) = 1$，$y(-2) = 2$。

6－12 若描述某因果数字滤波器系统的差分方程为

$$y(n) - y(n-1) + \dfrac{3}{16} y(n-2) = f(n) - 2f(n-1)$$

则求：(1) 求该数字滤波器系统的系统函数 $H(z)$ 以及收敛域，并判断系统的稳定性；

(2) 求该系统的单位序列响应 $h(n)$；

(3) 画出该系统的 Z 域模拟图；

(4) 若该系统的激励序列为 $f(n) = u(n)$，求系统的零状态响应。

6－13 若某数字信号转换器系统的差分方程为

$$y(n) - 3y(n-1) + 2y(n-2) = f(n-1) - 2f(n-2)$$

且 $y(-1) = \dfrac{1}{2}$，$y(-2) = -\dfrac{1}{4}$。若激励序列为 $f(n)$ 时，该系统的完全响应为 $y(n) = [2^{n-1} - 2] u(n)$，求

该系统的激励序列 $f(n)$。

6－14 若某因果的数字滤波器系统在输入序列为 $f(n) = u(n)$ 时,输出端测得的输出序列为
$$y(n) = [(3)^{-n} + (2)^n + 2]u(n)$$
则求:(1)求该数字滤波器系统的系统函数 $H(z)$ 及其收敛域;

(2)求描述该数字滤波器系统的差分方程;

(3)求该系统的单位序列响应 $h(n)$。

6－15 若已知某一阶 LTI 数字信号转换器系统,当该系统的起始状态 $y(-1) = 1$,激励序列为 $f_1(n) = u(n)$ 时,系统输出的完全响应为 $y_1(n) = 2u(n)$;当该系统的起始状态为 $y(-1) = -1$,激励序列为 $f_2(n) = \frac{1}{2}nu(n)$ 时,系统输出的完全响应为 $y_2(n) = (n-1)u(n)$,则求当激励序列为 $f_3(n) = (\frac{1}{2})^n u(n)$ 时,该数字信号转换器系统的零状态响应 $y_{zs}(n)$。

6－16 若某数字滤波器系统的系统函数为
$$H(z) = \frac{13z^{-1}}{6z^{-1} - 5z^{-2} - 1}$$
求:(1)当收敛域分别为 $|z| > 5$ 与 $1 < |z| < 5$ 时,该系统的单位序列响应 $h(n)$;

(2)在(1)的两种情况下,分别判断系统的因果性与稳定性。

6－17 若某因果的开关电容滤波器系统的 Z 域模拟图如题 6-17 图所示,则求:

(1)该滤波器系统模拟图的差分方程;

(2)该系统的系统函数 $H(z)$ 及其收敛域;

(3)该系统的单位序列响应 $h(n)$。

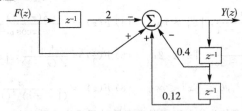

题 6-17 图

6－18 在语音信号处理技术中,存在一种描述声道模型的系统函数 $H(z)$
$$H(z) = \frac{1}{1 - \sum_{n=1}^{k} b_n z^{-n}}$$

其中,$b_n(n=1,2,\cdots,k)$ 为常系数,k 为正整数。若 $k=2$,试求:

(1)该模型的单位序列响应 $h(n)$;

(2)求描述该模型的差分方程;

(3)画出该声道模型的模拟图;

(4)若该模型是稳定的,求模型中系数 b_1 与 b_2 的关系。

6－19 利用 Z 平面分析法粗略地画出系统函数 $H(z)$ 对应系统的幅频特性曲线与相频特性曲线。

(1) $H(z) = \dfrac{z}{z - \dfrac{1}{2}}$;

(2) $H(z) = \dfrac{z}{z^2 + z - \dfrac{3}{4}}$;

(3) $H(z) = \dfrac{1}{(z + \dfrac{1}{4})(z - 2)}$;

(4) $H(z) = \dfrac{3z}{4z^2 - 2z + 1}$。

6-20 若某因果数字滤波器系统的系统函数 $H(z)$ 为

$$H(z) = \frac{z^2 - \frac{8}{3}z - 1}{z^2 - \frac{3}{2}z - 1}$$

则求:(1)该数字滤波器系统 $H(z)$ 的收敛域,画出 $H(z)$ 的零极点分布图;

(2)求描述该系统的差分方程;

(3)求单位序列响应 $h(n)$;

(4)判断该系统是否稳定;

(5)画出该系统的模拟图;

(6)判断该系统是否是离散时间全通系统、最小相位系统;

(7)若 $y(0)=1,y(1)=2$,激励序列为 $f(n)=2u(n)$,求该系统的完全响应 $y(n)$。

6-21 若某数字滤波器系统的差分方程为

$$6y(n) + y(n-1) - 2y(n-2) = f(n) - 4af(n-1)$$

且系统函数 $H(z)$ 在 $z=1$ 处值为 1。试求:

(1)差分方程中系数 a 的值和系统函数 $H(z)$;

(2)单位序列响应 $h(n)$;

(3)判断该系统是否稳定;

(4)判断该系统是否因果;

(5)画出该系统的模拟图。

6-22 若某稳定数字滤波器系统的系统函数 $H(z) = \frac{az-1}{az-a^2}$,其中 a 为正实数,则:(1)求 a 的取值范围;

(2)画出 $H(z)$ 的零极点分布图,确定收敛域;

(3)求系统的单位序列响应 $h(n)$;

(4)判断系统是否为离散时间全通系统、最小相位系统;

(5)求系统的频响特性 $H(e^{j\omega})$,并粗略地画出幅频特性曲线。

6-23 若某计算机对随机数据的测量为进行平均处理的过程。假设计算机在一次接收一个测量数据 $f(n)$ 后,它将本次接收的数据、前一次接收的数据和后一次接收的数据进行平均处理,则:

(1)若计算机对数据平均处理后,输出数据为 $y(n)$,试列出该计算机系统处理测量数据 $f(n)$ 过程的差分方程,画出系统模拟图;

(2)若该系统为因果的,求系统函数 $H(z)$ 及收敛域,画出零极点分布图;

(3)求系统的单位序列响应 $h(n)$;

(4)判断系统的稳定性;

(5)求系统的频率响应 $H(e^{j\omega})$,粗略画出幅频特性曲线与相频特性曲线。

6-24 若某横向数字滤波器系统的模拟图如题 6-24 图所示,则求:

(1)该滤波器系统的差分方程;

(2)系统函数 $H(z)$,画出 $H(z)$ 的零极点分布图;

(3)系统的单位序列响应 $h(n)$;

(4)若系统为稳定的,求 b 的取值范围;

(5)定性地画出该系统的幅频特性曲线与相频特性曲线。

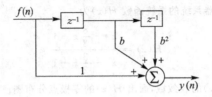

题 6-24 图

6-25 若某数字滤波器系统的系统函数 $H(z)$ 零极点分布如题 6-25 图所示,且 $H(\infty)=1$,试求:
(1) 该系统的系统函数 $H(z)$;
(2) 若系统稳定,确定 $H(z)$ 的收敛域,并判断该系统是否因果;
(3) 定性地画出单位序列响应 $h(n)$ 波形的大致趋势;
(4) 写出描述系统的差分方程,画出模拟图;
(5) 系统的单位序列响应 $h(n)$;
(6) 系统的频响特性 $H(e^{j\omega})$,定性地画出幅频特性曲线与相频特性曲线;
(7) 判断该数字滤波器的类型;
(8) 判断系统是否为离散时间全通系统、最小相位系统;
(9) 若激励为 $f(n)=2u(n)$,求系统的零状态响应,并确定系统的稳态响应与瞬态响应。

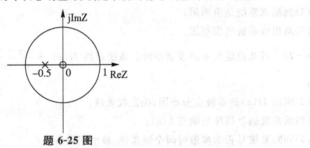

题 6-25 图

6-26 若某因果的 LTI 离散时间系统,当该系统激励为 $(-2)^n$ 时,零状态响应为 0;当激励为 $\left(\frac{1}{2}\right)^n u(n)$ 时,系统的零状态响应为 $\delta(n)+a\left(\frac{1}{2}\right)^{2n}u(n)$。试求:
(1) 系数 a 的值;
(2) 系统函数 $H(z)$ 及收敛域;
(3) 定性地画出单位序列响应 $h(n)$ 的大致形势;
(4) 系统的单位序列响应 $h(n)$;
(5) 系统的差分方程;
(6) 判断系统是否稳定,是否为离散时间全通系统;
(7) 当激励为 $f(n)=1$ 时,求系统的零状态响应。

6-27 若某因果的线性时不变离散时间系统的差分方程为
$$y(n)-\frac{1}{3}y(n-1)=f(n)-3f(n-1)$$
求:(1) 系统函数 $H(z)$ 及其收敛域;
(2) 画出 $H(z)$ 的零极点分布图,判断系统是否稳定;
(3) 判断系统是否为离散时间全通系统;
(4) 判断系统是否为离散时间最小相位系统。

6—28 若某因果的数字滤波器系统的差分方程为
$$3y(n) - y(n-1) = f(n)$$
试求：(1) 系统的系统函数 $H(z)$ 及收敛域，并画出零极点分布图；
(2) 系统的单位序列响应 $h(n)$；
(3) 判断系统是否稳定，是否为离散时间全通系统、最小相位系统；
(4) 画出系统的模拟图；
(5) 系统的频响特性 $H(e^{j\omega})$，并粗略地画出幅频特性曲线与相频特性曲线；
(6) 若系统的零状态响应为 $y(n) = 3[-(\frac{1}{3})^n + (\frac{1}{2})^n]u(n)$，求激励序列 $f(n)$。

第7章 系统的状态变量分析

本书前面章节在分析系统时,不论是在时域中进行分析还是在变换域中进行分析,主要研究的都是系统的激励与响应之间的关系,这种分析方法称为"输入—输出法",也称为"端口分析法"或"外部分析法"。这种分析方法关心的是系统的外部特征,而并不涉及系统内部情况相关问题的研究,如系统的可观测性、可控制性等问题。现代控制系统结构越来越复杂,输入与输出往往不是单一的,因此人们不但需要关注系统的外部特性,还需要对系统内部的一些变量进行研究,进而合理设计系统的内部结构、确定内部参数,从而实现最佳控制或最优设计。对于以上问题,本章介绍一种新的分析方法——由描述系统内部行为的一组变量为基础的状态变量分析法。所谓"状态变量",就是描述系统内部行为的一组变量。状态变量可以是实际的电压或电流,也可以是为了分析需要而人为定义的其他函数,它本身无明确的物理意义,也无从测量。

状态变量分析法的应用范围广泛,不但适用于前述章节分析的单输入—单输出线性时不变系统,同样也可应用于非线性系统、时变系统、多输入—多输出系统和高阶系统。状态变量分析法可以通过线性代数把状态变量的微分方程或差分方程用统一的标准形式来表示,非常适合利用计算机进行辅助处理。

需要说明的是,对于前述章节中分析的简单形式的单输入—单输出 LTI 系统,如果使用状态变量分析法,过程一般将变得较为复杂,无法体现状态变量分析法的优点。因此,不管是输入—输出法还是状态变量分析法,都各有利弊,在使用时需要注意。

本章只讨论 LTI 系统的状态变量分析。

7.1 系统的状态方程

7.1.1 状态方程

为了说明状态和状态变量的概念,下面以一个简单的 RLC 并联电路为例。

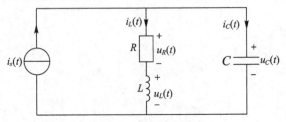

图 7.1-1 RLC 并联电路

图 7.1-1 是一个二阶电路,在这个电路中,系统结构已经确定,若在元件参数也给定的

情况下,任一瞬间,只要知道电感中流过的电流 i_L 和电容两端的电压 u_C,再结合已知的信号源 i_S,就能确定任一元件两端的电压及每条支路流过的电流。例如:

电流源两端电压:$u_S = u_C$

电容流过的电流:$i_c = C \dfrac{\mathrm{d}u_C}{\mathrm{d}t} = i_S - i_L$

电阻两端电压:$u_R = R \cdot i_L$

电感支路流过的电流:$u_L = L \dfrac{\mathrm{d}i_L}{\mathrm{d}t} = u_C - R i_L$

观察上面公式,可以发现电路中所有的电流和电压均可以用电感电流、电容电压及外加激励所确定。这个结论不仅适用于图 7.1-1 所示电路,同样适用于其他电路,它具有一般意义。从这个角度看,系统中的电感电流和电容电压给出了系统变化的全部信息,因为它们都是时间函数,且为了分析具有普遍意义,在后面的分析过程中,统一用 $x_1(t)$, $x_2(t)$… 来表示电感电流和电容电压,这些变量称为"状态变量"。

下面给出状态和状态变量的定义:

一个动态系统在 $t = t_0$ 时的状态,是一组代表所需最少变量(称为"状态变量")的数值 $x_1(t_0)$, $x_2(t_0)$, …, $x_n(t_0)$,利用这组数值,连同系统的模型和给定在 $t \geqslant t_0$ 时的输入激励函数,就可以确定 $t \geqslant t_0$ 时系统的全部其他变量。

需要注意的是,系统的状态变量不是唯一的,并不一定非要选取电感电流和电容电压,但不管如何选择,电感电流和电容电压始终是隐含在所选取的变量中。另外,电感电流和电容电压实际反映的是储能元件的储能情况,所以系统状态的改变实际就是储能情况的改变,而能量的变化是需要一定时间才能完成的(除非激励包含有冲激函数)。纯电阻网络某一瞬时的电压电流仅由激励确定,因此无状态可言。

可以将状态变量记为矩阵形式,如下式所示

$$\boldsymbol{x}(t) = \begin{bmatrix} x_1(t) \\ x_2(t) \\ \vdots \\ x_n(t) \end{bmatrix} \tag{7.1-1}$$

将 $\boldsymbol{x}(t)$ 称为"状态矢量"。

为了便于通过状态变量来计算系统中其他的变量,首先需要分析各状态变量之间的约束关系,这就需要列写方程组,这样的方程组称为"状态方程"。显然,对于具有 n 个状态变量的系统,状态方程所包含的具体方程式数量也应该是 n 个。另外状态方程中的约束关系是通过电压、电流反映出来的,而电感和电容两端的电压及其流过的电流之间是微分关系。因此列方程时统一取状态变量的一阶微分方程,并统一把状态变量的一阶导数写在方程左边,而方程右边则是状态变量和激励函数的线性组合。

仍然以图 7.1-1 所示电路为例,取电感电流和电容电压为状态变量,并分别记为 $x_1(t)$、$x_2(t)$。现在列状态方程

$$Lx_1' = x_2 - Rx_1 = -Rx_1 + x_2$$
$$Cx_2' = i_S - x_1 = -x_1 + i_S$$

整理得

$$x_1' = -\frac{R}{L}x_1 + \frac{1}{L}x_2$$

$$x_2' = -\frac{1}{C}x_1 + \frac{1}{C}i_S \qquad (7.1-2)$$

将状态方程写成矩阵形式为

$$\begin{bmatrix} x_1' \\ x_2' \end{bmatrix} = \begin{bmatrix} -\dfrac{R}{L} & \dfrac{1}{L} \\ -\dfrac{1}{C} & 0 \end{bmatrix} \begin{bmatrix} x_1 \\ x_2 \end{bmatrix} + \begin{bmatrix} 0 \\ \dfrac{1}{C} \end{bmatrix} i_S \qquad (7.1-3)$$

通过上面的例子,可以总结出建立状态方程的基本步骤:

(1) 取所有独立的电感电流 i_L 和电容电压 u_C 为状态变量;

(2) 针对电感电流 i_L 列写的方程式为包含电感电压 $L\dfrac{di_L}{dt}$ 在内的回路电压方程;针对电容电压 u_C 列写的方程式为包含电容电流 $C\dfrac{du_C}{dt}$ 在内的节点电流方程;

(3) 用状态变量来表示第 2 步所列写方程中的非状态变量,保证所有的方程式中只有状态变量及激励函数。整理方程式,得到如式 (7.1-2) 或 (7.1-3) 所示的标准形式状态方程。

下面再通过一个例子来具体说明上面的基本步骤。

例 7.1-1 写出图 7.1-2 所示电路的状态方程。

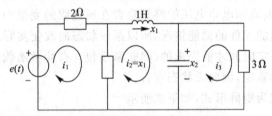

图 7.1-2 例 7.1-1 电路

解:(1) 选取状态变量

取电感电流和电容电压为状态变量,并令电感电流为 x_1,电容电压为 x_2;

(2) 列写包含状态变量 x_1、x_2 及其一阶导数的 x_1'、x_2' 的 KVL 和 KCL 方程;

由题意得到 $\qquad x_1' + x_2 + 2(x_1 - i_1) = 0$

$$\frac{1}{2}x_2' + i_3 = x_1 \qquad (7.1-4)$$

(3) 用状态变量表示非状态变量,并整理为标准式

式 (7.1-4) 中包含有非状态变量 i_1 和 i_3,现在要设法消去,即用状态变量来表示。

列写左边回路的 KVL 方程

$$2i_1 + 2(i_1 - x_1) - e = 0$$

可得 $\qquad i_1 = \dfrac{1}{4}e + \dfrac{1}{2}x_1$

列写右边回路的 KVL 方程

$$3i_3 - x_2 = 0$$

得
$$i_3 = \frac{1}{3}x_2$$

将 i_1、i_3 代入式(7.1-4)中并适当整理可得状态方程为

$$x_1' = -x_1 - x_2 + \frac{1}{2}e$$

$$x_2' = 2x_1 - \frac{2}{3}x_2$$

或记为矩阵形式

$$\begin{bmatrix} x_1' \\ x_2' \end{bmatrix} = \begin{bmatrix} -1 & -1 \\ 2 & -\frac{2}{3} \end{bmatrix} \begin{bmatrix} x_1 \\ x_2 \end{bmatrix} + \begin{bmatrix} \frac{1}{2} \\ 0 \end{bmatrix} e$$

7.1.2 状态方程的矢量形式

对于一个 n 阶的多输入-多输出连续时间系统，其状态变量的数量也为 n 个，记为 $x_1(t), x_2(t), \cdots, x_n(t)$，假设有 m 个输入激励源 $f_1(t), f_2(t), \cdots, f_m(t)$，$k$ 个输出 $y_1(t), y_2(t), \cdots, y_k(t)$，则根据之前的分析可得状态方程的一般形式为

$$\begin{aligned}
x_1' &= a_{11}x_1 + a_{12}x_2 + \cdots + a_{1n}x_n + b_{11}f_1 + b_{12}f_2 + \cdots + b_{1m}f_m \\
x_2' &= a_{21}x_1 + a_{22}x_2 + \cdots + a_{2n}x_n + b_{21}f_1 + b_{22}f_2 + \cdots + b_{2m}f_m \\
&\vdots \\
x_n' &= a_{n1}x_1 + a_{n2}x_2 + \cdots + a_{nn}x_n + b_{n1}f_1 + b_{n2}f_2 + \cdots + b_{nm}f_m
\end{aligned} \quad (7.1-5)$$

上式记为矩阵形式为

$$\begin{bmatrix} x_1' \\ x_2' \\ \vdots \\ x_n' \end{bmatrix} = \begin{bmatrix} a_{11} & a_{12} & \cdots & a_{1n} \\ a_{21} & a_{22} & \cdots & a_{2n} \\ \vdots & \vdots & & \vdots \\ a_{n1} & a_{n2} & \cdots & a_{nn} \end{bmatrix} \begin{bmatrix} x_1 \\ x_2 \\ \vdots \\ x_n \end{bmatrix} + \begin{bmatrix} b_{11} & b_{12} & \cdots & b_{1m} \\ b_{21} & b_{22} & \cdots & b_{2m} \\ \vdots & \vdots & & \vdots \\ b_{n1} & b_{n2} & \cdots & b_{nm} \end{bmatrix} \begin{bmatrix} f_1 \\ f_2 \\ \vdots \\ f_m \end{bmatrix} \quad (7.1-6)$$

按式(7.1-1)的方法，同样可以定义矢量函数 x' 和 f，x' 为状态矢量 x 的一阶导数矢量，f 为激励矢量，其中

$$x' = \begin{bmatrix} x_1' \\ x_2' \\ \vdots \\ x_n' \end{bmatrix} \quad f = \begin{bmatrix} f_1 \\ f_2 \\ \vdots \\ f_m \end{bmatrix} \quad (7.1-7)$$

进一步定义矩阵：

$$A = \begin{bmatrix} a_{11} & a_{12} & \cdots & a_{1n} \\ a_{21} & a_{22} & \cdots & a_{2n} \\ \vdots & \vdots & & \vdots \\ a_{n1} & a_{n2} & \cdots & a_{nn} \end{bmatrix} \quad B = \begin{bmatrix} b_{11} & b_{12} & \cdots & b_{1m} \\ b_{21} & b_{22} & \cdots & b_{2m} \\ \vdots & \vdots & & \vdots \\ b_{n1} & b_{n2} & \cdots & b_{nm} \end{bmatrix} \quad (7.1-8)$$

注意矩阵 A、B 与前述定义的矢量 x、x' 和 f 之间的区别，矢量 x、x' 和 f 都是时间函数，其矩阵序列中的每个元素都是时间函数，而矩阵 A、B 只是一系数矩阵，如果系统是非时变的，则矩阵中的元素都是常数；如果系统是时变的，则矩阵中的部分元素可能是时间的函数。

将式(7.1-7)和(7.1-8)代入到式(7.1-6)中,可得到状态方程的简写式
$$x' = Ax + Bf \qquad (7.1-9)$$
系统的输出都可以用状态变量及激励函数来表示,对于线性系统,这种关系可以统一表示为

$$
\begin{aligned}
y_1 &= c_{11}x_1 + c_{12}x_2 + \cdots + c_{1n}x_n + d_{11}f_1 + d_{12}f_2 + \cdots + d_{1m}f_m \\
y_2 &= c_{21}x_1 + c_{22}x_2 + \cdots + c_{2n}x_n + d_{21}f_1 + d_{22}f_2 + \cdots + d_{2m}f_m \\
&\vdots \\
y_k &= c_{k1}x_1 + c_{k2}x_2 + \cdots + c_{kn}x_n + d_{k1}f_1 + d_{k2}f_2 + \cdots + d_{km}f_m
\end{aligned}
\qquad (7.1-10)
$$

上式记为矩阵形式为

$$
\begin{bmatrix} y_1 \\ y_2 \\ \vdots \\ y_k \end{bmatrix} = \begin{bmatrix} c_{11} & c_{12} & \cdots & c_{1n} \\ c_{21} & c_{22} & \cdots & c_{2n} \\ \vdots & \vdots & & \vdots \\ c_{k1} & c_{k2} & \cdots & c_{kn} \end{bmatrix} \begin{bmatrix} x_1 \\ x_2 \\ \vdots \\ x_n \end{bmatrix} + \begin{bmatrix} d_{11} & d_{12} & \cdots & d_{1m} \\ d_{21} & d_{22} & \cdots & d_{2m} \\ \vdots & \vdots & & \vdots \\ d_{k1} & d_{k2} & \cdots & d_{km} \end{bmatrix} \begin{bmatrix} f_1 \\ f_2 \\ \vdots \\ f_m \end{bmatrix}
\qquad (7.1-11)
$$

式(7.1-11)称为"系统的输出方程"。定义输出矢量 y 和系数矩阵 C、D 如下

$$
y = \begin{bmatrix} y_1 \\ y_2 \\ \vdots \\ y_k \end{bmatrix} \qquad (7.1-12)
$$

$$
C = \begin{bmatrix} c_{11} & c_{12} & \cdots & c_{1n} \\ c_{21} & c_{22} & \cdots & c_{2n} \\ \vdots & \vdots & & \vdots \\ c_{k1} & c_{k2} & \cdots & c_{kn} \end{bmatrix} \qquad D = \begin{bmatrix} d_{11} & d_{12} & \cdots & d_{1m} \\ d_{21} & d_{22} & \cdots & d_{2m} \\ \vdots & \vdots & & \vdots \\ d_{k1} & d_{k2} & \cdots & d_{km} \end{bmatrix} \qquad (7.1-13)
$$

输出方程可进一步简写为
$$y = Cx + Df \qquad (7.1-14)$$

式(7.1-9)所示的状态方程和式(7.1-14)所示的输出方程联合起来可以完整地描述一个系统,就像前述章节所讲的用微分方程来描述连续时间系统,用差分方程来描述离散时间系统是一样的。状态变量分析法的核心就是状态方程和输出方程,而对不同的系统,其标准形式是统一的,这种形式对于计算机分析非常有利。

例 7.1-2 图 7.1-3 所示电路,其中 $i_S(t)$ 和 $u_S(t)$ 为激励,$y_1(t)$ 和 $y_2(t)$ 分别为输出信号。选电容电压 $x_1(t)$ 和电感电流 $x_2(t)$ 为状态变量。试列写电路的状态方程和输出方程。

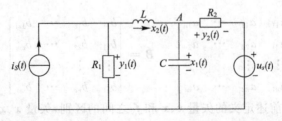

图 7.1-3 例 7.1-2 电路

解：根据电容电流 $i_C(t) = C\dfrac{\mathrm{d}x_1(t)}{\mathrm{d}t}$，电感电压 $u_L(t) = L\dfrac{\mathrm{d}x_2(t)}{\mathrm{d}t}$，可列写联接电容支路的 A 节点电流方程，以及含有电感的回路电压方程。

$$Cx_1'(t) = x_2(t) + \frac{1}{R_2}[u_s(t) - x_1(t)]$$

$$Lx_2'(t) = -x_1(t) + R_1[i_s(t) - x_2(t)]$$

对上式整理可得

$$x_1' = -\frac{1}{R_2 C}x_1 + \frac{1}{C}x_2 + \frac{1}{R_2 C}u_s$$

$$x_2' = -\frac{1}{L}x_1 - \frac{R_1}{L}x_2 + \frac{R_1}{L}i_s$$

写成矩阵形式为

$$\begin{bmatrix} x_1' \\ x_2' \end{bmatrix} = \begin{bmatrix} -\dfrac{1}{R_2 C} & \dfrac{1}{C} \\ -\dfrac{1}{L} & -\dfrac{R_1}{L} \end{bmatrix} \begin{bmatrix} x_1 \\ x_2 \end{bmatrix} + \begin{bmatrix} \dfrac{1}{R_2 C} & 0 \\ 0 & \dfrac{R_1}{L} \end{bmatrix} \begin{bmatrix} u_s \\ i_s \end{bmatrix}$$

输出方程为

$$y_1(t) = -R_1 x_2(t) + R_1 i_s(t)$$

$$y_2(t) = x_1(t) - u_s(t)$$

写成矩阵形式为

$$\begin{bmatrix} y_1(t) \\ y_2(t) \end{bmatrix} = \begin{bmatrix} 0 & -R_1 \\ 1 & 0 \end{bmatrix} \begin{bmatrix} x_1(t) \\ x_2(t) \end{bmatrix} + \begin{bmatrix} 0 & R_1 \\ -1 & 0 \end{bmatrix} \begin{bmatrix} u_s(t) \\ i_s(t) \end{bmatrix}$$

由本题可以看出，状态变量分析法分析系统时，在求出状态变量的情况下，输出响应可以较为容易地由状态变量和激励表示，即得到输出方程。因此，分析的关键在于如何求出状态方程，解得状态变量。

7.2 连续时间系统状态方程分析

状态变量分析法是用以动态系统中变化的量（如电容电压、电感电流等）为状态变量所列写的一阶微分方程组来描述系统。而如何建立状态方程是关键，一旦建立了状态方程，剩下的分析计算可通过计算机很方便地完成。建立状态方程的方法有多种，根据电路图、系统的输入—输出方程（微分方程或差分方程）、系统的模拟框图、信号流图或系统函数等均可以建立。对于电路，则可以直接按电路图列出。下面分别介绍这些方法。

7.2.1 连续时间系统状态方程的建立

一、由电路建立状态方程

在上一节中已较为详细地介绍了关于电路的状态方程分析，这里不再赘述。

二、由系统函数、模拟图与信号流图建立状态方程

尽管系统的已知条件可能各不相同，但是在求状态方程时，很多情况下都是先求得系统函数，然后画出系统的模拟框图或信号流图，然后再进一步建立状态方程。因为根据模拟框图或信号流图可以较为直观方便地求得系统状态方程。在建立状态方程时,一般选择积分器的输出或微分器的输入作为状态变量;再根据加法器列写状态方程和输出方程。

而对于同一个系统函数,模拟框图的画法基本有 3 种,分别是直接法、并联法、级联法,与之对应,系统状态变量及状态方程也相应不同,下面分别介绍这 3 种基本方法。

1. 直接法

通过一个例子来说明直接法分析的过程。

例 7.2-1 已知一连续系统的系统函数为 $H(s) = \dfrac{4s+10}{s^3+8s^2+19s+12}$,求其状态方程及输出方程。

解:由前面章节所述内容,根据系统函数不难画出系统模拟框图,如图 7.2-1 所示。

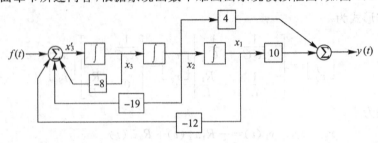

图 7.2-1 例 7.2-1 图

分别取 3 个积分器的输出为状态变量 x_1、x_2、x_3,如图 7.2-1 所示,依图可列写状态方程如下:

$$x_1' = x_2$$
$$x_2' = x_3 \tag{7.2-1}$$
$$x_3' = -12x_1 - 19x_2 - 8x_3 + f$$
$$y = 10x_1 + 4x_2 \tag{7.2-2}$$

记为矩阵形式为

$$\begin{bmatrix} x_1' \\ x_2' \\ x_3' \end{bmatrix} = \mathbf{A}x + \mathbf{B}f = \begin{bmatrix} 0 & 1 & 0 \\ 0 & 0 & 1 \\ -12 & -19 & -8 \end{bmatrix} \begin{bmatrix} x_1 \\ x_2 \\ x_3 \end{bmatrix} + \begin{bmatrix} 0 \\ 0 \\ 1 \end{bmatrix} f \tag{7.2-3}$$

$$y = \mathbf{C}x + \mathbf{D}f = \begin{bmatrix} 10 & 4 & 0 \end{bmatrix} \begin{bmatrix} x_1 \\ x_2 \\ x_3 \end{bmatrix} \tag{7.2-4}$$

用图 7.2-1 所示的模拟框图来表示系统函数的方法称为"直接模拟法",与之对应的状态变量称为"相变量"。

2. 并联法

例 7.2-1 中系统函数 $H(s)$ 可以用部分分式展开法将其展开为

$$H(s) = \dfrac{4s+10}{s^3+8s^2+19s+12} = \dfrac{1}{s+1} + \dfrac{1}{s+3} + \dfrac{-2}{s+4} \tag{7.2-5}$$

上式说明一般三阶系统可以用 3 个简单的一阶系统并联的方式来表示。即可以表示为图 7.2-2 所示框图。

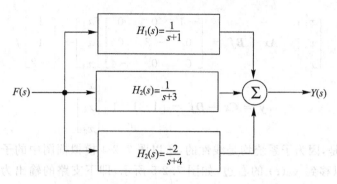

图 7.2-2　用 3 个一阶系统并联表示一个 3 阶系统

接下来的问题是如何用积分器、加法器、数乘器来表示图 7.2-2 中的一阶子系统。一阶子系统系统函数的一般形式为

$$H_i(s) = \frac{b}{s+a} \tag{7.2-6}$$

由前面的内容可知式(7.2-6)对应的时域模拟框图如图 7.2-3 所示。

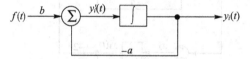

图 7.2-3　一阶子系统时域模拟框图

根据以上分析可以得到式(7.2-5)所对应的并联形式系统框图。

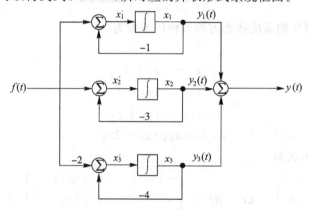

图 7.2-4　系统并联形式模拟框图

设 3 个子系统中积分器的输出为状态变量 x_1、x_2、x_3，如图 7.2-4 所示，依图可列写状态方程如下：

$$\left.\begin{array}{l} x_1' = -x_1 + f \\ x_2' = -3x_2 + f \\ x_3' = -4x_3 - 2f \end{array}\right\} \tag{7.2-7}$$

$$y = x_1 + x_2 + x_3 \tag{7.2-8}$$

将上两式记为矩阵形式为

$$\begin{bmatrix} x_1' \\ x_2' \\ x_3' \end{bmatrix} = \mathbf{A}x + \mathbf{B}f = \begin{bmatrix} -1 & 0 & 0 \\ 0 & -3 & 0 \\ 0 & 0 & -4 \end{bmatrix} \begin{bmatrix} x_1 \\ x_2 \\ x_3 \end{bmatrix} + \begin{bmatrix} 1 \\ 1 \\ -2 \end{bmatrix} f \qquad (7.2-9)$$

$$y = \mathbf{C}x + \mathbf{D}f = \begin{bmatrix} 1 & 1 & 1 \end{bmatrix} \begin{bmatrix} x_1 \\ x_2 \\ x_3 \end{bmatrix} \qquad (7.2-10)$$

需要注意的是,因为子系统均是线性的,所以图 7.2-4 模拟框图中的子系统 3 加法器前的倍乘"-2"可以移到 $y_3(t)$ 的右边,如图 7.2-5 所示,即下支路的输出为 $-2y_3(t)$(或 $-2x_3(t)$),并不影响运算的结果,但是系统状态方程及输出方程会相应地发生变化。

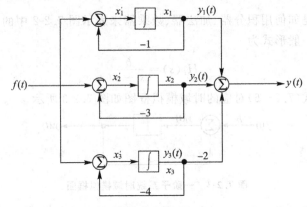

图 7.2-5 系统并联形式模拟框图 2

与图 7.2-5 相对应的系统状态方程及输出方程为

$$\left. \begin{aligned} x_1' &= -x_1 + f \\ x_2' &= -3x_2 + f \\ x_3' &= -4x_3 + f \end{aligned} \right\} \qquad (7.2-11)$$

$$y = x_1 + x_2 - 2x_3 \qquad (7.2-12)$$

将上两式记为矩阵形式为

$$\begin{bmatrix} x_1' \\ x_2' \\ x_3' \end{bmatrix} = \mathbf{A}x + \mathbf{B}f = \begin{bmatrix} -1 & 0 & 0 \\ 0 & -3 & 0 \\ 0 & 0 & -4 \end{bmatrix} \begin{bmatrix} x_1 \\ x_2 \\ x_3 \end{bmatrix} + \begin{bmatrix} 1 \\ 1 \\ 1 \end{bmatrix} f \qquad (7.2-13)$$

$$y = \mathbf{C}x + \mathbf{D}f = \begin{bmatrix} 1 & 1 & -2 \end{bmatrix} \begin{bmatrix} x_1 \\ x_2 \\ x_3 \end{bmatrix} \qquad (7.2-14)$$

由式(7.2-9)及式(7.2-13)可见,用并联形式模拟框图表示系统函数时,状态方程中系数矩阵 $\mathbf{A}$ 只有在对角线上取值不为零,即为对角线矩阵,因此称对应的状态变量为"对角线变量"。

另外,即使是并联形式模拟,状态变量也不是唯一的,相应状态方程及输出方程也不同。较为常用的并联模拟形式为图 7.2-5 所示的模拟框图。

2. 级联法

将例 7.2-1 中系统函数的分母和分子多项式进行因式分解，获得极点与零点的因式连乘的形式。

$$H(s) = \frac{4s+10}{s^3+8s^2+19s+12} = \frac{4(s+2.5)}{(s+1)(s+3)(s+4)}$$

$$= \frac{4s+10}{s+1} \times \frac{1}{s+3} \times \frac{1}{s+4} \tag{7.2-15}$$

根据前面章节相关内容可知该系统可以用 3 个一阶子系统级联的方式来表示，即可以表示为图 7.2-6 所示框图。

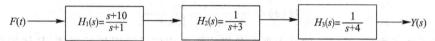

图 7.2-6 系统级联形式模拟框图

画出相应的信号流图

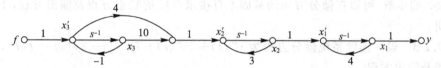

图 7.2-7 系统信号流图

设积分器输出作为状态变量，则有

$$\left.\begin{array}{l} x_1' = -4x_1 + x_2 \\ x_2' = -3x_2 + 10x_3 + 4x_3' \\ x_3' = -x_3 + f \\ y = x_1 \end{array}\right\} \tag{7.2-16}$$

将式(7.2-16)整理为标准的状态方程式

$$\left.\begin{array}{l} x_1' = -4x_1 + x_2 \\ x_2' = -3x_2 + 6x_3 + 4f \\ x_3' = -x_3 + f \end{array}\right\} \tag{7.2-17}$$

记为矩阵形式为

$$\begin{bmatrix} x_1' \\ x_2' \\ x_3' \end{bmatrix} = \begin{bmatrix} -4 & 1 & 0 \\ 0 & -3 & 6 \\ 0 & 0 & -1 \end{bmatrix} \begin{bmatrix} x_1 \\ x_2 \\ x_3 \end{bmatrix} + \begin{bmatrix} 0 \\ 4 \\ 1 \end{bmatrix} f \tag{7.2-18}$$

$$y = \begin{bmatrix} 1 & 0 & 0 \end{bmatrix} \begin{bmatrix} x_1 \\ x_2 \\ x_3 \end{bmatrix} \tag{7.2-19}$$

需要指出的是，同一个微分方程或系统函数，由于实现方法（如直接、级联、并联实现）的不同，其模拟框图与信号流图也不相同，因而所选的状态变量也将不同，进而其状态方程和输出方程也不同。但是，它们的特征根、特征方程相同，所以对同一系统而言，其系统矩阵 **A**

相似。

三、由系统输入－输出方程建立状态方程

状态方程和输入－输出方程都是系统的基本描述方法。对于同一个系统,用状态方程描述和用输入－输出方程描述时两者之间必然存在诸多联系。下面通过一个例子说明如何从输入－输出方程导出状态方程。

例 7.2-2 已知一连续系统的输入－输出方程为:
$y'''(t) + 8y''(t) + 19y'(t) + 12y(t) = 4f'(t) + 10f(t)$,求其状态方程及输出方程。

解:由系统微分方程可计算出系统函数为

$$H(s) = \frac{4s + 10}{s^3 + 8s^2 + 19s + 12}$$

得到系统函数后,可用 3 种基本形式的模拟框图或信号流图进行描述,具体的分析过程与例 7.2-1 相同。

对于微分方程右边无激励导数项的情况下,由微分方程求状态方程的过程不一定要遵循例 7.2-2 的步骤,可以在微分方程的基础上直接求系统的状态方程及输出方程,下面通过例子说明。

例 7.2-3 设一连续系统微分方程为 $y'''(t) + 5y''(t) + 7y'(t) + 3y(t) = f(t)$,求系统状态方程及输出方程。

解:设状态变量分别为

$$x_1 = y$$
$$x_2 = y'(t) = x_1'$$
$$x_3 = y''(t) = x_2'$$

将原系统微分方程整理为

$$y'''(t) = -5y''(t) - 7y'(t) - 3y(t) + f(t)$$

由此可以得到 3 个一阶微分方程,即状态方程,分别为

$$x_1' = x_2$$
$$x_2' = x_3$$
$$x_3' = -3x_1 - 7x_2 - 5x_3 + f$$

输出方程

$$y = x_1$$

记为矩阵形式为

$$\begin{bmatrix} x_1' \\ x_2' \\ x_3' \end{bmatrix} = \begin{bmatrix} 0 & 1 & 0 \\ 0 & 0 & 1 \\ -3 & -7 & -5 \end{bmatrix} \begin{bmatrix} x_1 \\ x_2 \\ x_3 \end{bmatrix} + \begin{bmatrix} 0 \\ 0 \\ 1 \end{bmatrix} f$$

输出方程为

$$y = \begin{bmatrix} 1 & 0 & 0 \end{bmatrix} \begin{bmatrix} x_1 \\ x_2 \\ x_3 \end{bmatrix}$$

7.2.2 连续系统状态方程的解

求解连续系统状态方程的解有两种方法：时域解法和变换域解法。两种解法都是基于用矩阵形式表示的矢量微分方程，与前述章节常见的标量微分方程的解法有很多相似之处。下面分别介绍这两种解法。

一、时域解法

对于线性时不变系统，状态方程用一组一阶常系数线性微分方程表示。

$$\boldsymbol{x}'(t) = \boldsymbol{A}\boldsymbol{x}(t) + \boldsymbol{B}\boldsymbol{f}(t) \tag{7.2-20}$$

$$\boldsymbol{y}(t) = \boldsymbol{C}\boldsymbol{x}(t) + \boldsymbol{D}\boldsymbol{f}(t) \tag{7.2-21}$$

这里的 $\boldsymbol{x}'(t)$、$\boldsymbol{x}(t)$、$\boldsymbol{f}(t)$、$\boldsymbol{y}(t)$ 均是矢量函数，而 $\boldsymbol{A}$、$\boldsymbol{B}$、$\boldsymbol{C}$、$\boldsymbol{D}$ 均是常系数矩阵。系统状态矢量的初始状态为

$$\boldsymbol{x}(0_-) = [x_1(0_-), x_2(0_-), \cdots, x_n(0_-)]^\mathrm{T} \tag{7.2-22}$$

定义矩阵指数函数

$$\mathrm{e}^{\boldsymbol{A}t} = \boldsymbol{I} + \boldsymbol{A}t + \frac{1}{2!}\boldsymbol{A}^2 t^2 + \cdots + \frac{1}{k!}\boldsymbol{A}^k t^k + \cdots = \sum_{k=0}^{\infty} \frac{1}{k!}\boldsymbol{A}^k t^k \tag{7.2-23}$$

则

$$\mathrm{e}^{-\boldsymbol{A}t} = \sum_{k=0}^{\infty} \frac{1}{k!}\boldsymbol{A}^k (-t)^k \tag{7.2-24}$$

将式(7.2-20)两边同左乘 $\mathrm{e}^{-\boldsymbol{A}t}$ 并整理得

$$\mathrm{e}^{-\boldsymbol{A}t}\boldsymbol{x}'(t) - \mathrm{e}^{-\boldsymbol{A}t}\boldsymbol{A}\boldsymbol{x}(t) = \mathrm{e}^{-\boldsymbol{A}t}\boldsymbol{B}\boldsymbol{f}(t) \tag{7.2-25}$$

式(7.2-25)左边可以视为对矢量函数 $\mathrm{e}^{-\boldsymbol{A}t}\boldsymbol{x}(t)$ 求一阶导数，即

$$\frac{\mathrm{d}}{\mathrm{d}t}[\mathrm{e}^{-\boldsymbol{A}t}\boldsymbol{x}(t)] = \mathrm{e}^{-\boldsymbol{A}t}\boldsymbol{B}\boldsymbol{f}(t) \tag{7.2-26}$$

对上式两边进行 $0_-:t$ 积分

$$\mathrm{e}^{-\boldsymbol{A}t}\boldsymbol{x}(t) - \boldsymbol{x}(0_-) = \int_{0_-}^{t} \mathrm{e}^{-\boldsymbol{A}\tau}\boldsymbol{B}\boldsymbol{f}(\tau)\mathrm{d}\tau \tag{7.2-27}$$

又因为

$$\mathrm{e}^{\boldsymbol{A}t} \cdot \mathrm{e}^{-\boldsymbol{A}t} = \boldsymbol{I};\ (\mathrm{e}^{\boldsymbol{A}t})^{-1} = \mathrm{e}^{-\boldsymbol{A}t}$$

将式(7.2-27)两边同左乘 $\mathrm{e}^{\boldsymbol{A}t}$ 并整理得

$$\begin{aligned}\boldsymbol{x}(t) &= \mathrm{e}^{\boldsymbol{A}t}\boldsymbol{x}(0_-) + \mathrm{e}^{\boldsymbol{A}t}\int_{0_-}^{t}\mathrm{e}^{-\boldsymbol{A}\tau}\boldsymbol{B}\boldsymbol{f}(\tau)\mathrm{d}\tau = \mathrm{e}^{\boldsymbol{A}t}\boldsymbol{x}(0_-) + \int_{0_-}^{t}\mathrm{e}^{\boldsymbol{A}(t-\tau)}\boldsymbol{B}\boldsymbol{f}(\tau)\mathrm{d}\tau \\ &= \underbrace{\mathrm{e}^{\boldsymbol{A}t}\boldsymbol{x}(0_-)}_{\text{零输入解}} + \underbrace{\mathrm{e}^{\boldsymbol{A}t}\boldsymbol{B}*\boldsymbol{f}(t)}_{\text{零状态解}} \end{aligned} \tag{7.2-28}$$

由式(7.2-28)可见，状态变量的解包含两个部分，一部分只与状态变量的初始状态有关，这部分称为"零输入解"；另一部分只与激励函数有关，这部分称为"零状态解"。

将式(7.2-28)代入式(7.2-21)可得到输出方程的解

$$\begin{aligned}\boldsymbol{y}(t) &= \boldsymbol{C}[\mathrm{e}^{\boldsymbol{A}t}\boldsymbol{x}(0_-) + \mathrm{e}^{\boldsymbol{A}t}\boldsymbol{B}*\boldsymbol{f}(t)] + \boldsymbol{D}\boldsymbol{f}(t) \\ &= \underbrace{\boldsymbol{C}\mathrm{e}^{\boldsymbol{A}t}\boldsymbol{x}(0_-)}_{\text{零输入响应}} + \underbrace{[\boldsymbol{C}\mathrm{e}^{\boldsymbol{A}t}\boldsymbol{B}*\boldsymbol{f}(t) + \boldsymbol{D}\boldsymbol{f}(t)]}_{\text{零状态响应}} \end{aligned} \tag{7.2-29}$$

由式(7.2-29)可见，输出响应的解也包含两个部分，前部分只与状态变量的初始状态

有关，这部分称为"零输入响应"；另一部分只与激励函数有关，这部分称为"零状态响应"。

从前面的分析中可知在列写状态方程和输出方程时，系数矩阵 $\boldsymbol{A}$、$\boldsymbol{B}$、$\boldsymbol{C}$、$\boldsymbol{D}$ 就已经确定了，观察式(7.2-28)和式(7.2-29)可见，欲求状态变量的解和输出响应的解，关键就是要求得矩阵指数函数 $e^{\boldsymbol{A}t}$。这里定义 $e^{\boldsymbol{A}t}$ 为状态转移矩阵，并记为 $\boldsymbol{\phi}(t)$，则有

$$\boldsymbol{x}(t) = \underbrace{\boldsymbol{\phi}(t)\boldsymbol{x}(0_-)}_{\text{零输入解}} + \underbrace{\boldsymbol{\phi}(t)\boldsymbol{B} * \boldsymbol{f}(t)}_{\text{零状态解}} \tag{7.2-30}$$

$$\boldsymbol{y}(t) = \underbrace{\boldsymbol{C}\boldsymbol{\phi}(t)\boldsymbol{x}(0_-)}_{\text{零输入响应}} + \underbrace{[\boldsymbol{C}\boldsymbol{\phi}(t)\boldsymbol{B} * \boldsymbol{f}(t) + \boldsymbol{D}\boldsymbol{f}(t)]}_{\text{零状态响应}} \tag{7.2-31}$$

假设系统的激励矢量函数 $\boldsymbol{f}(t)$ 包含 m 个激励信号，定义 $m \times m$ 的单位冲激矩阵函数 $\boldsymbol{\delta}(t)$

$$\boldsymbol{\delta}(t) = \begin{bmatrix} \delta(t) & 0 & \cdots & 0 \\ 0 & \delta(t) & \cdots & 0 \\ \vdots & \vdots & & \vdots \\ 0 & 0 & \cdots & \delta(t) \end{bmatrix} \tag{7.2-32}$$

则有

$$\boldsymbol{\delta}(t) * \boldsymbol{f}(t) = \boldsymbol{f}(t) \tag{7.2-33}$$

这里说明一下矩阵的卷积运算关系，定义两个矩阵

$$\boldsymbol{A} = \begin{bmatrix} a_{11} & a_{12} \\ a_{21} & a_{22} \\ a_{31} & a_{32} \end{bmatrix}, \boldsymbol{B} = \begin{bmatrix} b_{11} & b_{22} \\ b_{21} & b_{22} \end{bmatrix}$$

则

$$\boldsymbol{A} * \boldsymbol{B} = \begin{bmatrix} a_{11} & a_{12} \\ a_{21} & a_{22} \\ a_{31} & a_{32} \end{bmatrix} * \begin{bmatrix} b_{11} & b_{22} \\ b_{21} & b_{22} \end{bmatrix} = \begin{bmatrix} a_{11}*b_{11}+a_{12}*b_{21} & a_{11}*b_{22}+a_{12}*b_{22} \\ a_{21}*b_{11}+a_{22}*b_{21} & a_{21}*b_{22}+a_{22}*b_{22} \\ a_{31}*b_{11}+a_{32}*b_{21} & a_{31}*b_{22}+a_{32}*b_{22} \end{bmatrix} \tag{7.2-34}$$

由上式可知矩阵的卷积运算不满足交换律，因此对于式(7.2-33)一般有 $\boldsymbol{f}(t) * \boldsymbol{\delta}(t) \neq \boldsymbol{f}(t)$。

将式(7.2-33)代入式(7.2-31)，得

$$\boldsymbol{y}_{zs}(t) = \boldsymbol{C}\boldsymbol{\phi}(t)\boldsymbol{B} * \boldsymbol{f}(t) + \boldsymbol{D}\boldsymbol{\delta}(t) * \boldsymbol{f}(t)$$
$$= [\boldsymbol{C}\boldsymbol{\phi}(t)\boldsymbol{B} + \boldsymbol{D}\boldsymbol{\delta}(t)] * \boldsymbol{f}(t) \tag{7.2-35}$$

由于零状态响应等于系统冲激响应与激励信号的卷积，因此从式(7.2-35)可知系统冲激响应 $\boldsymbol{h}(t)$ 为

$$\boldsymbol{h}(t) = \boldsymbol{C}\boldsymbol{\phi}(t)\boldsymbol{B} + \boldsymbol{D}\boldsymbol{\delta}(t) \tag{7.2-36}$$

例 7.2-3 已知二阶系统状态方程为 $\boldsymbol{x}'(t) = \boldsymbol{A}\boldsymbol{x}(t)$，已知：

当 $\boldsymbol{x}(0) = \begin{bmatrix} x_1(0) \\ x_2(0) \end{bmatrix} = \begin{bmatrix} 1 \\ -1 \end{bmatrix}$ 时，$\boldsymbol{x}(t) = \begin{bmatrix} x_1(t) \\ x_2(t) \end{bmatrix} = \begin{bmatrix} e^{-t} \\ -e^{-t} \end{bmatrix}$；当 $\boldsymbol{x}(0) = \begin{bmatrix} x_1(0) \\ x_2(0) \end{bmatrix}$ $= \begin{bmatrix} 1 \\ 0 \end{bmatrix}$ 时，$\boldsymbol{x}(t) = \begin{bmatrix} x_1(t) \\ x_2(t) \end{bmatrix} = \begin{bmatrix} e^t \\ 0 \end{bmatrix}$。求状态转移矩阵 $\boldsymbol{\phi}(t)$ 和系统矩阵 $\boldsymbol{A}$。

解：由式(7.2-30)可知

$$\boldsymbol{x}(t) = \boldsymbol{\phi}(t)\boldsymbol{x}(0)$$

因为 $x(t), x(0)$ 都是 2×1 矩阵，所以可知 $\phi(t)$ 应为 2×2 矩阵，代入已知条件

$$\begin{bmatrix} e^{-t} \\ -e^{-t} \end{bmatrix} = \phi(t) \begin{bmatrix} 1 \\ -1 \end{bmatrix}, \quad \begin{bmatrix} e^{t} \\ 0 \end{bmatrix} = \phi(t) \begin{bmatrix} 1 \\ 0 \end{bmatrix}$$

两式合并，有

$$\begin{bmatrix} e^{-t} & e^{t} \\ -e^{-t} & 0 \end{bmatrix} = \phi(t) \begin{bmatrix} 1 & 1 \\ -1 & 0 \end{bmatrix}$$

由上式可解得

$$\phi(t) = \begin{bmatrix} e^{-t} & e^{t} \\ -e^{-t} & 0 \end{bmatrix} \begin{bmatrix} 1 & 1 \\ -1 & 0 \end{bmatrix}^{-1} = \begin{bmatrix} e^{-t} & e^{t} \\ -e^{-t} & 0 \end{bmatrix} \begin{bmatrix} 0 & -1 \\ 1 & 1 \end{bmatrix} = \begin{bmatrix} e^{t} & e^{t}-e^{-t} \\ 0 & e^{-t} \end{bmatrix}$$

因为 $\phi(t) = e^{At}$，则有

$$\frac{d}{dt}\phi(t) = \frac{d}{dt} e^{At} = A e^{At}$$

令 $t=0$ 可求得 A

$$A = \frac{d}{dt}\phi(t) \bigg|_{t=0} = A e^{At} \bigg|_{t=0}$$

将 $\phi(t)$ 代入上式得

$$A = \frac{d}{dt}\begin{bmatrix} e^{t} & e^{t}-e^{-t} \\ 0 & e^{-t} \end{bmatrix} \bigg|_{t=0} = \begin{bmatrix} e^{t} & e^{t}+e^{-t} \\ 0 & -e^{-t} \end{bmatrix} \bigg|_{t=0} = \begin{bmatrix} 1 & 2 \\ 0 & -1 \end{bmatrix}$$

二、状态方程的 s 域解法

连续系统状态方程及输出方程式

$$x'(t) = Ax(t) + Bf(t) \tag{7.2-37}$$

$$y(t) = Cx(t) + Df(t) \tag{7.2-38}$$

其中状态方程为一阶常系数矢量微分方程，输出方程为矢量代数方程。

状态方程本质上是一阶常系数线性微分方程组，用拉氏变换进行求解与前述章节所讲的单个标量微分方程拉氏变换求解本质上是一样的。可对式(7.2-37)进行拉氏变换，得

$$sX(s) - x(0_-) = AX(s) + BF(s) \tag{7.2-39}$$

式(7.2-39)中 $x(0_-)$ 为状态矢量的初始状态。上式的矩阵形式为

$$s\begin{bmatrix} X_1(s) \\ X_2(s) \\ \vdots \\ X_n(s) \end{bmatrix} - \begin{bmatrix} x_1(0_-) \\ x_2(0_-) \\ \vdots \\ x_n(0_-) \end{bmatrix} = \begin{bmatrix} a_{11} & a_{12} & \cdots & c_{1n} \\ a_{21} & a_{22} & \cdots & a_{2n} \\ \vdots & \vdots & & \vdots \\ a_{n1} & a_{n2} & \cdots & a_{nn} \end{bmatrix} \begin{bmatrix} X_1(s) \\ X_2(s) \\ \vdots \\ X_n(s) \end{bmatrix} + \begin{bmatrix} b_{11} & b_{12} & \cdots & b_{1m} \\ b_{21} & d_{22} & \cdots & b_{2m} \\ \vdots & \vdots & & \vdots \\ b_{n1} & b_{n2} & \cdots & b_{nm} \end{bmatrix} \begin{bmatrix} F_1(s) \\ F_2(s) \\ \vdots \\ F_m(s) \end{bmatrix}$$

$$\tag{7.2-40}$$

将式(7.2-40)改写为

$$(sI - A)X(s) = x(0_-) + BF(s) \tag{7.2-41}$$

式中 I 为 $n\times n$ 单位矩阵，上式两边同左乘 $(sI-A)^{-1}$ 得

$$X(s) = (sI-A)^{-1} x(0_-) + (sI-A)^{-1} BF(s) \tag{7.2-42}$$

定义矩阵

$$\phi(s) = (sI-A)^{-1} = \frac{\text{adj}(sI-A)}{|sI-A|} \tag{7.2-43}$$

$\phi(s)$ 称为"系统的状态转移矩阵"或"分解矩阵"。显然，$\phi(s)$ 完全取决于系数矩阵 A，在求解状态方程的过程中至关重要。

将 $\phi(s)$ 代入式(7.2-42)得

$$X(s) = \phi(s)x(0_-) + \phi(s)BF(s) \tag{7.2-44}$$

对上式进行拉氏逆变换，可得到状态矢量的时域解

$$x(t) = \underbrace{L^{-1}[\phi(s)x(0_-)]}_{\text{零输入解}} + \underbrace{L^{-1}[\phi(s)BF(s)]}_{\text{零状态解}} \tag{7.2-45}$$

由上式可见，状态矢量 $x(t)$ 的解分为两个部分，前一部分仅与状态矢量的初始状态有关，故为零输入解；后一部分仅与激励有关，故为零状态解。

对式(7.2-38)也进行拉氏变换，有

$$Y(s) = CX(s) + DF(s) \tag{7.2-46}$$

将式(7.2-44)代入到上式，有

$$\begin{aligned} Y(s) &= C[\phi(s)x(0_-) + \phi(s)BF(s)] + DF(s) \\ &= C\phi(s)x(0_-) + [C\phi(s)B + D]F(s) \end{aligned} \tag{7.2-47}$$

对上式进行拉氏逆变换，可得到输出响应的时域解

$$y(t) = \underbrace{L^{-1}[C\phi(s)x(0_-)]}_{\text{零输入响应}} + \underbrace{L^{-1}[C\phi(s)B + D]F(s)}_{\text{零状态响应}} \tag{7.2-48}$$

与状态矢量的解类似，输出响应 $y(t)$ 的解也分为两个部分，前一部分仅与状态矢量的初始状态有关，故为零输入响应；后一部分仅与激励有关，故为零状态响应。

因为 $Y_{zs}(s) = H(s)F(s)$，因此从式(7.2-48)可定义系统函数矩阵为

$$H(s) = C\phi(s)B + D \tag{7.2-49}$$

注意这里的 $H(s)$ 是矩阵，但其意义与前面章节用标量微分方程描述系统的系统函数无本质区别。

由式(7.2-49)可见系统函数矩阵由系统的系数矩阵 A、B、C、D 共同决定。若系统有 m 个输入，k 个输出，则 $H(s)$ 为 $k \times m$ 矩阵，其中的元素 $H_{ij}(s) = \dfrac{Y_i(s)}{F_j(s)}$ 表示当激励 $f_j(t)$ 单独作用于系统时，响应 $y_i(t)$ 与激励 $f_j(t)$ 之间的转移函数。

例 7.2-4 系统状态方程及输出方程分别为

$$\begin{bmatrix} x_1' \\ x_2' \end{bmatrix} = \begin{bmatrix} 1 & 0 \\ 1 & -3 \end{bmatrix} \begin{bmatrix} x_1 \\ x_2 \end{bmatrix} + \begin{bmatrix} 1 \\ 0 \end{bmatrix} u(t), \quad y(t) = \begin{bmatrix} -\dfrac{1}{4} & 1 \end{bmatrix} \begin{bmatrix} x_1(t) \\ x_2(t) \end{bmatrix}$$

起始条件为 $x_1(0_-) = 1$，$x_2(0_-) = 2$，试求响应 $y(t)$。

解：

$$sI - A = s\begin{bmatrix} 1 & 0 \\ 0 & 1 \end{bmatrix} - \begin{bmatrix} 1 & 0 \\ 1 & -3 \end{bmatrix} = \begin{bmatrix} s-1 & 0 \\ -1 & s+3 \end{bmatrix}$$

$$\phi(s) = (sI - A)^{-1} = \dfrac{\text{adj}(sI - A)}{|sI - A|} = \begin{bmatrix} \dfrac{1}{s-1} & 0 \\ \dfrac{1}{(s-1)(s+3)} & \dfrac{1}{s+3} \end{bmatrix}$$

$$Y(s) = C\phi(s)x(0_-) + [C\phi(s)B + D]F(s)$$

$$= \underbrace{\begin{bmatrix} -\dfrac{1}{4} & 1 \end{bmatrix} \begin{bmatrix} \dfrac{1}{s-1} & 0 \\ \dfrac{1}{(s-1)(s+3)} & \dfrac{1}{s+3} \end{bmatrix} \begin{bmatrix} 1 \\ 2 \end{bmatrix}}_{Y_{zi}(s)} + \underbrace{\begin{bmatrix} -\dfrac{1}{4} & 1 \end{bmatrix} \begin{bmatrix} \dfrac{1}{s-1} & 0 \\ \dfrac{1}{(s-1)(s+3)} & \dfrac{1}{s+3} \end{bmatrix} \begin{bmatrix} 1 \\ 0 \end{bmatrix} \dfrac{1}{s}}_{Y_{zs}(s)}$$

$$= \dfrac{7}{4} \times \dfrac{1}{s+3} + \dfrac{1}{12}\left(\dfrac{1}{s+3} - \dfrac{1}{s}\right)$$

$$\therefore y(t) = L^{-1}\left[\dfrac{7}{4} \times \dfrac{1}{s+3} + \dfrac{1}{12}\left(\dfrac{1}{s+3} - \dfrac{1}{s}\right)\right]$$

$$= \left(\dfrac{11}{6}e^{-3t} - \dfrac{1}{12}\right)u(t)$$

7.3 离散系统状态方程分析

状态变量分析法同样也适用于离散系统,分析的过程与连续系统相似,把描述离散系统的高阶差分方程转换为相应的状态方程。在连续系统中,状态方程是一组关于状态变量的一阶微分方程,相应地在离散系统中,状态方程则是一组关于状态变量及输入函数的一阶差分方程。输出方程则是关于状态变量及输入函数的代数方程。

7.3.1 离散系统状态方程的形式

对于一个 N 阶的多输入-多输出离散 LTI 系统,其状态变量的数量也为 N 个,记为 $x_1(n), x_2(n), \cdots, x_N(n)$,假设有 M 个输入激励源分别为 $f_1(n), f_2(n), \cdots, f_M(n)$,$r$ 个输出分别为 $y_1(n), y_2(n), \cdots, y_r(n)$。状态方程是状态变量和输入函数的一阶常系数线性差分方程组,即

$$\begin{aligned}
x_1(n+1) &= a_{11}x_1(n) + a_{12}x_2(n) + \cdots + a_{1n}x_N(n) + b_{11}f_1(n) + b_{12}f_2(n) + \cdots + b_{1M}f_M(k) \\
x_2(n+1) &= a_{21}x_1(n) + a_{22}x_2(n) + \cdots + a_{2n}x_N(n) + b_{21}f_1(n) + b_{22}f_2(n) + \cdots + b_{2M}f_M(k) \\
&\vdots \\
x_N(n+1) &= a_{N1}x_1(n) + a_{N2}x_2(n) + \cdots + a_{NN}x_N(n) + b_{N1}f_1(n) + b_{N2}f_2(n) + \cdots + b_{NM}f_M(n)
\end{aligned}$$
(7.3-1)

输出方程是状态变量和输入函数的代数方程组。

$$\begin{aligned}
y_1(n+1) &= c_{11}x_1(n) + c_{12}x_2(n) + \cdots + c_{1N}x_N(n) + d_{11}f_1(n) + d_{12}f_2(n) + \cdots + d_{1M}f_M(n) \\
y_2(n+1) &= c_{21}x_1(n) + c_{22}x_2(n) + \cdots + c_{2N}x_N(n) + d_{21}f_1(n) + d_{22}f_2(n) + \cdots + d_{2M}f_M(n) \\
&\vdots \\
y_r(n+1) &= c_{r1}x_1(n) + c_{r2}x_2(n) + \cdots + c_{rN}x_N(n) + d_{r1}f_1(n) + d_{r2}f_2(n) + \cdots + d_{rM}f_M(n)
\end{aligned}$$
(7.3-2)

上两式记为矩形形式为:

状态方程

$$\begin{bmatrix} x_1(n+1) \\ x_2(n+1) \\ \vdots \\ x_N(n+1) \end{bmatrix} = \begin{bmatrix} a_{11} & a_{12} & \cdots & a_{1N} \\ a_{21} & a_{22} & \cdots & a_{2N} \\ \vdots & \vdots & & \vdots \\ a_{N1} & a_{N2} & \cdots & a_{NN} \end{bmatrix} \begin{bmatrix} x_1(n) \\ x_2(n) \\ \vdots \\ x_n(n) \end{bmatrix} + \begin{bmatrix} b_{11} & b_{12} & \cdots & b_{1M} \\ b_{21} & b_{22} & \cdots & b_{2M} \\ \vdots & \vdots & & \vdots \\ b_{N1} & b_{N2} & \cdots & b_{NM} \end{bmatrix} \begin{bmatrix} f_1(n) \\ f_2(n) \\ \vdots \\ f_M(n) \end{bmatrix}$$

$$(7.3-3)$$

输出方程

$$\begin{bmatrix} y_1(n) \\ y_2(n) \\ \vdots \\ y_r(n) \end{bmatrix} = \begin{bmatrix} c_{11} & c_{12} & \cdots & c_{1N} \\ c_{21} & c_{22} & \cdots & c_{2N} \\ \vdots & \vdots & & \vdots \\ c_{r1} & c_{r2} & \cdots & c_{rN} \end{bmatrix} \begin{bmatrix} x_1(n) \\ x_2(n) \\ \vdots \\ x_N(n) \end{bmatrix} + \begin{bmatrix} d_{11} & d_{12} & \cdots & d_{1M} \\ d_{21} & d_{22} & \cdots & d_{2M} \\ \vdots & \vdots & & \vdots \\ d_{r1} & d_{r2} & \cdots & d_{rM} \end{bmatrix} \begin{bmatrix} f_1(n) \\ f_2(n) \\ \vdots \\ f_M(n) \end{bmatrix}$$

$$(7.3-4)$$

参考连续系统状态变量分析，这里同样可以定义矢量函数 $x(n+1)$、$x(n)$、$f(n)$ 和 $y(n)$，其中

$$x(n+1) = \begin{bmatrix} x_1(n+1) \\ x_2(n+1) \\ \vdots \\ x_N(n+1) \end{bmatrix} \quad x(n) = \begin{bmatrix} x_1(n) \\ x_2(n) \\ \vdots \\ x_N(n) \end{bmatrix}$$

$$f(n) = \begin{bmatrix} f_1(n) \\ f_2(n) \\ \vdots \\ f_M(n) \end{bmatrix} \quad y(n) = \begin{bmatrix} y_1(n) \\ y_2(n) \\ \vdots \\ y_r(n) \end{bmatrix} \quad (7.3-5)$$

定义系数矩阵

$$A = \begin{bmatrix} a_{11} & a_{12} & \cdots & a_{1N} \\ a_{21} & a_{22} & \cdots & a_{2N} \\ \vdots & \vdots & & \vdots \\ a_{N1} & a_{N2} & \cdots & a_{NN} \end{bmatrix} \quad B = \begin{bmatrix} b_{11} & b_{12} & \cdots & b_{1M} \\ b_{21} & b_{22} & \cdots & b_{2M} \\ \vdots & \vdots & & \vdots \\ b_{N1} & b_{N2} & \cdots & b_{NM} \end{bmatrix}$$

$$C = \begin{bmatrix} c_{11} & c_{12} & \cdots & c_{1N} \\ c_{21} & c_{22} & \cdots & c_{2N} \\ \vdots & \vdots & & \vdots \\ c_{r1} & c_{r2} & \cdots & c_{rN} \end{bmatrix} \quad D = \begin{bmatrix} d_{11} & d_{12} & \cdots & d_{1M} \\ d_{21} & d_{22} & \cdots & d_{2M} \\ \vdots & \vdots & & \vdots \\ d_{r1} & d_{r2} & \cdots & d_{rM} \end{bmatrix} \quad (7.3-6)$$

这样式(7.3-3)及式(7.3-4)就可以分别用一阶常系数线性矢量差分方程及矢量代数方程表示。

状态方程

$$x(n+1) = Ax(n) + Bf(n) \quad (7.3-7)$$

输出方程

$$y(n) = Cx(n) + Df(n) \quad (7.3-8)$$

对于 LTI 系统，系数矩阵 A、B、C、D 都是常数矩阵。

7.3.2 离散系统状态方程的建立

与连续系统状态方程的建立过程相似,离散系统状态方程的建立方法也有多种,其中根据系统模拟框图或信号流图建立系统状态方程是一种简便而有效的方法。对于已知系统输入—输出方程或系统函数的情况下,可以先画出对应的模拟框图或信号流图,再进一步求状态方程。

根据模拟框图或信号流图建立系统状态方程的一般步骤:

(1)选图中延时器输出端(延时支路输出节点)信号作为状态变量 $x_i(n)$,相应地延迟器输入端信号即为 $x_i(n+1)$;

(2)在延时器的输入端(延时支路输入节点)列写状态方程,并整理为一般形式;

(3)在系统的输出端(输出节点)列写输出方程。

例 7.3-1 某离散系统的差分方程为 $y(n)-2y(n-1)-y(n-2)=f(n-1)-f(n-2)$,试建立动态方程及输出方程。

解:由系统差分方程可写出系统函数

$$H(z)=\frac{z^{-1}+z^{-2}}{1+2z^{-1}-z^{-2}}$$

画信号流图

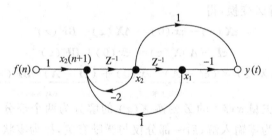

图 7.3-1　信号流图

按信号流图所示设两条延时支路的输出节点为 $x_1(n), x_2(n)$,则可列写状态方程

$$x_1(n+1)=x_2(n)$$
$$x_2(n+1)=x_1(n)-2x_2(n)+f(n)$$

输出方程
$$y(n)=x_1(n)+x_2(n)$$

例 7.3-2 某离散系统模拟框图如图 7.3-2 所示,试建立系统状态方程及输出方程。

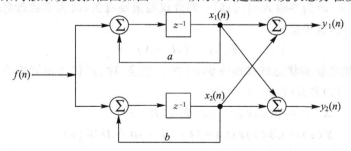

图 7.3-2　系统模拟框图

解:设延迟器的输出为状态变量 $x_1(n), x_2(n)$,由图可列写状态方程

$$x_1(n+1) = ax_1(n) + f(n)$$
$$x_2(n+1) = bx_2(n) + f(n)$$

输出方程
$$y_1(n) = x_1(n) + x_2(n)$$
$$y_2(n) = x_1(n) + x_2(n)$$

记为矩阵形式为
$$\begin{bmatrix} x_1(n+1) \\ x_2(n+1) \end{bmatrix} = \begin{bmatrix} a & 0 \\ 0 & b \end{bmatrix} \begin{bmatrix} x_1(n) \\ x_2(n) \end{bmatrix} + \begin{bmatrix} 1 \\ 1 \end{bmatrix} f(n), \begin{bmatrix} y_1(n) \\ y_2(n) \end{bmatrix} = \begin{bmatrix} 1 & 1 \\ 1 & 1 \end{bmatrix} \begin{bmatrix} x_1(n) \\ x_2(n) \end{bmatrix}$$

7.3.3 离散时间系统状态方程的解

离散时间系统状态方程的解的求法与连续系统类似,也有两种基本解法,即时域法和变换域法。其中时域法求解的过程相对比较麻烦,限于篇幅不作具体介绍,读者可自行参阅相关参考书籍。下面讨论变换域(即 Z 变换)法来求状态变量及输出响应。

离散系统状态方程及输出方程的一般矢量式为
$$\boldsymbol{x}(n+1) = \boldsymbol{A}\boldsymbol{x}(n) + \boldsymbol{B}f(n) \tag{7.3-9}$$
$$\boldsymbol{y}(n) = \boldsymbol{C}\boldsymbol{x}(n) + \boldsymbol{D}f(n) \tag{7.3-10}$$

对状态方程式两边进行 Z 变换,得
$$z\boldsymbol{X}(z) - z\boldsymbol{x}(0) = \boldsymbol{A}\boldsymbol{X}(z) + \boldsymbol{B}\boldsymbol{F}(z)$$
$$(z\boldsymbol{I} - \boldsymbol{A})\boldsymbol{X}(z) = z\boldsymbol{x}(0) + \boldsymbol{B}\boldsymbol{F}(z)$$
$$\therefore \boldsymbol{X}(z) = \underbrace{(z\boldsymbol{I} - \boldsymbol{A})^{-1} z\boldsymbol{x}(0)}_{\text{零输入解}} + \underbrace{(z\boldsymbol{I} - \boldsymbol{A})^{-1} \boldsymbol{B}\boldsymbol{F}(z)}_{\text{零状态解}} \tag{7.3-11}$$

由上式可见,状态矢量 $\boldsymbol{x}(k)$ 的 Z 变换 $\boldsymbol{X}(z)$ 的解分为两个部分,前一部分仅与状态矢量的初始状态有关,故为零输入解;后一部分仅与激励有关,故为零状态解。

输出响应为
$$\boldsymbol{Y}(z) = \boldsymbol{C}\boldsymbol{X}(z) + \boldsymbol{D}\boldsymbol{F}(z)$$
$$= \boldsymbol{C}[(z\boldsymbol{I} - \boldsymbol{A})^{-1} z\boldsymbol{x}(0) + (z\boldsymbol{I} - \boldsymbol{A})^{-1} \boldsymbol{B}\boldsymbol{F}(z)] + \boldsymbol{D}\boldsymbol{F}(z)$$
$$= \underbrace{\boldsymbol{C}(z\boldsymbol{I} - \boldsymbol{A})^{-1} z\boldsymbol{x}(0)}_{\text{零输入响应}} + \underbrace{[\boldsymbol{C}(z\boldsymbol{I} - \boldsymbol{A})^{-1} \boldsymbol{B} + \boldsymbol{D}]\boldsymbol{F}(z)}_{\text{零状态响应}} \tag{7.3-12}$$

由上式可见,输出矢量 $\boldsymbol{y}(n)$ 的 Z 变换 $\boldsymbol{Y}(z)$ 的解分为两个部分,前一部分仅与状态矢量的初始状态有关,故为零输入响应;后一部分仅与激励有关,故为零状态响应。

仿照连续系统,这里定义
$$\boldsymbol{\phi}(z) = (z\boldsymbol{I} - \boldsymbol{A})^{-1} z \tag{7.3-13}$$

$\boldsymbol{\phi}(z)$ 为离散系统的状态转移矩阵 $\boldsymbol{\phi}(n)$ 的 z 变换,称为"状态预解矩阵"。将式(7.3-13)代入式(7.3-11)和式(7.3-12),得
$$\boldsymbol{X}(z) = \boldsymbol{\phi}(z)\boldsymbol{x}(0) + z^{-1}\boldsymbol{\phi}(z)\boldsymbol{B}\boldsymbol{F}(z) \tag{7.3-14}$$
$$\boldsymbol{Y}(z) = \boldsymbol{C}\boldsymbol{\phi}(z)\boldsymbol{x}(0) + [\boldsymbol{C}z^{-1}\boldsymbol{\phi}(z)\boldsymbol{B} + \boldsymbol{D}]\boldsymbol{F}(z)$$
$$= \boldsymbol{C}\boldsymbol{\phi}(z)\boldsymbol{x}(0) + \boldsymbol{H}(z)\boldsymbol{F}(z) \tag{7.3-15}$$

式 7.3-15 中
$$H(z) = Cz^{-1}\boldsymbol{\phi}(z)B + D \qquad (7.3-16)$$
称为"系统函数矩阵",其逆 Z 变换是系统单位函数响应矩阵,即
$$h(n) = Z^{-1}[H(z)] \qquad (7.3-17)$$
$H(z)$ 的意义与连续系统系统函数矩阵 $H(s)$ 相似,其中的元素 $H_{ij}(z) = \dfrac{Y_i(z)}{F_j(z)}$ 表示当激励 $f_j(n)$ 单独作用于系统时,响应 $y_i(n)$ 与激励 $f_j(n)$ 之间的转移函数。

$H(z)$ 的极点就是 $|zI - A|$ 的零点,即系统的特征方程为
$$|zI - A| = 0 \qquad (7.3-18)$$
在求得象函数 $X(z)$、$Y(z)$、$H(z)$ 后,对其分别进行逆 Z 变换就可以求得状态矢量 $x(n)$、输出矢量 $y(n)$ 和系统单位函数响应矩阵 $h(n)$。

例 7.3-3 某离散系统模拟框图如图 7.3-3 所示,试求
(1)系统单位函数响应 $h(n)$ 及系统响应 $y(n)$;
(2)若初始状态 $x_1(0) = x_2(0) = 1$,激励 $f(n) = u(n)$,求状态变量 $x(n)$ 和 $y(n)$。

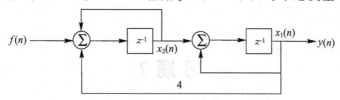

图 7.3-3 系统模拟框图

解:(1)设延迟器的输出为状态变量 $x_1(n), x_2(n)$,由图可列写状态方程及输出方程
$$x_1(n+1) = x_1(n) + x_2(n)$$
$$x_2(n+1) = 4x_1(n) + x_2(n) + f(n)$$
$$y(n) = x_1(n)$$
记为矩阵形式
$$\begin{bmatrix} x_1(n+1) \\ x_2(n+1) \end{bmatrix} = \begin{bmatrix} 1 & 1 \\ 4 & 1 \end{bmatrix} \begin{bmatrix} x_1(n) \\ x_2(n) \end{bmatrix} + \begin{bmatrix} 0 \\ 1 \end{bmatrix} f(n) \quad y(n) = \begin{bmatrix} 1 & 0 \end{bmatrix} \begin{bmatrix} x_1(n) \\ x_2(n) \end{bmatrix}$$
求状态转移矩阵 $\boldsymbol{\phi}(z)$
$$\boldsymbol{\phi}(z) = (zI - A)^{-1}z = \begin{bmatrix} z-1 & -1 \\ -4 & z-1 \end{bmatrix} z = \frac{\begin{bmatrix} z-1 & 1 \\ 4 & z-1 \end{bmatrix} z}{(z+1)(z-3)}$$
$$H(z) = Cz^{-1}\boldsymbol{\phi}(z)B + D = \begin{bmatrix} 1 & 0 \end{bmatrix} z^{-1} \begin{bmatrix} \phi_1 & \phi_2 \\ \phi_3 & \phi_4 \end{bmatrix} \begin{bmatrix} 0 \\ 1 \end{bmatrix}$$
$$= \begin{bmatrix} \phi_1 & \phi_2 \end{bmatrix} \begin{bmatrix} 0 \\ 1 \end{bmatrix} z^{-1} = \phi_2 z^{-1} = \frac{1}{(z+1)(z-3)} = \frac{-\dfrac{1}{4}}{z+1} + \frac{\dfrac{1}{4}}{z-3}$$
$$\therefore h(n) = Z^{-1}[H(z)] = \frac{1}{4}[(3)^{n-1} - (-1)^{n-1}]u(n-1)$$

(2)由 $X(z) = \boldsymbol{\phi}(z)x(0) + z^{-1}\boldsymbol{\phi}(z)BF(z)$

$$X(z) = \begin{bmatrix} \phi_1 & \phi_2 \\ \phi_3 & \phi_4 \end{bmatrix} \begin{bmatrix} 1 \\ 1 \end{bmatrix} + \begin{bmatrix} \phi_1 & \phi_2 \\ \phi_3 & \phi_4 \end{bmatrix} \begin{bmatrix} 0 \\ 1 \end{bmatrix} z^{-1} F(z) = \begin{bmatrix} \phi_1 + \phi_2 \\ \phi_3 + \phi_4 \end{bmatrix} + \begin{bmatrix} \phi_2 \\ \phi_4 \end{bmatrix} z^{-1} F(z)$$

$$= \begin{bmatrix} \dfrac{z^2}{(z+1)(z-3)} + \dfrac{1}{(z+1)(z-3)} \cdot \dfrac{z}{z-1} \\ \dfrac{z(z+3)}{(z+1)(z-3)} + \dfrac{z-1}{(z+1)(z-3)} \cdot \dfrac{z}{z-1} \end{bmatrix} = \begin{bmatrix} \dfrac{\frac{3}{8} z}{z+1} + \dfrac{\frac{7}{8} z}{z-3} + \dfrac{-\frac{1}{4} z}{z-1} \\ \dfrac{-\frac{3}{4} z}{z+1} + \dfrac{\frac{7}{4} z}{z-3} \end{bmatrix}$$

$$\therefore x(n) = \begin{bmatrix} \dfrac{3}{8}(-1)^n + \dfrac{7}{8}(3)^n - \dfrac{1}{4} \\ -\dfrac{3}{4}(-1)^n + \dfrac{7}{4}(3)^n \end{bmatrix} u(n)$$

$$y(n) = x_1(n) = \left[\dfrac{3}{8}(-1)^n + \dfrac{7}{8}(3)^n - \dfrac{1}{4} \right] u(n)$$

习 题 7

7-1 若已知电路如题 7-1 图所示,状态变量为图中的 $x_1(t)$、$x_2(t)$,输出为 $y(t)$,试列出该电路的状态方程与输出方程。

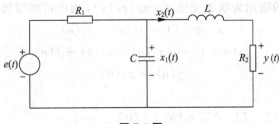

题 7-1 图

7-2 若某滤波器系统的系统流图如题 7-2 图所示,状态变量为图中的 x_1、x_2,输出为 $y(t)$,试列出该系统的状态方程与输出方程。

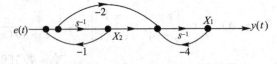

题 7-2 图

7-3 若某通信系统的系统框图如题 7-3 图所示,状态变量为图中的 x_1、x_2、x_3、x_4,输出为 $y(t)$,试列出该系统的状态方程与输出方程。

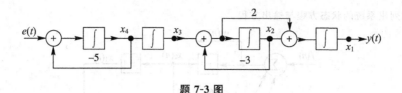

题 7-3 图

7-4 若某电视信号处理系统的系统函数为 $H(s) = \dfrac{6s+15}{s^3+9s^2+26s+24}$，试分别画出其级联、并联模拟图，并分别列出与两种模拟图对应的状态方程和输出方程。

7-5 若已知自动控制系统的微分方程如下，试写出其状态方程与输出方程。

(1) $\dfrac{d^2 y(t)}{dt^2} + 3\dfrac{dy(t)}{dt} + 2y(t) = 2f(t)$

(2) $\dfrac{d^3 y(t)}{dt^3} + 2\dfrac{d^2 y(t)}{dt^2} + 7\dfrac{dy(t)}{dt} + 6y(t) = 5f(t)$

7-6 若已知系数矩阵 $A = \begin{bmatrix} 1 & 1 \\ 0 & 2 \end{bmatrix}$，试求状态转移矩阵 e^{At}。

7-7 已知某滤波器系统的状态方程与输出方程分别为

$$\begin{bmatrix} x_1'(t) \\ x_2'(t) \end{bmatrix} = \begin{bmatrix} 0 & 2 \\ -1 & -3 \end{bmatrix} \begin{bmatrix} x_1(t) \\ x_2(t) \end{bmatrix} + \begin{bmatrix} 1 \\ 2 \end{bmatrix} f(t), \quad y(t) = \begin{bmatrix} 1 & 0 \end{bmatrix} \begin{bmatrix} x_1(t) \\ x_2(t) \end{bmatrix}$$

若该系统的输入激励为 $f(t) = 0$，且起始状态为 $\begin{bmatrix} x_1(0_-) \\ x_2(0_-) \end{bmatrix} = \begin{bmatrix} 2 \\ 1 \end{bmatrix}$，试求系统的状态变量 $x_1(t)$ 与 $x_2(t)$。

7-8 已知某电话系统的状态方程与输出方程分别为

$$\begin{bmatrix} x_1'(t) \\ x_2'(t) \end{bmatrix} = \begin{bmatrix} -1 & 2 \\ -1 & -4 \end{bmatrix} \begin{bmatrix} x_1(t) \\ x_2(t) \end{bmatrix} + \begin{bmatrix} 0 \\ 1 \end{bmatrix} f(t), \quad y(t) = \begin{bmatrix} 1 & 1 \end{bmatrix} \begin{bmatrix} x_1(t) \\ x_2(t) \end{bmatrix} + f(t)$$

若该系统的输入为 $f(t) = \delta(t)$，且起始状态为 $\begin{bmatrix} x_1(0_-) \\ x_2(0_-) \end{bmatrix} = \begin{bmatrix} 3 \\ 2 \end{bmatrix}$，试求该系统的响应 $y(t)$。

7-9 若已知某调制解调系统的矩阵方程参数为

$$A = \begin{bmatrix} -3 & 1 \\ -2 & 0 \end{bmatrix}, B = \begin{bmatrix} 1 \\ 0 \end{bmatrix}, C = \begin{bmatrix} 0 & 1 \end{bmatrix}, D = 0, f(t) = u(t), x(0) = \begin{bmatrix} 2 \\ 0 \end{bmatrix}$$

试求该系统的函数矩阵 $H(s)$、零输入响应与零状态响应。

7-10 已知某连续时间系统的状态方程与输出方程分别为

$$\begin{bmatrix} x_1'(t) \\ x_2'(t) \end{bmatrix} = \begin{bmatrix} 2 & 3 \\ 0 & -1 \end{bmatrix} \begin{bmatrix} x_1(t) \\ x_2(t) \end{bmatrix} + \begin{bmatrix} 0 & 1 \\ 1 & 0 \end{bmatrix} \begin{bmatrix} f_1(t) \\ f_2(t) \end{bmatrix}$$

$$\begin{bmatrix} y_1(t) \\ y_2(t) \end{bmatrix} = \begin{bmatrix} 1 & 1 \\ 0 & -1 \end{bmatrix} \begin{bmatrix} x_1(t) \\ x_2(t) \end{bmatrix} + \begin{bmatrix} 1 & 0 \\ 1 & 0 \end{bmatrix} \begin{bmatrix} f_1(t) \\ f_2(t) \end{bmatrix}$$

若该系统的起始状态与输入激励分别为

$$\begin{bmatrix} x_1(0_-) \\ x_2(0_-) \end{bmatrix} = \begin{bmatrix} 2 \\ -1 \end{bmatrix}, \begin{bmatrix} f_1(t) \\ f_2(t) \end{bmatrix} = \begin{bmatrix} u(t) \\ e^{-3t} u(t) \end{bmatrix}$$

试求该系统的状态和输出。

7-11 若已知开关电容滤波器系统的差分方程，试列出其状态方程与输出方程。

(1) $y(n+2) + 5y(n+1) + 6y(n) = 2f(n)$；

(2) $y(n+2) + 3y(n+1) + 2y(n) = f(n+1) + f(n)$。

7-12 若某语音信号处理系统的系统框图如题 7-12 图所示，状态变量为图中的 $x_1(n)$、$x_2(n)$，系统输

出为 $y(n)$，试列出系统的状态方程与输出方程。

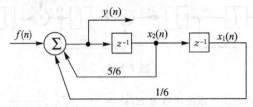

题 7-12 图

7-13 若已知离散时间系统的系统函数 $H(z)$ 如下，求系统的状态方程与输出方程。

(1) $H(z) = \dfrac{z+5}{z^2-z+6}$ (2) $H(z) = \dfrac{z^3-13z+12}{z^3+6z^2+11z+6}$

7-14 若已知某数字图像处理系统的矩阵方程参数为

$$A = \begin{bmatrix} -4 & 1 \\ -3 & 0 \end{bmatrix}, B = \begin{bmatrix} 1 \\ 0 \end{bmatrix}, C = \begin{bmatrix} 1 & 0 \end{bmatrix}, D = 0, f(n) = u(n), x(0) = \begin{bmatrix} 3 \\ 1 \end{bmatrix}$$

试求系统的函数矩阵 $H(z)$ 与完全响应 $y(n)$。

参考文献

[1] 郑君里,应启珩,杨为理.信号与系统[M].2版.北京:高等教育出版社,2000.
[2] 管致中,夏恭恪,孟桥.信号与线性系统[M].北京:高等教育出版社,2004.
[3] 陈后金.信号与系统[M].北京:高等教育出版社,2007.
[4] 吴大正.信号与线性系统分析[M].4版.北京:高等教育出版社,2005.
[5] 刘泉,江雪梅.信号与系统[M].北京:高等教育出版社,2006.
[6] 燕庆明.信号与系统教程[M].北京:高等教育出版社,2007.
[7] Oppenheim A V.信号与系统[M].刘树棠,译.西安:西安交通大学出版社,2002.
[8] 钱叶旺.信号与系统[M].合肥:中国科学技术大学出版社,2012.
[9] 张永瑞,王松林.信号与系统学习指导[M].北京:高等教育出版社,2004.

参考文献

[1] 教育部基础教育司,体育卫生与艺术教育司. 音乐课程标准[M]. 北京:北京师范大学出版社,2000.
[2] 曹理,何工. 音乐学科教育学[M]. 北京:首都师范大学出版社,2001.
[3] 修海林. 音乐学概论[M]. 北京:高等教育出版社,2302.
[4] 吴天明. 音乐课堂教学技能训练[M]. 大连:东北师范大学出版社,2005.
[5] 刘沛. 音乐教育的实践与理论研究[M]. 上海:上海音乐出版社,2006.
[6] 瞿葆奎. 教育学文集[M]. 北京:高等教育出版社,2006.
[7] Oppenheim. A V. 信号与系统[M]. 刘树棠,译. 西安:西安交通大学出版社,2002.
[8] 杨和平. 世界音乐史[M]. 合肥:中国科学技术大学出版社,2012.
[9] 戴定澄. 王次炤. 音乐学习与教学心理[M]. 北京:高等教育出版社,1999.